SYNDICAT DU CANAL DE VAUCLUSE

LE

CANAL DE VAUCLUSE

HISTORIQUE & DOCUMENTS

TOME Ier

(976 - 1582)

AVIGNON

FRANÇOIS SEGUIN, IMPRIMEUR-ÉDITEUR

13, Rue Bouquerie, 13

1905

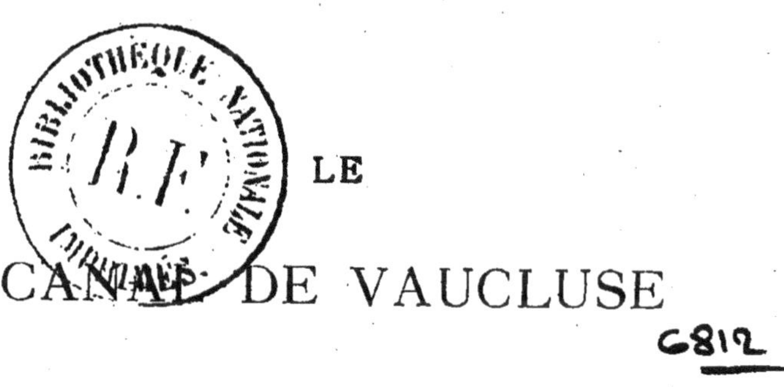

LE
CANAL DE VAUCLUSE

SYNDICAT DU CANAL DE VAUCLUSE

LE

CANAL DE VAUCLUSE

HISTORIQUE & DOCUMENTS

TOME Ier

(976-1582)

AVIGNON
FRANÇOIS SEGUIN, IMPRIMEUR-ÉDITEUR
13, Rue Bouquerie, 13

1905

INTRODUCTION

Le Syndicat du Canal de Vaucluse a pris, dans sa séance du 12 juin 1901, la délibératron suivante :

« Présents : MM. Ernest VERDET, directeur ; BEDOIN, CHAMBON, COURTET, FAVIER et GARCIN, syndics.

. . . .

« M. le Directeur expose que, pour répondre aux attaques et aux assertions erronées, émanant de quelques usiniers du Canal de Vaucluse, il lui a paru utile de faire rechercher et publier les documents historiques indiquant l'origine de ce canal, ses affectations successives, ses règlements anciens, les concessions diverses ayant pu modifier sa destination première, et les règlements actuellement en vigueur. Il s'est adressé, dans ce but, à M. Duhamel, archiviste du département, qui lui a répondu par une lettre, en date du 3 juin courant, qu'il consentait à se charger de ce travail.

« M. le Directeur prie ses collègues de vouloir bien lui faire connaître s'ils estiment qu'il doit être donné suite à ce projet.

« Le Syndicat, à l'unanimité, approuve l'initiative prise par M. le Directeur et prend l'engagement de voter les fonds nécessaires pour indemniser M. l'archiviste Duhamel de ses peines et soins et pour faire face aux frais d'impression.

« . . . . »

La réalisation du louable projet du Syndicat a pu être entreprise, grâce aux nombreux documents conservés dans nos dépôts d'archives.

Celles du chapitre métropolitain, propriétaire du Canal de Vaucluse avant la Révolution, ont permis d'établir, avec des textes authentiques, son origine, son but, l'histoire de ses transformations et de son régime, depuis le Xe siècle jusqu'en 1791.

Les archives de la période révolutionnaire ont permis de même de constater quel fut, pendant ces jours, le régime des eaux de ce canal.

Enfin les nombreux dossiers de la période contemporaine complètent les documents nécessaires à cet historique.

De longues recherches ont permis de réunir les documents les plus importants de ces diverses périodes. Ils ont été classés et déchiffrés avec tout le soin possible, et ils forment un ensemble, du plus grand attrait, non seulement pour les nombreux et importants intérêts qu'ils sauvegardent, mais aussi pour l'histoire de l'industrie et de l'agriculture, dans la partie du département traversée par le Canal de Vaucluse.

La première partie de ce travail comprend les documents allant du Xe au XVIe siècle ; on y trouve, pour la période du moyen âge, tous les actes relatifs à l'origine du canal, à sa construction, à ses proportions et à ses transformations, à ses réparations, à son régime, police des eaux, concessions, améliorations et contestations, etc.

La plus grande partie de ces actes, émanés des donateurs, du chapitre métropolitain ou des seigneurs riverains, rédigés en latin, ont été traduits en français, pour la meilleure connaissance et la plus claire interprétation des textes. Ils forment le premier volume de cette publication.

Dans le second volume, seront compris les actes principaux intéressant le Canal de Vaucluse, depuis le

XVIe siècle jusqu'à nos jours. Ils seront précédés d'un historique dans lequel tous les documents, de toutes les périodes, seront analysés et résumés.

La tâche de réunir tous ces titres, de les déchiffrer, de les traduire, de les coordonner et de les interpréter avec leur véritable sens, était longue, difficile et délicate. Malgré les difficultés qu'elle a offertes, celui auquel le Syndicat du Canal de Vaucluse a fait l'honneur de la confier sera largement récompensé de ses travaux, s'il a été utile aux nombreux et importants intérêts dépendant du bon fonctionnement de ce cours d'eau. Puisse-t-il avoir mérité la confiance qu'on lui a témoignée, en ajoutant un chapitre à l'histoire, si intéressante et si peu connue, de l'industrie et de l'agriculture dans ce pays privilégié, où, si elles ne provoquent plus, comme autrefois, la fondation des villes, les eaux répandent toujours à flots, depuis des siècles, la richesse et la prospérité.

Æ. D.

I

Restitution par Landric, évêque d'Avignon, aux chanoines de Saint-Étienne et de Sainte-Marie, de certaines possessions dont il s'était emparé, entre autres de deux moulins lieudit A Cadaraque et de deux maisons joignant l'église Sainte-Marie Majeure.

(1er avril 976.)

Carta de Cataracta et duobus molendinis.

In nomine sancte et individue Trinitatis. Landricus, gracia Dei, episcopus, intuens casum mee fragilitatis, pro remedio anime mee, restituo, et, ab integro, reddo canonicis Sancti Stephani nostre sedis, quasdam res que illis jure succedunt quas ego huc usque recognosco me non possedisse. Id est molendinos duos apud Cateractam et quicquid in vineis, in campis et in decimis, in nostra diocesi illis injuste abstuli. Preterea cedo supradictis canonicis Sancte Marie et Sancti Stephani mansiones duas quas ego ideo construxi ut ipsi eas omni tempore possedissent. Sunt autem ipse due mansiones prope ecclesiam Sancte Marie Majoris.

Si autem evenerit, quod minime credo, ut aliquis ex successoribus meis seu quislibet homo cartam ad irrumpendum surgat, non vindicet quod temptaverit agere, sed iram et maledictionem Dei omnipotentis percipiat et cum Juda traditore, in inferno dampnetur et cum ipso perpetuo dampnetur anathemate.

Facta carta ista in Avennione fuit kalendas aprilis, anno ab Incarnatione Domini DCCCCLXXVI.

S. Vualchaudus, sancte ecclesie Cabilicensis episcopus, firmavi manu propria. Silvester, episcopus firmavit. Guilelmus comes firmavit; Rotbaldus comes firmavit. Signum Landrici presulis qui hanc cartam fieri jussit et testes hanc firmare rogavit, manu sua firmavit. Bermundus vicecomes firmavit; Eldebertus firmavit, Adalelmus firmavit, Leutfredus presens fuit; Ridfredus firmavit, Isnardus presens fuit, item Isnardus; Vuernerius humilis episcopus Avennionensis; Durandus presbiter scripsit.

Orig. Archiv. départ. de Vaucluse, G. Chapitre métropolitain, n° 27. *Liber Sorgiæ et variorum*, fol. 26 — Copie du XVe siècle : n° 28, fol° 7. — Copie moderne : Bibl. d'Avignon, mss. n° 2399, fol. 29. — Imprimé : *Gallia christiana*, tom. I. *Instrum. ecclesie Aven.*, p. 139.

II

Donation par Rostaing, prévôt du chapitre, aux chanoines, de terres qu'il possède à Vedènes, lui venant de son père, avec le marais desséché ou à dessécher.

(Février 1099.)

Carta donationis Rostagni prepositi.

Auctoritas etenim jubet ecclesiastica et lex consistit romana ut qui rem suam in quacunque potestate transfundere voluerit, per paginem testamenti eam infundat, ut prolixis temporibus secura et quieta permaneat.

Quapropter ego Rostagnus, divino amore tactus, dono Deo et Beate Marie et canonicis regulariter in claustro viventibus aliquid de rebus meis dominicaturam videlicet totam quam habebam in castro de Vedena que mihi obvenit ex parte genitoris mei, id est mansiones sub castello cum curte et exeo suo terras cultas et incultas cum palude exsicata vel exsicanda et cum ortis. Dono etiam mansum qui fuit Laugerii Berengarii quem adquisivi a Raimundo, decano cum domibus, terris cultis et incultis, pratis, ortis. Dono quoque, in ponte, terciam partem mansionum que fuerunt patris mei cum tercia parte lidde illarum mansionum. Et, in eodem ponte, octonum illud quod adquisivi a domino Berengario, Forcjuliensi episcopo, quod fuit ex antiqua lidda. et dono etiam ascensum unius navigii cujuscumque voluerint ex majoribus ex Avennica vel ex ponte. Quod si, aliqua occasione defecerit, mutare possumus et accipere quodcumque ex aliis voluerint.

Hec autem omnia dono supradicte ecclesie et supradictis canonicis his qui modo ibi sunt et is qui, post istos, advenerint. Et habeant supradicti canonici ex istis omnibus faciendi quidquid voluerint, id est habendi, vendendi, dandi vel commutandi. Et hanc donationem facio cum consilio et laudatione Rostagni Berengarii et filiorum ejusdem videlicet domini Berengarii, episcopi, Raimundi et Petri.

Sane si aliquis ex heredibus meis vel aliqua alia persona hanc donationem infringere voluerit, non valeat vendicare quod repetit et insuper iram Dei omnipotentis et Beate Marie et omnium sanctorum incurrat.

Acta est hec carta, in Avennica civitate, mense febroario, anno ab Incarnato Domino millesimo nonagesimo nono, indictione VII.

Signum domni Rostagni, prepositi, qui hanc donationem fecit et propria manu firmavit. Rostagnus Berengarii firmavit; Berengarius episcopus firmavit; Raimundus firmavit; Petrus firmavit; Pontius scripsit mandante domno Rostagno, preposito.

Origine : Archives départ. de Vaucluse. G. Chapitre métropolitain, n° 27, *Liber Sorgiæ et variorum,* fol° 9.

III

Donation par Rostaing Bérenger, sa femme Ermensende et ses fils, Bérenger, évêque de Fréjus; Geoffroy, vicomte; Bertrand, Raymond et Pierre Bérenger, au chapitre, de leurs droits sur les moulins sis au lieu dit Molnatas et de ceux qu'ils possèdent sur la Sorgue, depuis Vedènes jusqu'au Rhône.

(Juin 1101.)

Romane legis auctoritate cautum habetur ut cum aliquis donationem suam facit in instrumento, ea conscribatur, ipsumque instrumentum eorum qui donationem fieri vident, testimonio confirmetur, cujus instrumenti vigorem et auctoritatem cum cetera valeat infirmare, auget potius et confirmat vetustas.

Quod cum ita sit, ego Rostagnus Berengarii et uxor mea, nomine Ermensendis et filii mei, Forojuliensis episcopus, Berengarius et vicecomes Gaufredus et Bertrannus et Raimundus et Petrus Berengarii, nos omnes donamus Deo et gloriose semper Virgini, matri ejus, et fratribus canonicis in Majori ecclesia, Avennice urbis, constitutis et constituendis, illis, inquam, donamus per hanc scripturam donationis, jus et dominium et potestatem quam habemus in omnibus molendinis que sunt et que fient in loco qui vulgariter dicitur Molnatas, et donamus eis jus et dominium quod habemus super aquam Sorgiam per eundem locum fluentem, ut ipsi habeant dominium ejusdem aque a loco qui dicitur Vedena usque Rodanum et usque in urbem Avennicam, ut per donationem nostram liceat eis eandem aquam ducere per terras quaslibet et per vias publicas seu per quelibet loca, secundum quod eis visum fuerit, et habeant jus de eadem aqua faciendi quidquid eis utile fuerit infra terminationem locorum quam modo declaravimus.

Et accipimus a preposito et canonicis mulam unam centum solidorum melgoriensium et insuper pelles prepositi de Jauneta, coopertas de bendato, majoris, re vera, pretii quam mula.

Hanc autem donationem nostram si qua persona rumpere vel infirmare temptaverit, nos contra illam fideles eorum adjutores erimus, eademque persona sit excommunicata atque dampnata et cum Juda traditore, in tetras et fetidas inferni penas atroces locata et ocultata, ubi neque vermis moritur neque ignis extinguitur.

Facta carta ista in Avennica urbe, mense junio, anno ab incarnato Domino millesimo centesimo uno, indictione IX, epacta octava decima, concurrente primo.

Signum Petri Guillelmi de Rocamaura. Signum Petri Guilelmi de Mornas. Signum Guilelmi Petri Christofori. Signum Raimundi Guilelmi de Cucurone.

Petrus Rainius Avinionensis dictavit et scripsit hoc instrumentum, Robertus.

Orig. : Arch. dép. de Vaucluse, série G. Fonds du chap. métropolitain, n° 8, registre intitulé : *Fundationes, Testamenta, Sorgia molendina*, fol° 68. — Ibid., *Liber Sorgiæ*, n° 26, fol. 1. — Ibid., *Liber Sorgiæ et variorum*, n° 27, fol. 7. — Ibid., *Liber Sorgiæ*, n° 28, fol. 1. — Ibid., *Sorgue*, n° 29, tome I, page 53. — Ibid., *Sorgue*, n° 29², tome II, fol. 1. — Ibid., Pièces du procès des Jésuites, n° 46. — Bibliothèque d'Avignon, mss. n° 2399, fol. 69, etc. — Imprimé : *Gallia christiana*, tome I, *Instr. ecclesie Forojuliensis*, pag. 83. — Barral : *Irrigations dans Vaucluse*, tome II, fol. 190.

IV

Donation par Giraud l'Ami et sa femme Ayalina de l'eau de la Sorgue depuis Vedènes jusqu'à Avignon et jusqu'au Rhône.

(Juin 1101.)

Romane legis auctoritate cautum habetur ut cum aliquis donationem suam facit, in instrumento ea conscribatur, ipsumque instrumentum eorum qui donationem fieri vident testimonii confirmetur, cujus instrumenti vigorem et auctoritatem cum cetera valeat infirmare, auget potius et confirmat vetustas.

Quod cum ita sit, ego Geraldus Amici et uxor mea Ayalina donamus Deo et beate Marie, genitrici ejus, et canonicis in claustro manentibus constitutis et constituendis, ad molendina facienda et ad batitoria componenda, aquam Sorgie a loco illo qui vulgo dicitur Vedena usque ad Avennicam civitatem et ad Rodanum. Dono etiam jus et dominium et quodcumque ibi habeo in viis sive in terris sive in aliis locis Et tamen ibi retineo octavam partem, exepta sexta parte et prebenda que dicitur munaria et batitoriorum mercede quam custos debet habere. Et illam octavam partem mitto eis in vadimonio, ut postquam molendina molere potuerint et batitoria batuere per unum annum, habeant et aliis nec donare nec impignorare ullo modo ulterius potero, si ipsi accipere vel retinere voluerunt. Et hoc donum fratribus meis et noverce mee laudare facere debeo; quod si laudare noluerint et pretium aliquod illi ibi dederint, ipsum pretium in eodem vadimonio recipio.

Orig. : Archiv. dép. de Vaucluse, série G. Fonds du chap. métropolitain, n° 27. Registre intitulé : *Liber Sorgiæ et variorum*, fol. 1. — Copie : *Ibid.*, n° 28, fol° 2.

V

Donation par Rostaing, évêque d'Avignon, au chapitre métropolitain, de tous les droits qu'il possède sur les moulins appelés Molnatas et sur les pêcheries, ainsi que de la part de Pierre l'Ami.

(Vers 1101.)

Auctoritas etenim jubet ecclesiastica et lex consistit romana ut qui rem suam in quacunque potestate transfundere voluerit, per paginem testamenti eam infundat ut prolixis temporibus secura et quieta permaneat.

Quapropter ego Rostagnus jamdictus Avennicensis episcopus, dono Deo et sancte Marie et kanonicis in communia, omnes molendinos quos vocant Molnatas et omnes piscatorias et omnia que ad illos pertinent, partem meam et partem Petri Amici et in eam partem illorum qui sunt super ecclesiam sancti Michaelis pro redempcione anime mee et parentum meorum ut canonici elemosinam faciant.

Unde testes sunt episcopus Sistericensis et Adalax comitissa, Petrus Amicus, Rostagnus sacrista, Isiliars kanonicus, Wilelmus Petrus, Boso de Cederesta, Lambertus de Jocar et Poncius Amalfredus.

Orig. : Archiv. départ. de Vaucluse. G, Chap. métropolitain, n° 27, fol. 1. — *Ibid.*, n° 28, fol. 1.

VI

Donation par Leodegarius Raiambaldi, sa femme et ses fils, au chapitre métropolitain, de tous les droits qu'ils possèdent sur les moulins et sur l'eau que le chapitre reçoit lieudit A Cadaraque.

(5 juillet 1105.)

Consuetudo est umana et lex consistit romana ut quicumque rem suam in alterius transfundere voluerit, potestatem per pa inem testamenti faciat, quatenus, prolixis temporibus, ipsa transfusio secura et quieta permaneat.

Quapropter ego Leodegarius Raiambaldi et uxor mea et filii mei, pro remedio anime nostre et parentum nostrorum, donamus atque, sine fraude, guirpimus ecclesie beate Marie Avennice sedis et kanonicis ibi Deo servientibus atque servituris totum quod videbamur calumniari in molendinis ipsius ecclesie et in aqua quam prephati kanonici accipiunt apud Cadaraquam, ut deinceps neque nos, neque aliqua oposita persona, potens vel privata, possit inquietare vel sollicitare, consilio nostro, vel asensu, vel occasione aque nostre prephatam ecclesiam, sed insuper donamus illis atque laudamus, in quantum facere possumus, aquam quam accipiunt apud Quadaraquam et quam inantea accipient.

Facta est hec carta in Avennica civitate Nonas Julii, anno ab Incarnacione Domini millesimo centesimo quinto, indictione XIII.

Cujus carte testes sunt et laudatores Arbertus episcopus et Rostagnus Guilelmi.

Orig. : Archiv. départ. de Vaucluse, série G, fonds du chap. métropolitain, n° 27, registre intitulé : *Liber Sorgiae et variorum*, fol. 3. — Autres copies : G, 28, fol. 3 et 7.

VII

Donation par Pons Rainoardi, Bermond, son frère, Blanche, sa femme, et Rostaing, Geoffroy et Imbert, ses fils, au chapitre métropolitain, des marais de Vedènes jusqu'à Gromelle, et depuis le moulin appelé Cadaraque jusqu'aux moulins appelés Molnatas, à condition de dessécher les dits marais.

(19 juin 1105.)

Carta de Vedena.

Scimus enim quicumque conventionem aut laudationem vel emptionem seu aliquid hujusmodi fedus cum aliquo peregerit lege romana constitutum quatinus veridica cartula comprobetur. Unde hanc cartulam scripsimus uti nullus temerarius suis verbositatibus refragari audeat.

Quapropter Pontius Rainoardi et Bermundus, frater ejus, et etiam Blanca, uxor ejus, atque omnes filii sui, scilicet Rostagnus ac Gaufredus, insimulque Imbertus, donaverunt et conlaudaverunt ecclesie beate Marie Avennice sedis et canonicis ibidem presentialibus manentibus et eorum successoribus firmiter in perpetuum, hoc est paludes Vendenensi castro inferiores que de ipso castro tenet usque ad locum illum quod vocatur Graumella, atque superiorem que tenet de molendino quod Cadaraia vocatur usque in molendina que Molnatas nominantur, tali pacto ut predicti canonici eas desiccent (1) et medietatem cum omni decimatione etiam partium illorum habeant. Necnon similiter conlaudaverunt ut nullus illorum in

(1) *En marge est écrit :* desicate fuerunt propter bedalia et ductionem Sorgie.

rivis illarum paludum piscatorias ibi faciat nisi ex consensu canonicorum. Pro hac igitur conlaudatione predicti laudatores expecierunt solidos XXVI quos canonici donaverunt et predictam laudationem sub testibus acceperunt videlicet domnum Arbertum episcopum et Raimundum Girunculi et Berengarium Boziani.

Acta carta in Avennica civitate, mense Aprile, XIII Kalendarum maii, luna 11, anno ab Incarnato Domino millesimo centesimo quinto, inditione XIII.

Orig. : Archiv. départ. de Vaucluse, série G, fonds du chap. métropolitain, n° 27, fol. 9. — Ibid. *Liber Sorgiæ*, n° 26, fol. 2. Copie du XV° siècle. — Ibid., *Sorgue dehors le terroir*, t. 1, fol. 1. Ibid. *Liber Sorgiæ*, n° 28, fol. 4 et 6.

VIII

Vente par Rainaud Contraria, sa femme Astrus et ses fils, au chapitre métropolitain, d'un canal sis dans leurs terres et des terrains nécessaires pour assurer le cours des eaux.

(Vers 1105.)

Legis et kanonum auctoritate precipitur ut qui rem sui juris transfundere voluerit in alium, faciat hoc cum scripture testimonio ut, futuris temporibus, res vendita aput emptorem maneat quieta.

Quapropter ego Rainaldus Contraria et uxor mea Astrus et filii mei Ugo et Guilelmus et Bertrannus vendimus kanonicis beate Marie, nunc in claustro morantibus, et eorum successoribus in perpetuum, aqueductum in terra nostra quam habemus juxta terram Gibilini, ita ut in terra nostra et juxta terra nostram aque cursum abeant et, ex utraque ripa, tantum terre quantum fuerit necessarium ad plenarium cursum ipsius aque. Unde ab eis accepimus peciam de vinea et septem solidos Egidiensis monete; que omnia gratis et integre recepimus et abeant predicte ecclesie kannonici qui modo adsunt presentes et posteri, in terra nostra, omnia que diximus in integrum, absque ulla inquietudine successorum nostrorum vel heredum per infinita spacia temporum. Ego Rainaldus qui hanc vendicionem feci et scribere jussi ac manu propria firmavi et Austrus, uxor mea, fratres filii mei Ugo, Wilelmus et Bertrannus et filie mee Rapuca et Alia, propria manu firmaverunt. Poncius Guilelmi, Petrus Retranni, Raimundus Girunculus.

Orig. : Archiv. départ. de Vancluse, série G., fonds du chap. métropolitain ; G, n° 26, fol. 1 ; G, n° 27, fol. 3 ; G, n° 28, fol 4.

IX

Donation par Pons Rainoardi et Blanche, sa femme, et Rostaing, Geoffroy et Imbert, ses fils, au chapitre métropolitain, de l'eau de la Sorgue, autant qu'ils voudront en recevoir, avec pouvoir de la conduire jusqu'au Rhône pour faire des moulins, des fouloirs ou des pêcheries, et aussi des marais appartenant au château de Vedènes pour les dessécher, avec réserve que le chapitre possédera moitié des terrains desséchés.

(Août 1109.)

Legis preceptum esse novimus ut quicunque vult facere donacionem, convencionem, emptionem, transmutationem scripture alligetur nc oblivioni in posterum tradatur. Presenti igitur scriptura ostendere volumus quod dominus Poncius Rainoardi et uxor sua Blanca insimulque filii sui Rostagnus atque Gaufredus ac Imbertus dederunt ecclesie virginis Marie, Avennice sedis, et Rostagno preposito atque ceteris kanonicis tam presentibus quam futuris, aquam de Sorgia quantum accipere ipsi vellent ac ducere usque in Rodanum ad facienda molendina vel batitoria vel piscatorias, et loca terrarum competentia que pertinent ad castrum quod vocatur Vedena, ad cursum aque vel ad faciendum hoc quod supra diximus, set si aliqua molendina facte sunt vel batitoria vel piscatorias in territorium Vedena ibi cartam partem retinuerunt cum consobrinis suis.

Item ipsimet supradictis kanonicis dederunt omnes paludes que pertinent ad castrum quod vocatur Vedena ad exscicandum tali pacto quod quicquid exsicare possent, post exsicacionem, medietatem omnem, sine ulla querimonia kanonici supradicte ecclesie in perpetuum haberent proinde habuerunt a Rostagno preposito scilicet avunculo suo qui particeps vel eres erat istius honoris et a ceteris kanonicis septuaginta quinque solidos Egidiensis monete.

Acta carta in Avennica civitate, mense augusti, anno ab Incarnato Domino millesimo centesimo nono, indicione secunda.

PONCIUS RAINOARDI et uxor sua, frater ROSTAGNUS RAINOARDI, frater GAUFREDUS, frater IMBERTUS. Testes sunt Raimundus Gerunculi, Poncius Silvestri, Rostagnus Gontardi.

Orig. : Archiv. départ. de Vaucluse, série G, fonds du chap. métropolitain, G, 26, fol. 2 ; G, 27, fol. 4 ; G, 28, fol. 4.

X

Convention passée entre Guillaume Mataron, ses frères, et le chapitre métropolitain, sous les auspices du comte Girbert, par laquelle ils abandonnent toutes prétentions sur la Sorgue et sur les moulins.

(Juin 1109.)

Breve de placito quod fuit inter canonicos sancte Marie, Avennice sedis, et Guillelmum Mataroni et fratres ejus.

Querimonia itaque diu ventilata et multotiens judicata inter canonicos sancte Marie et predictos milites, ad ultimum, in manu Girberti, comitis, firmata est. Qui, adhibito sapientissimorum virorum consilio, judicario ordine queri in omne que super molendinis et aqua diu fuerat versata finem imposuit et justitia reddidit canonicis beate Marie aquam cum molendinis. Quapropter ego Guillelmus Mataroni et fratres mei relinquimus atque laudamus aquam de qua conquerebamur et molendinos Deo et ecclesie beate Marie et canonicis qui nunc ibi sunt et eorum successoribus in perpetuum, ita quod nunquam amplius super hac querimonia predictam ecclesiam inquietabimus.

Signum Guillelmi Mataroni et Gaufridi, filii ejus et fratrum ejus qui hanc laudationem et finem fecerunt et scriptam propria manu omnes firmaverunt. Girbertus inclitus comes et uxor ejus illustris testes. Guilbertus, testis, Guillelmus de Bolbone, testis, Raymundus Jugerii et Bertrannus, ejus frater, testes, Gaufridus Basat et Guillelmus, frater ejus, testes.

Facta carta ista in civitate Avennica, mense junio, anno ab Incarnatione Domini millesimo centesimo decimo.

Orig. : Archiv. de Vaucluse, série G., fonds du chap. métropolitain, G, 28, fol. 6. Ibid., n° 27, fol. 8.

XI

Permission par Trimond, de Vedène, et par ses frères, Raymond et Hugo, et aussi par Geoffroy Rainoard, de faire un valat dans leur terre depuis le moulin de Vedène jusqu'au moulin de Cadaracte.

(1129.)

In nomine Jhesu Christi. Ego Trimundus de Vedena et fratres mei Rainoardus et Ugo donamus ecclesie beate Marie sedis Avennice atque canonicis ibidem commorantibus, Amblardo preposito et aliis fratribus eorumque successoribus facere vallatum a molendino nostro de Vedena usque ad molendinum eorum de Cataracta. Insuper concedimus eis aquam molendini nostri postquam a molendino discesserit et aquam batitoriorum nostrorum similiter et, ob hanc causam, donant nobis canonici XV solidos merguriensium, mihi quoque tantummodo ac Raimundo, fratri meo, donant XIV solidos ejusdem monete quatinus predictam aquam ad opus molendinorum eorum, sine enganno, custodiamus et defendamus sicuti nobis metipsis custodimus et defendimus. Unde testis est Desalbergatus et Guilelmus sancti Saturnini et Rostagnus Roza, Raimundus Catelli et Rainoardus, frater ejus, et Pontius Rainaldus, molinarius et Rostagnus Ado.

Anno ab Incarnato Domino facta est ista donatio millesimo centesimo vigesimo nono, indictione VII.

Ego Gaufredus Rainoardus dono ecclesie beate sedis Avennice et canonicis ibidem comorantibus, Amblardo, preposito, et aliis fratribus eorumque successoribus facere vallatum per terram meam a molendino nostro de Vedena usque ad molendinum eorum de Cataracta. Insuper concedo eis partem meam aque molendini de Vedena et batitoriorum similiter ad opus molendinorum suorum et, ob hanc causam, donant mihi canonici XV solidos merguriensium. Unde testes sunt Trimundus et fratres ejus, Raimundus de Vedena et Ugo, Rostagnus Ado et Pontius Rainaldus, molinarius.

Anno ab incarnato Domino facta est ista donatio millesimo vigesimo nono, indictione VII.

Original parchemin. Archiv. départ. de Vaucluse, série G, fonds du chap. métropolitain, 29, fol. 12.

XII

Sentence arbitrale sur la division des eaux de la Sorgue.

(Juillet 1204.)

In Christi nomine. Amen. Anno Incarnationis Domini millesimo tricentesimo quarto, scilicet die decima septima mensis septembris, veniens nobilis et discretus vir dominus Ferrarius Speransdei, juris peritus, de Avinione, coram nobili viro domino Baudohino Boni, legum professore, judice Comitatus Venaysini, pro sacrosancta romana ecclesia, in assiziis Pontis Sorgie, ipso domino judice pro tribunali sedente, supplicavit et petiit ab eodem quod, cum ipse acceptaverit seu in amphitheosim receperit et assensuaverit molendina et paratedum ecclesie Pontis Sorgie a priore ecclesie Pontis Sorgie predicte, prout a presenti domino judici fidem fecit et ostendit, per notam factam manu notarii publici infrascripti, et fuisset actum et conventum inter dictum dominum priorem et dictum dominum Ferrarium quod, de quibusdam instrumentis originalibus pertinentibus ad dictam ecclesiam, pro jure molendinorum et aque dicte Sorgie et receptione ipsius aque sive a loco quod dicitur Furca Abbatis, sive a loco quod dicitur Afluva, sive a quocumque vel a quibuscunque locis aliis capi possint vel debeant seu duci ; quod de predictis instrumentis facere debebat copiam in formam publicam dictus dominus prior, dicto domino Ferrario, auctoritate judiciali transcripta ; qualiter humiliter petiit et supplicavit domino judici predicto ut Joanni Viramani, notario cui idem dominus prior tradiderat instrumenta predicta ab originalibus et in mandatis, causa cognitionis, auctoritate judiciali, ut exinde ex dictis instrumentis per eum transcriptis et in publicam formam redactis, copiam faciat, et quod fidem ex eis sic transcriptis plenariam et perpetuam habeat.

Qui dictus judex, supplicatione et postulatione visa, etiam nota accapiti predicti, cognoscens eam justam fore et consentaneam rationi, sedente pro tribunali, causa cognita, interveniente sua auctoritate judiciali, precepit michi notario infrascripto quod ego, de predictis instrumentis originalibus ipsa transcribendo et in formam publicam ponendo transcripta predicta, nichil addito vel diminuto, ut in ipsis originalibus continetur et apparet, copiam faciam plenariam ipso domino Ferrario, ut ex dictis transcriptis sic in formam publicam redactis fides plenaria, in omni loco et tempore, fieri valeat cuicumque ; quorum instrumentorum tenores inferius, ut sequitur, denotantur :

Sententia arbitralis super justa divisione aque Sorgie facienda in molendinis de Vedena, inter dominos de Avinione et dominos de Ponte Sorgie molendinorum et batitorum, et super expensis faciendis in curationibus fossarum et aquis Sorgie per antiquos alveos libere ducendis et custodiendis et resclausis [servandis] ab illo loco qui dicitur Furca Abbatis ad molendinum de Vedena, et de expensis faciendis et dividendis et solvendis inter partes predictas, circa premissa.

Notum sit omnibus presentibus et futuris quod, anno dominice incarnationis millesimo ducentesimo quarto, mense julio, existentibus in civitate Avinionensi consulibus Bertrando de Sors, Pontio Augerio, Bertrando Malvicino, Bertrando de Parco, Lamberto Guilhelmo, Petro Ludegano, Raymundo Amico et Petro Johanne et judice Guilhelmo de Portaaqueria. Controversia erat inter dominum Guilhelmum, Avinionensis ecclesie prepositum, et Pontium Augerium et Guilhelmum Spicam et fratres ejus et Bonum Parem et fratrem ejus et Giraudum Mansuerium et Berengarium de Ponte et infantes Bertrandi Geraldi et priorem de Ponte et Petrum de Ponte qui, de mandato dicti prioris et abbatis Cluniacensis, vicem prioris, in hac parte gerebat, et omnes alios possessores molendinorum et batitoriorum in territorio de Ponte constructorum et Trimundenses et Reynoardes, dominos castri de Vedena, ex uno latere ; et ex alio latere, inter dominos de Sancto Saturnino, videlicet : Laugerios de Insula et Retronnos de Avinione et infantes Guilhelmi de Sancto Saturnino et nepotes ejus et Guilhelmum Malvicini et infantes Eliziardi et Guilhelmum de Sors et Vayranum et Raysosum et Ribaltum. Super quibusdam novis molendinorum edifficiis et novis resclausis et pluribus aliis impedimentis, in antiquo alveo Sorgie factis, in territorio maxime Sancti Saturnini et de Vedena, super justa divisione aque facienda ad molendina de Vedena inter dictos dominos de Avinione et dominos de Ponte et super expensis faciendis in curationibus fossarum et aquis Sorgie, per antiquos alveos libere ducendis et custodiendis et resclausis reservandis et reparandis, ab illo loco qui dicitur Furca Abbatis usque ad molendinum de Vedena et a molendinis de Vedena usque ad antiquum alveum Sorgie, ultra Pontem Sorgie ; et, ex altera parte, usque ad Rhodanum.

Hii omnes hinc inde supranominati ad Sanctum Saturninum ex conductu ascendentes et super prefatis questionibus diutius tractantes sic tandem convenerunt :

Quod dominum Avinionensem prepositum et Petrum Guillelmum Malvicinum arbitros compromissarios elegerunt et in eos, mutuo assensu, compromittentur eorum cognitionem et mandatum se perpetuo servaturos et non moturos firmaverunt et fidejussores infrascriptos inde dederunt. Fidejussit enim pro preposito et aliis de Avinione, Pontius Augerii et pro omnibus illis de Vedena, Guilhotus et Bertrandus de Podio Calvo, frater ejus, et pro Raynoardis, Guillelmus Gaufridus, et, pro priore et aliis dominis de Ponte, excepto domino comitte, Petrus de Ponte, Blancus et Guillelmus Gaufridus. Hiis itaque satisdationibus receptis et auditis hinc inde allegationibus et inspectis rationibus, dicti arbitri, de consensu siquidem et voluntate partium, quosdam probos homines, videlicet Petrum Jeroncam, de Sancto Saturnino, Guillelmum de Ponte, Guillelmum de Briansone, Guillelmum Gayraudum, Petrum Monnerium et Bonum Filium elegerunt et eos, presentibus partibus videntibus et audientibus, jurare fecerunt quatinus, secundum quod ipsi, longo tempore, viderint et audiverint, et per longum experimentum et proprium exercitium didicerint eo quod ripariam illam diu frequentaverant et in molendinis et batitoriis diutius conversati fuerant in compositione ista et concordia facienda, bonum et fidelem consilium et auxilium eis donent et jus proprium pro posse suo unicuique parti reservarent. Quorum juratorum communicato habito concilio, sepefati arbitri videlicet dominus Guillelmus prepositus et Petrus Guillelmus Malvicinus dicte multifate contentioni talem amicabiliter composuerunt :

Dicentes imprimis quod illi de Sancto Saturnino molendinum quod de novo construxerunt, de quo contentio ista maxime orta fuerat, quiete et pacifice habeant et possideant, eo quod constans est eos olim antiquum molendinum cum usu istius aque habuisse et possedisse. Hoc addito quod vallatum novum a resclausa Boni Filii usque ad dispensatorium lapideum quod est in materno alveo, ad arbitrium Petri Pontii et Guillelmi de Ponte fodiatur et amplietur ita quod ipsa citum cursum habeat et liberum usque ad molendinum et postea citam fugam et liberam usque ad maternum alveum, in quo tota sine diminutione reddatur, et hoc totum dictum molendinum suis sumptibus faciat et factum reservet et custodiat et postea a dicta resclausa Boni Filii usque ad superiorem resclausam que Furca Abbatis nuncupatur, ubi aqua, ad opus et usum necessarium dictorum molendinorum, videlicet Avinionis et Pontis Sorgie et castri de Vedena, sine impedimento recipitur et, longo tempore, antiquo jure et antiqua posessione, nullo contradicente, quiete et pacifice recepta in omnibus expensis communiter cum aliis pro uno molendino habeat, et illud vesale (*sic*) per quod solebat deduci aqua ad antiquum molendinum de Sancto Saturnino commune remaneat. Fuit preterea de mandato arbitrorum quatinus molendinum de Graumela in eo statu remaneat in quo erat tempore hujus compositionis, hoc tamen addito quod resclausa que erat in antiquo alveo penitus amoveatur et ibidem firmus paries, ad arbitrium Guillelmi de Ponte et Guillelmi Guayrardi, cum dispensatorio edifficetur quo aqua dispensative, ad opus dicti molendini sufficienter dispensetur et per novum valatum dirivetur. Residuum vero dicte aque, ymo tota aqua, dominicis et aliis festivis diebus et omni tempore quo molendinum ad molendum dicta aqua non indiguerit, per dictum dispensatorium et alveum antiquum usque ad batitoria Guillelmi de Briancione libere currat, ubi dictus Guillelmus de Briancione diligenter caveat ne aqua disturbetur vel impediatur, vel dirivetur, sed tota, sine diminutione reddita, cursum suum liberum habeat, remoto omni impedimento, usque ad alia batitoria vel molendina de Vedena que Geraldus Mounerius et Petrus Boso, nomine dictorum dominorum de Vedena, tenent et possident, ubi diligenter et studiose, per medium divisa et in eadem divisione a mouneriis dictorum molendinorum debito custodita medietas liberum cursum suum habeat ad Pontem Sorgie, et ea sint contenti illi de Ponte. Alia medietas cursum habeat ad Avinionem, nec amplius petere possint illi de Avinione, dum tamen illa medietas ab illis de Ponte, in nocte vel in die, occulte vel manifeste, non impediatur vel diminuetur, nec, e controverso, illa parte que currit ad Pontem Sorgie ab illis de Avinione similiter non fraudetur vel disturbetur. Et preterea sciendum est, secundum quod ipse partes inter se confesse fuerunt et predicti sex viri jurati verum esse asseruerunt, quod dicti arbitri cognoscendo diffinierunt tertiam partem omnium expensarum que fierent a dictis molendinis de Vedena usque ad Furcham Abbatis resclausani, in aqua ducenda vel plantanda, vel fossis curandis et resclausis faciendis vel refficiendis a dominis molendinorum de Avinione, sine contradictione debere solvi; aliam vero tertiam ab illis de Ponte, et aliam tertiam ab illis de Vedena similiter debere solvi. Et sic dicte partes, coram dictis arbitris, sese ad invicem obligaverunt et se soluturos dictas expensas, cum necesse fuerit, sine contradictione promiserunt. Preterea requisiti predicti jurati homines per sacramentum quod fecerant qualiter medietas aque in dictis molendinis divise usque ad Rodanum deducebatur et qualiter moltura molendinorum inter dominos eorumdem molendinorum dividebatur partibus quidem, sicut ipsi dixerunt, se raturi habere procuratoribus responderunt et dixerunt in modum infrascriptum se, longo tempore, vidisse et audivisse, videlicet: quod batitoria de Vilanova, a molendino de Spica supra usque ad ipsa batitoria, in curationibus fossarum debent solvere quartam partem expensarum, verum in aliis expensis, videlicet in refectione domus, in campis, maileis, rotis et aliis suis necessariis utensilibus, per se, sive parte aliorum honerum sibi debent rendere. Alias omnes expensas que fient a dictis molendinis de Vedena usque ad Pontem-fractum, ut sunt domorum refectiones, fossarum curationes, emendationes molarum et alias utensilium emptiones et cetere molendinorum necessitates, illa tria molendina, videlicet de Spica et de Roquilla et de Ponte-fracto, communiter facere debent, et ad eas solvendas, pars partem compellere potest et debet ita quod emolumentum molendinorum nullus recipiat nisi prius solvat, vel si solvere noluerit vel distulerit dictum emolumentum, per patronos fideliter in solutionem cedat.

A Ponte-fracto vero usque ad Rodanum, molendinum de Briancione vallatum debet curare et curatum reservare et propriis sumptibus dictam aquam usque ad Rodanum ducere, et, propter hoc, ab omnibus aliis expensis factis a molendino de Ponte-fracto supra remanet quitum et immune. Dixerunt preterea dicti jurati homines quod moltura sive emolumentum dictorum molendinorum, scilicet de Spica, de Roquilla et de Ponte-fracto, sic dividatur quod Poncius Augerius et filii Vesiani Spice et eorum consanguinei et eorum filii Raimundi Spice in molendino de Spica, singulis ebdomadis, recipiant X pugnatorias pro cibis mansuanorum et IV pro parvis mansuanolis, et de toto residuo, sextam integram partem pro mercede eorumdem, et hoc totum percipere debent jure mounarie quam ibi possident, sine parte prepositi et aliorum dominorum. In aliis duobus molendinis, videlicet in molendinis de Roquilla et de Ponte-fracto, singulis ebdomadis, eamdem partem per eumdem modum divisionis similiter jure mounarie recepit prepositus et ecclesia beata Marie, scilicet : primo X pugnatorias et postea IV, deinde totius residuum sextam integram et hoc similiter sine parte aliorum. In molendino vero de Briancione, hanc eamdem partem per eumdem modum divisionis jure similiter mounarie recipit sacrista Beate Marie, sine parte aliorum dominorum. Et hec omnia primo in singulis molendinis, singulis ebdomadis, a predictis dominis sine contradictione aliqua et questione de omni et ante bladi divisionem debet levari. Secundo de communi similiter levantur expense sicque facte sunt pro necessitatibus dictorum molendinorum pro quibus in modum suprascriptum pars parti obligata tenetur. Residuum dictorum molendinorum per XLVIII partes debet dividi, ex quibus recipit prepositus et canonici beate Marie medietatem integram nimis tamen unius partis media, videlicet XXIII partes et dimidiam de aliis XXIIII partibus, et dimidia que restant debet recipere sacrista beate Marie septem, et prepositus et canonici, pro parte Geraldi Amici, qui partem suam et dominium suum ecclesie beate Marie pro salute anime sue donavit et relinquit.

Residuus vero XI partibus et dimidia que restant recipit Pontius Augerius cum filiis Vesiani et filiis Raimundi Spice VII, alia autem IIII[or] et dimidia que remanent dividuntur equaliter inter infantes Raimundi Geraldi et Berengarii de Ponte, et sic de XLVIII partibus nichil remanet in divisim Preterea sciatur quod si in una divisione, non poterunt fieri XLVIII partes in sequenti divisione deffectus precedentis debet compleri. Hec autem suprascripta, sicut prenominati probi homines jurati de aqua deducenda et de expensis faciendis in emendis utensilibus et aliis necessariis causis et de moltura sive emolumento dividendo sub sacramento dixerunt sicut et alia precedentia ita in perpetuum servari debere et teneri. Cognoverunt arbitri sepefati pariter et mandaverunt.

Actum est ad rippam Sorgie subtus molendinum Sancti Saturnini, in presentia Pontii Augerii et Petri Johannis consulum, presentibus, ut dictum est, domino Guillelmo, preposito, et Petro Guillelmo, Guillelmo Malvicino, arbitris supra memoratis. Testes alii interfuerunt Guillelmus de Sors, Vayrannus, frater ejus, Guillelmus Hugo, Retrannus, Raymundus de Avinione, Raysosus, Guillelmus Malvicinus, juvenis, Bertrandus Imbertus, Raymundus Laugerius de Insula, Guillelmus Laugerius de Crota, Guillelmus de Aurayca, Bertrandus de Furnis, Guillelmus Aycardus, Guillelmus Guaufredus de Vedena, Guillometus et Bertrandus de Podio Calvo, frater ejus, Guillelmus Raymundus, filius Berengarii Raymundi, Petrus de Ponte, Blancus, Ruffus, Guillelmus Guayraudus, Guillelmus Gualterius, Raymundus Escorra, Raymundus de Rosilhano qui fidejussoribus, ut superius continetur, facti fidejusserunt pro illis de Sancto Saturnino, Raysolus et Ribauta et Stephanus notarius testes interfui, auctoritate consulum et mandato arbitrorum et partis utriusque presens instrumentum scribi et subscripsi et bulla consulum sigillavi.

Et ego Johannes Guiramani, publicus in Comitatu Venayssini, pro domino nostro papa, notarius huic publicationi presens interfui qui, de consensu et voluntate dicti domini Ferrarii, auctoritate michi comissa per nobilem et discretum virum dominum Baudhoinum Boni, judicem majorem Comitatus Venayssini, ut supra dictum est, de originali instrumento, prout in eo scriptum inveni, nichil addito nichilque remoto, hanc cartam fideliter extraxi et in formam publicam redegi et signo meo consueto signavi et bullari feci bulla plumbea curie Venaysini.

Orig. : Parchemin, Archiv. départ. de Vaucluse, série G, fonds du Chap. métropolitain, n° 8. Cartulaire intitulé : *Fundationes testamenta, Sorgia et molendina,* fol. 75. — Copie du XV° siècle. Ibid., G, 29, *Sorgue,* tom. I, fol. 175. — Ibid., Copie du XV° siècle, G 32, *Sorgue dehors le terroir d'Avignon,* tom. I, fol. 139. — Copie informe du XVIII°, G 32, *Sorgue dehors le terroir d'Avignon,* tom. I, fol. 4. — Copie du XVIII° siècle, n° 34. Curage et entretien de la Sorgue, fol. 1. Autre copie, ibid., fol. 72. — Autre copie du XVI° siècle, n° 46. — Analyse : Bibl. d'Avignon, mss. n° 2859, fol. 1. — Publié dans Barral : *Irrigations dans Vaucluse,* tom. II, pag. 192.

XIII

Sentence arbitrale sur la division des eaux de la Sorgue.

(Juillet 1204.)

TRADUCTION.

Au nom du Christ, ainsi soit-il.

L'an de son incarnation 1304, et le 17e jour du mois de septembre, comparaissant noble et discret homme seigneur Ferrier Spérandieu, jurisconsulte d'Avignon, par devant noble personne Baudouin de Bony, professeur aux lois, juge du Comté Venaissin, siégeant en la dite qualité dans les assises du Pont de Sorgues, pour la sainte Église romaine, auquel il aurait représenté et demandé que, commeil avait lui-même pris ou reçu en emphitéose et affermé les moulins et paradou de l'église du Pont de Sorgues, du prieur de la dite église, ainsi qu'il en a fait compte audit seigneur juge et qu'il le lui aurait démontré, par contrat dressé devant le notaire public ci-après énoncé, par lequel il aurait été fait et convenu, entre ledit sieur prieur et ledit seigneur Ferrier, qu'en vertu de certains instruments originaux, appartenant à la dite église, relatifs aux droits des moulins et conduite des eaux de la Sorgue, ou réception d'icelle, il pouvait et devait les prendre et conduire depuis le lieu appelé la Fourche de l'Abbé, ou de la Flèche, ou enfin de tous autres lieux ; desquels actes ledit M. le prieur devait lui faire expédier un extrait en forme authentique d'autorité de jugement. C'est pourquoi ledit Ferrier demandait et supplait humblement ledit juge de vouloir bien interposer son autorité de juge pour lui procurer les susdits instruments originaux que ledit prieur avait remis à M. Jean Guiramand, notaire, à l'appui de son droit, et qu'après les avoir transcrits et rédigés en forme publique, il lui en fut délivré extraits pour en faire pleinement et entièrement compte à jamais ; lequel susdit juge ayant accueilli la supplique et demande et examiné le susdit acte de nouveau bail, l'aurait trouvé aussi juste que convenable ; séant en conséquence en tribunal, ayant connu la cause et interposant son autorité de juge, par son décret, aurait enjoint à moi, notaire public soussigné, de relever et transcrire les susdits instruments originaux et les rédiger en forme authentique, sans y rien ajouter ni diminuer, mais tels qu'ils se trouvent et apparaissent dans les susdits originaux, pour en faire une copie pleine et entière au dit M. Ferrier, afin que de tels extraits ou transcrits, ainsi rédigés en forme publique, foi pleine et entière puisse être ajoutée en tous lieux et par devers tous ; la teneur desquels instruments se trouve comme s'ensuit :

Sachent tous présents et à venir que, l'an de l'incarnation de Notre Seigneur 1204, au mois de juillet, étant consuls dans la ville d'Avignon Bertrand de Sors, Pons Augier, Bertrand Mauvoisin, Bertrand du Parc, Lambert Guilherme, Pierre Laugier, Raymond Ami et Pierre Jean, et juge Guilhaume de Porta-Aqueria, une querelle s'étant élevée entre M. Guilherme, prévôt de l'église d'Avignon, et Pons Augier et Guillaume Espigue et ses frères, Bonpart et son frère, Giraud et Béranger du Pont, et l'enfant de Raymond Girard, et le prieur du Pont de Sorgues, et Pierre du Pont, qui, en vertu d'un ordre du dit prieur et de l'abbé de Cluni, les représentant en cette partie, et tous les autres possédant moulins et battoirs dans le terroir de Sorgues, les Trimochins et les Reynoardins, seigneurs du château de Vedènes, d'une part ; et d'autre part, entre les messieurs de Saint-Saturnin, savoir : Laugier de l'Isle, et les Bertrand d'Avignon, et les enfants de Guillaume de St-Saturnin et ses neveux, et Guillaume Mauvoisin, et les enfants d'Elzéar Guilhermin de Sors, Vayran, Raposin et Ribald, au sujet de nouveaux édifices de moulins et de nouvelles écluses, et de plusieurs autres empêchements dans l'ancien canal de la Sorgue, faits surtout dans le terroir de Saint-Saturnin et de Vedènes, touchant la juste division des eaux à faire pour le moulin de Vedènes, entre lesdits propriétaires d'Avignon et ceux du Pont de Sorgues, comme aussi pour les dépenses à faire dans les repurgements de fossés dans la dite Sorgue, par les anciens fossés, pour recevoir et conduire librement l'eau, réparer et conserver les écluses, depuis le lieu dit de la Fourche de l'Abbé jusqu'au moulin de Vedènes, et du moulin de Vedènes jusqu'à l'ancien canal de la Sorgue en delà le pont de la Sorgue, et de l'autre part, jusqu'au Rhône ; tous lesquels susnommés, de part et d'autre, remontant par le conduit ou canal jusqu'à Saint-Saturnin, et, après avoir longtemps discuté sur toutes les susdites questions, seraient enfin convenus comme suit : que Guilhermin, prévôt d'Avignon, et Pierre-Guillaume Mauvoisin seraient choisis pour arbitres compositeurs, et que, par un compromis mutuel, on se soumettra, pour toujours, à leurs connaissances et à leur décision, ce qu'ils confirmeront avec réflexion ; ensuite de quoi, ils leur donneront pour garants ou cautions les ci-après dénommés : Pour le prévôt et les autres d'Avignon, Pons Augier fut donné pour caution, et pour tous les autres de Vedènes, Guilliot et Bertrand de Piedeau, son frère, et pour les Raynoardins, Guillaume Geoffroy, et pour le prieur et les autres du Pont de Sorgues, Blanc et Guillaume Gaufard, ayant tous souscrit à cet arrangement. Après avoir entendu les allégations de part et d'autre et examiné les raisons, les dits arbitres, du consentement et volonté des parties, s'adjoignirent quelques personnes probes, savoir : Pierre, fileur de soie, de Saint-Saturnin, Guillaume du Pont, Guillaume de Briançon, Guillaume Gayraud, Pierre Monier et Bonfils, qu'ils firent jurer, en présence des parties comme, suivant ce qu'ils avaient vu et entendu depuis longtemps, et qu'ils avaient appris, par une longue expérience et leur propre exercice, en ce qu'ils avaient longtemps fréquenté ces rivages et longtemps mené par eux-mêmes les dits battoirs et moulins, dans le présent traité et accord, ils leur donneraient bon et fidèle conseil et assistance, et qu'ils réserveraient à chaque partie tout le droit qui lui appartient pour sa possession : la conférence desquels jurés était portée au conseil tenu à cet effet ; les arbitres souvent nommés, savoir : Guillaume, le prévôt, et Pierre-Guillaume Mauvoisin, témoins de la dispute dont il s'agit, le réglèrent amiablement ainsi que suit :

Disant, en premier lieu, que ceux de Saint-Saturnin jouiraient et posséderaient paisiblement le moulin qu'ils avaient nouvellement construit et qui était la principale cause de la querelle actuelle, en ce qu'il était constant qu'ils avaient vu autrefois un ancien moulin qu'ils avaient possédé avant l'usage de cette eau, ajoutant seulement que le nouveau fossé et resclause de Bonfils, jusqu'à la surverse en pierre qui se trouve au milieu du canal, serait, au gré de Pierre Pons et Guillaume du Pont, exhaussé et élargi de manière que l'eau ait son cours rapide et libre jusqu'au moulin, et après, sa fuite rapide et libre jusqu'à son lit naturel, dans lequel elle doit toute se réunir sans aucune diminution ; et tout cela devant être fait aux frais et dépens dudit moulin, et étant fait, il doit le conserver et garder : et ensuite, depuis la resclause de Bonfils jusqu'à celle de la Fourche l'Abbé, où l'eau doit se rendre sans obstacle pour le service et usage nécessaire des dits moulins, savoir : d'Avignon et du Pont de Sorgues et du château de Vedènes, laquelle était reçue, sans empêchement, depuis un temps immémorial, en vertu d'un ancien droit et possession. Chaque possédant moulin doit concourir, proportionnellement avec les autres, dans les dépenses communes, et le canal par où l'eau a coutume de passer pour aller dans l'ancien moulin de Saint-Saturnin reste en commun.

Ont ordonné de plus les susdits arbitres, que le moulin de Gromelle restera en l'état où il se trouve actuellement, à l'époque de la présente sentence, à cette condition néanmoins que la resclause qui est dans l'ancien canal sera entièrement reculée, et qu'il sera construit au même endroit avec une forte muraille en pierre, au gré de Guillaume du Pont et de Guillaume Gaspard, avec une surverse qui donne suffisamment d'eau pour l'usage dudit moulin ; qu'on dérivera par le nouveau canal le restant de ladite eau et même que toute, les jours de dimanche et autres fêtes, et tout le temps que lesdits moulins n'en ont pas besoin, devra passer librement par la dite surverse et l'ancien canal jusqu'au battoir de Guillaume de Briançon, où le dit Guillaume de Briançon doit prendre garde que la dite eau ne soit détournée ou empêchée ou perdue, et soit bien rendue sans la, moindre diminution, pour avoir son libre cours ; en évitant tout obstacle jusqu'aux autres battoirs ou moulins que Giraud, meunier, et Pierre Baussat tiennent et possèdent au nom des dits seigneurs de Vedènes, où la dite eau étant divisée par moitié, avec exactitude et soin, et exactement conservée dans cette même division par les meuniers desdits moulins, qu'une moitié ait son cours libre jusqu'au Pont de Sorgues, et que ceux de Sorgues s'en contentent, et que l'autre moitié ait son cours libre vers Avignon, sans que ceux-ci puissent en prétendre davantage ; pourvu cependant que cette moitié ne soit pas empêchée ou diminuée, en aucune manière, par ceux de Sorgues, ni le jour ni la nuit, secrètement ni ouvertement. La partie qui va au Pont de Sorgues ne sera pas non plus enlevée ni détournée par ceux d'Avignon et, à cet effet, il faut savoir, suivant ce que les parties sont convenues entre elles et que les six experts jurés, hommes probes, ont reconnu pour certain, et dont les dits arbitres s'étant assurés, qu'ils ont arrêté que la troisième partie de toutes les dépenses qui se feraient depuis les susdits moulins de Vedènes jusqu'à la Fourche de l'Abbé, la resclause dans laquelle l'eau doit être conduite ou placée ou pour le curage des fossés, pour faire ou réparer les resclauses, sera librement payée par les possédant moulins d'Avignon, l'autre tiers, par ceux du Pont de Sorgues, et le tiers restant sera également librement payé par ceux de Vedènes; ce à quoi les dites parties se seraient réciproquement obligées en présence des dits arbitres et auraient promis de payer, sans contredit, les dites dépenses lorsqu'il serait nécessaire. De plus les susdits experts jurés étant requis, en vertu de leur serment, de déclarer de quelle manière la moitié de la dite eau, depuis les dits moulins, était depuis longtemps conduite jusqu'au Rhône et de quelle manière la mouture des dits moulins d'Avignon se divisait entre les propriétaires desdits moulins, promettant les parties de s'y conformer, ils auraient déclaré et dit que cette répartition se faisait de la manière ci-après décrite, que depuis longtemps ils avaient entendu dire, savoir : que les battoirs du moulin neuf, depuis le moulin de l'Espigue, au-dessus des dits battoirs, doivent payer le quart des dépenses, dans le repurgement des fossés, mais que dans les autres dépenses, telles que reconstruction de maisons dans les champs, marteaux, roues et autres choses nécessaires généralement quelconques, ils doivent en répondre par eux-mêmes, et, sans entrer dans les autres charges; toutes les autres dépenses qui se font depuis lesdits moulins de Vedènes jusqu'au Pont-Rompu, telles que reconstruction de maison, curage de fossés, réparations de meules et autres achats d'ustensiles et choses nécessaires pour des moulins, ces trois moulins savoir : d'Espigue, de la Roquille et du Pont-Rompu, doivent être faites communément entre eux et que chaque partie peut réciproquement se contraindre pour les payer, de manière qu'aucun ne reçoive l'émolument des dits moulins sans, au préalable, avoir payé ce qu'il se refusait à payer ou qu'il différa. Le dit émolument sera fidèlement employé au dit payement par les protecteurs ou préposés à cet effet; mais, depuis le Pont-Rompu jusqu'au Rhône, le moulin de Briançon doit repurger le fossé, et étant purgé à ses propres frais, réserver la dite eau pour la conduire jusqu'au Rhône, et, pour cela, il doit être tranquille et exempt de toutes les autres dépenses qui seraient faites depuis le moulin du Pont-Rompu. Ont dit, en outre, les dits experts jurés que la mouture ou émolument des dits moulins, savoir : de l'Espigue, de la Roquille et du Pont-Rompu, devrait être divisée de manière que Pons Augier et les fils de Vesian Espigue et leurs parents et les enfants de Bertrand Espigue reçoivent, chaque semaine, dans le moulin de l'Espigue, 10 poignadières pour la nourriture des meuniers, et 4 pour les petits meuniers, et la sixième portion de tout le restant, pour le gage des susdits, et qu'ils doivent recevoir tout cela pour leur droit de mouture qu'ils y ont, outre la portion du prévôt et des autres propriétaires dans les deux autres moulins, savoir : dans le moulin de la Roquille et celui du Pont-Rompu, où le prévôt de l'Église de Notre-Dame reçoit, chaque semaine, la même portion également pour son droit de mouture dans le même ordre de division, savoir : premièrement, 10 poignadières et ensuite 4 et ensuite la 6me partie entière sur tout le restant, et cela aussi dans la portion des autres. Mais dans le moulin de Briançon, le sacriste de Notre-Dame doit également recevoir la même portion pour le même droit de mouture et dans le même ordre, indépendamment de la portion des autres propriétaires. Et tout cela doit premièrement être prélevé par les dits propriétaires avant le partage du blé, sans la moindre contradiction et dispute; en second lieu, on lèvera de même sur le tas commun les dépenses faites et autres choses nécessaires desdits moulins pour lesquelles, dans la même forme écrite ci-dessus, chaque partie pourra contraindre l'autre, et le restant du produit des dits moulins doit être divisé en 41 portions, desquelles les prévôt et chanoines de Notre-Dame en reçoivent la moitié franche, au-dessous néanmoins de la moitié d'une portion, savoir : 23 parts 1/2 ; des autres 24 parts 1/4 restantes, le sacriste de Notre-Dame doit en recevoir 7, et le prévôt et ses chanoines, pour la part du seigneur Giraud Ami, qui a donné et laissé sa portion et son domaine à la dite église, pour le salut de son âme. Mais les 11 1/2 autres portions, Pons Augier les reçoit avec les fils de Vesian et les fils de Bertrand Espigue, et les 11 1/2 autres et restantes sont divisées, par égales parts, entre les enfants de Bertrand, Giraud et Béranger du Pont, et ainsi les 48 portions se trouveront divisées sans qu'il n'en reste rien.

Sachent, en outre, que si, dans une des susdites divisions, on ne pouvait trouver et compléter les 48 portions, dans la division ou répartition suivante, on doit compléter ce qui aurait manqué à la précédente. Tels sont les articles convenus et décrits, ainsi que les susdits experts jurés, hommes probes, pour la conduite des eaux et les dépenses à faire dans l'achat des ustensiles et autres choses nécessaires, la mouture ou émoluments à répartir, les ont dit être conformes aux précédents ; ce que les dits arbitres ci-dessus choisis ont reconnu devoir être gardé et observé, ainsi qu'ils l'ont ordonné et ordonnent.

Fait sur les bords de la Sorgue, au-dessous du moulin de St-Saturnin, en présence de Pons Augier et de Pierre Jean, consuls, par devant, comme a été dit, Guillaume, prévôt, et Pierre Guilherme, Guillaume Mauvoisin, arbitres susnommés. Les autres témoins présents furent Guillaume de Sors, Vayran son frère, Guillaume Hugues, Bertrand Raymond d'Avignon, Raposin, Guillaume Valentin le jeune et Imbert Raymond, Laugier de l'Isle, Guillaume Laugier de Croca, Guillaume, d'Orange et Bertrand du Four, Guillaume Ayraud, Guilhaume Geoffroy de Vedènes, Guilhot et Bertrand de Piedeau, son frère, Guillaume Raymond, fils de Béranger Raymond et Pierre du Pont, Roux Guillaume,

Gaurard, Raymond de Serres de Rossilhan, qui, comme experts jurés, comme a été dit ci-dessus, et en cette qualité, l'ont ordonné conjointement avec Raposin et Raibaut pour ceux de Saint-Saturnin par devant moi, Étienne, notaire, qui, de l'autorité des consuls et commandement des arbitres et de chacune des parties, ai reçu et signé le présent acte que j'ai scellé du sceau des consuls et de moi, Jean Guiramant, notaire public dans le Comté Venaissin pour N. S. P. le Pape, qui, comme intervenant dans la publication du présent acte, du consentement et volonté du dit Ferrier, en vertu des pouvoirs à moi donnés par noble et discret homme messire Baudouin de Bony, juge mage du Comté Venaissin, comme a été dit ci-dessus, ai extrait le présent de son original tel que je l'ai trouvé, sans y rien ajouter ni retrancher, et l'ayant rédigé en forme authentique, je l'ai signé de mon seing ordinaire et l'ai fait sceller du sceau de plomb de la cour du Comté Venaissin.

Orig. : Archiv départ de Vaucluse. G, fonds du Chap. métropolitain. — Imprimé : Barral, *Irrigations dans Vaucluse*, tom. II, pag. 197.

XIV

Donation par le chapitre, à nouveau bail, des moulins de Villeneuve (Villanova), *de l'Espigue* (de Spica), *de Roquilhe* (de Roquilha), *de Briançon* (de Briancione) *et de Pertuis* (de Pertusio), *et du lit de la Sorgue* (alveum Sorgiae).

(5 février 1237.)

In nomine Domini nostri Jhesu Christi.

Anno Incarnationis ejusdem millesimo ducentesimo trigesimo septimo, videlicet nonas febroarii, existentibus, in civitate Avinionensi, consulibus, Guillelmo Augerio, Berengario Raymundo, Aimerico Multonerio, Cabecia, Raimundo de. Reali, Willelmo Cavallerio, Petro Feraudo de Rupe, et Ugone de Gorda, et judicibus Guillelmo Petro Astoaudo et Ugone Rostagno. Nos Bertrandus Rostagnus, Avinionensis ecclesie prepositus, consideranes utilitatem ecclesie beate Marie Avinionensis, cum consensu et consciencia ac voluntate totius capituli infrascripti, more solito, ad hoc sollempniter congregati, diligenti tractatu ac deliberatione prehabita infrascripta, agentes ut meliora prospiciamus, damus ad accapitum et concedimus, per nos et omnes successores nostros, vobis unitis probis hominibus infrascriptis de Avinione, videlicet Bertrando Sperandieu et Johanni, fratribus, pro quarta parte, et vobis Vitali de Porta-Ferrucia et Ugoni, fratribus, pro alia quarta parte et vobis Bertrando Capellino et Ysnardo Morre, pro alia quarta parte, et vobis Raimundo Begoni et Poncio, empregnotori, pro alia quarta parte, damus siquidem vobis et successoribus vestris omnibus universalibus et singularibus in perpetuum, batitoria de Villanova, cum suis pertinentiis et circunstanciis et specialiter faisietam quamdam que est ibidem; que batitoria et faisieta habent consortes : a Circio, vineas que possidentur nomine domus Trullacii, a meridie, reale Sorgie.

Item damus pariter molendinum de Spica, cum suis pertinentiis et apendiciis et specialiter cuneum terre qui est ibidem ad faciendum, in eodem cuneo, candores vel aliud, si nobis et vobis visum fuerit utilius expedire, et quod molendinum et cuneum habent consortes ; ab Oriente, vineam Bertrandi Grossi et Ugonis Tartarii, ab Occidente, Sorgiam, a Meridie, viam, Sorgia mediante, a Circio, vineas et terras que possidentur nomine hospitalis Sancti Johannis.

Item damus, sub eodem titulo accapiti, molendinum de Roquilla cum suis pertinentiis et apendiciis, quod molendinum habet consortes ; ab Oriente et a Circio, viam publicam, a Meridie et ab Occidente, riale Sorgie.

Item damus, sub eodem titulo, medietatem, pro indiviso, domus et molendini et batitoriorum de Briansione, cum suis pertinentiis omnibus, quod molendinum habet consortes ; ab Oriente et a Circio, viam publicam inter licias, a Meridie, ortum qui possidetur nomine Petri Bacioqui et Rainoarde, ejus uxoris, que domus, molendina et batitoria sunt communia, pro indiviso, nobis et communi civitatis Avinionensis.

Item damus, sub eodem acapito, medietatem domus sive domorum et molendini et batitoriorum, pro indiviso, de Pertusio cum suis pertinentiis et apendiciis omnibus, que habent consortes : ab Oriente, licias, a Circio, viam que tendit ad Rodanum, a Meridie, ortum quondam Petri Ruffi Sauzini, que domus, molendina et batitoria sunt omnia nobis pro indiviso et communi hujus civitatis Avinionensis.

Item aquam Sorgie et alveum et cursum ipsius aque que tendit versus Avinionem a loco qui dicitur Furca Abbatis usque ad Rodanum continue.

Damus siquidem omnia supradicta et singula sub forma infrascripta, videtur : quod vos teneamini reficere dictam domum de Villanova et veterem rotam et quamdam rotam ibidem de novo facere, propriis expensis, quousque ambe rote fuerint batentes vel molentes.

Item teneamini reficere domum de Roquilla et veterem rotam reficere et quamdam aliam rotam de novo ibidem facere, propriis expensis, quousque ambe rote fuerint batentes vel molentes.

Item teneamini in dicta domo de Briancione facere unam rotam, vel duas, si nobis et vobis videbitur expedire, propriis expensis, quousque fuerint batentes vel molentes.

Item teneamini, eodem modo, in domo de Pertusio.

Item teneamini facere quamdam domum novam cum una rota vel pluribus in dicta riperia, in loco ubi nobis vel vobis videbitur expedire, vestris propriis expensis, quousque fuerint batentes vel molentes.

Et hec omnes supradicte domus et rote sunt stabiles et firme et utiles ad cognitionem bonorum virorum in talibus peritorum.

Item si in dicta riperia nobis et vobis videbitur expedire quod alia, de novo, molendina seu batitoria hedificentur, tenemur vobis emere vel aquitiare, de nostro proprio, locum vel loca ubi dicta hedificia fierent, et vos vel vestri tenemini domos et rotas facere et omnes alias expensas, donec rote in dictis locis essent molentes vel batentes.

Item vos tenebimini cavare et ampliare sufficienter et, de novo, facere alveum aque predicte, propriis expensis, ita quod aqua predicta possit defluere libere et sine impedimento usque ad vallata civitatis, nos non tenebimur vobis emere et habere, nostris propriis expensis, terram vel terras et solum ut circa alveum, ab utroque latere ut ab altero sufficia ab illo loco ubi capitur et capietur aqua usque ad vallata civitatis, si antiquus alveus non sufficeret, vel ubi antiquus alveus non sufficeret.

Item promittimus etiam vobis quod nos faciemus et procreabimus quod libere et, sine omni contradictione, habeatis aquam que defluit per tenementum Castrinovi et per totam terram Giraudi Amici, de qua molunt molendina dicti Giraudi Amici et batitoria verberant sive parant et molendina ecclesie Castrinovi, et eam aquam vobis et successoribus vestris salvare et deffendere promittimus. Debet autem transire aqua predicta per ortum Stephani tornans juxta ortum Wilhelmi Monerii qui remanebit ab Oriente et discurret libere in anticum alveum qui transit per augeriadam et per tenementum Juncairetarum et Sancti Saturnini et postea cadet in alveum communem Vedene, Pontis Sorgie et Avinionis.

Item fuit inter nos et vos sic actum et conventum quod, postquam omnes honores batitoriorum et molendinorurum fuerunt refecti, et de novo facti et domus cohoperti, et fuerunt batentes vel molentes, omnes expense quas postea opportuerit fieri in dictis honoribus, ex quacunque causa, fient postea de communi gaudita totius predicti honoris, ita quod deducetur per nos et vos communiter, singulis annis, ab uno festo sancti Michaelis usque ad aliud continue, sexta pars omnium fructuum, reddituum et proventuum totius affaris dicti, ex qua sexta parte tenebimur nos et vos omnes alii aliam. Si tamen de predicta sexta parte aliquid residuum fuerit, deductis expensis, residuo habebimus nos medietatem et vos omnes alii aliam, deducta autem sexta parte predicta et deductis aliis expensis, si que ultra sextam partem predictam expenderentur, in predicto affari in residuo omnium proventuum et reddituum totius affaris dicti percipiemus medietatem liberam et absolutam et sine impedimento.

Item fuit inter nos et vos actum et conventum quod si aliquo modo vel aliqua ratione gaudite obveniret de novo vel obvenire posset, occasione dicte aque, vel pro hiis que hedificarentur, in dicta riperia, in illis gauditis percipiemus nos medietatem et vos alii facherii, aliam, salvo accapto quod nos retinemus jure dominii.

Item fuit inter nos et vos dictum et actum quod postquam aliquod molendinorum vel batitoriorum predictorum fuerit de novo factum vel refectum per vos facherios, ita quod ex rota vel rotis molendinorum predictorum incipient percipi gaudite, de communi gaudita sicut supra dictum est, fient expense post modum ad dictam rotam et dictas rotas.

Item pro medietate reddituum et proventuum molendinorum et batitoriorum de Pertusio, quam medietatem nos percipimus communiter cum Vitali et Ugoni de Porta Ferrusia et R. Begoni supradictis et commune hujus civitatis, aliam medietatem, in qua quidem medietate quam nos et vos tres percipimus predicti, nos percipimus medietatem et vos aliam et sic competit nobis quarta pars dictorum reddituum et proventuum ipsorum molendinorum et batitoriorum et vobis alia quarta pars remittimus et pactum de non petendo facimus vobis Vitali de Porta Ferrucia et Ugoni, fratribus et Roberto Begoni et sociis vestris predictis XV manganeriorum annone que vos tres predicti promiseratis nobis servire annuatim, de mandato episcopi, qui dominus episcopus in nos et ecclesiam beate Marie transtulit omne jus quod habebat in molendino predicto de Pertusio, ex causa compositionis et in remedium anime sue, sicut alibi plenius continetur, et sumus contenti de censu predicto cum quarta superius nominata.

Item remittimus, firmimus et desemparamus, ex eadem causa, et pactum de non petendo facimus vobis predictis omnibus, IV^or manganerios annone et sex denarios censuales que Vitalis et Ugo et Robertus Bego predicti et Bertrandus Esperandeus promiseratis nobis servire annuatim pro molendino de Briancione, de mandato domini episcopi, qui dominus episcopus in nos et ecclesiam beate

Marie transtulit omne jus quod habebat in molendino predicto de Briancione, ex causa permutationis, receptis a nobis quibusdam possessionibus quas habebamus apud Biturritam, sicut hoc alibi plenius continetur et, sumus contenti de censu predicto pro medietate medietatis predicte molendinorum predictorum. Damus siquidem vobis supranominatis facheriis et successoribus vestris omnia supradicta, in modum predictum, concedentes et nomine ecclesie beate Marie et nostro, vobis et successoribus vestris perpetuo possidenda. Et liceat vobis omnibus et singulis honorem seu honores predictos batitoriorum et molendinorum et omnium predictorum donare, vendere, permutare, pignori obligare aut qualibet alienationis specie, in quamcunque personam voluerint transferre, clericis exceptis et militaribus atque religiosis personis omnibus, assensu tamen nostro et nostrorum successorum et concilio precedente, et salvo semper jure nostro et dominio in parte superius nominata et salvo etiam et retento nobis in venditionibus, mutationibus et omnibus alienationibus trezeno et accapto jure domini acceptis aut a vobis, ex causa hujus accapti solidos Raymundensium novorum de quibus sic nobis satisfecistis, quod inde nos tenemus pro paccatis et vos quitios clamamus, exceptioni non numerate pecunie et exceptioni doli, et in factum renunciantes, predictum affare totum sicuti supra dictum est nos vobis et vestris jure salvaturos vobis et deffensuros ab omni controversia et interpellante et accaptum illud, nulla ratione, nos revocaturos. Et si tracti in causam pro predictis honoribus aut aliquo ex illis litigare compulsi fueritis et ab hoc expensas aliquas feceritis litigando, denuntiatione nobis legitime facta, omnes illas nos vobis restituros bona fide per stipulationem vobis promittimus et omnia bona preposRiture ac capituli Avinionensis ex hoc vobis omnibus et singulis pro evictione in solidum partem ne contingente et pro expensis obligamus, confitentes nobis predictam pecuniam in utilitatem ecclesie ac capituli Avinionensis esse versatam et renunciantes omni juri.

(Suit l'autorisation capitulaire.)

Orig. : Archiv. départ. de Vaucluse, G, fonds du chap. métropolitain, G, n° 26, fol. 7. — Ibid., n° 46. *Procès des Jésuites* Copie du XVIII° siècle.

XV

Accord entre le chapitre métropolitain et le clavaire de la cour temporelle d'Avignon portant que la largeur du canal de la Sorgue, depuis la porte Imbert (portale Imberti) *jusqu'à la porte de Pertuis* (portale de Pertusio), *devra être de quatre cannes.*

(11 août 1272.)

Notum sit omnibus quod anno Domini millesimo ducentesimo septuagesimo secundo, scilicet tertio Iduum Augusti, existentibus dominis civitatis Avinionensis domino Philippo, Dei gratia Francie rege et domino Carolo. eadem gratia, comite et marchione Provincie et comite Forcalquerii.

Cum curia Avinionensis dare inciperet ad accapitum, vallatum, sicut protenditur a Portale Imberti usque ad Portale Pertusii, retentis molendinis de Pertusio, quatuor cannis juxta mura licearum pro aqua ducenda molendinis ecclesie beate Marie Avinionensis habet medietatem liberam, ut partes infrascriptue confitentur et alia medietas dictorum molendinorum per curiam Avinionensem possidetur, dominus Cavallerii, canonicus et prepositus dicte ecclesie Avinionensis et canonici infrascripti dicte ecclesie, scilicet dominus R. Amici, sacrista, Pontius de Sancto Marcello, decanus, Egidius Roserius, infirmarius, Petrus Malvicini, Rostagnus de Alvernegue, Isnardus Malvicinus. Gaufridus de Bulbone, Rostagnus de Aramone, Alasardus de Aramone, predicti, inquam, canonici dicte ecclesie Avinionensis et, pro ipsa, videntes hoc expedire, pro futuro et utilitati Avinionensis ecclesie voluerunt, promiserunt et convenerunt Bertrando Rancurelli, clavario curie Avinionensis, presenti et recipienti, nomine dictorum dominorum Avinionensium et curie eorumdem, quod dictum vallatum curia Avinionensis possit dare ad accapitum quandocunque dicte curie placuerit hoc faciendum, retentis semper dictis molendinis quatuor cannis latitudinis in mensurando et computando versus murum scavure liciarum, pro aqua ducenda molendinis supradictis. Salvo etiam et retento quod omnes illi qui habent aliquas fronterias vel habebunt infra dicta portalia, juxta cursum dicte aque, debeant facere, infra quatuor annos proximos, quilibet fronteria sua, unum murum lapideum altitudinis dicti muri scavure liciarum et quod contra predicta vel aliquid de predictis non veniant, de jure vel de facto, bona fide, per stipulationem et sub obligationem bonorum dicte ecclesie dicto clavario, nomine dictorum dominorum Avinionensium et curie eorumdem promiserunt. Et, ex adverso, dictus clavarius videns predicta omnia et singula expedire predictis dominis Avinionensibus et curie eorumdem, voluit et concessit, promisit et convenit, nomine predictorum dominorum Avinionensium, predicto domino preposito et canonicis aliis supradictis, nomine dicte ecclesie recipientibus, quod dictum vallatum remaneat latitudinis quatuor cannarum, ut supradictum est, pro aqua ducenda molendinis supradictis et quod omnes illi qui habent vel in futurum habebunt aliquas fronterias in dicto vallato juxta cursum dicte aque, faciant et facere teneantur, infra quatuor annos proximos, unum murum lapideum altitudinis muri liciarum in fine fronterie sue, juxta cursum dicte aque, et quod dicta curia Avinionensis contra non veniat de jure vel de facto, bona fide, per stipulationem et sub obligationem omnium bonorum dictorum dominorum et curie eorumdem dictis canonicis, nomine dicte ecclesie recipientibus promisit.

Factum fuit hoc in claustro dicte ecclesie beate Marie Avinionensis ante parlatorium.

Testes presentes interfuerunt dominus Raimundus prepositus ecclesie Aurayce, dominus Audigarius jurisperitus, Raimundus Maliratus, G. de Manhanis, subvicarius, Guillelmus, pictor, Jacobus, frenerius, Rostagnus Magistri, notarius.

Et ego Isnardus tabernarius, notarius Avinionensis etc. qui hec scripsi et signavi.

Actum fuit hoc in subtulo palatii regii Avinionensis presentibus testibus domino Hugone de Moreriis, domino Guillelmo de Aquis, jurisperito, Peyreto Retranni, Bertrando de Furnis, Petro Christoli, Guillelmo Petri, nuncio curie, Raimundo Amancii, notario Avinionensi et me Johanne Dulcis, notario publico civitatis Avinionensis et ubique in comitatibus Provincie et Forcalquerii, auctoritate regia constitutus qui premissis adfui et requisitus ut supra, hoc instrumentum scripsi et signo meo consueto signavi etiam et bullavi.

Orig.: Archiv. dép. de Vaucluse, G. Fonds du chap. métropol., G. 8, fol. 60, *Vidimus* du XIVe siècle. — Ibid., n° 29, fol. 25. Copie du XVe siècle. — Ibid., n° 28, fol. 27. Copie du XVe siècle.

XVI

Donation à nouveau bail par le chapitre métropolitain à divers, parmi lesquels Guillaume de Porte Aurose, Raimond de Cavaillon et Guillaume de Sade, de quatre éminées de terre pour construire un moulin et un pont de pierre à Réalpanier.

(1er avril 1296.)

Notum sit omnibus quod, anno Domini millesimo ducentesimo nonagesimo sexto, sicilicet kalendas aprilis, existente domino civitatis Avinionensis illustrissimo domino Karolo secundo, Dei gratia, rege Jherusalem et Sicilie ac comite Provincie et Forcalquerii, Jacobus Triasfatii et Guillelmus Boardi et Petrus Ricavi et Guillelmus Bajuli, filius Guillelmi Bajuli et Guillelmus de Porta Aurosa et Raimundus de Cavallione et Guillelmus de Sado, predicti cives et habitatores civitatis Avenionensis, nomine suo et utilitate sua, petierunt a religioso viro domino Bertrando Aimini, preposito ecclesie Avinionensis, quod ipse et capitulum ecclesie Avinionensis quorum canonicorum nomina infra secuntur, concedari eisdem quod ipsi possint, eorum auctoritate et licentia, facere unum batitorium in cursu aque Sorgie, in quodam loco qui dicitur vulgariter Rialapanier. Promittentes et in pactum expressum deducentes quod si ille locus concedatur eisdem in emphiteosim perpetuam, quod ipsi edificabunt, suis expensis propris, pontem lapideum in dicto loco et continue tenebunt et reficient et refici facient suis sumptibus propriis dictum pontem totiens quotiens opus fuerit ad refectionem dicti pontis, ita quod per dictum pontem tam pedites quam equites et animalia ducentes possint libere transire, ire et reddire sicut viatoribus vel equitibus videbitur faciendum et quod omnia possint transire que per dictam viam ducentur ; ita quod dictus pons debeat habere latitudinem quatuor vel quinque palmarum. Sed quadrige transire non debeant per dictum pontem.

Item promiserunt predictis et quolibet eorum tam pro se quam per suos successores, quod ipsi edificabunt et edificari facient suis propris expensis, hinc ad Nativitatem Domini proxime venturam, domum vel domos ad opus dicti batitorii quod edificare voluerunt in cursu aque dicte Sorgie, in loco nominato supra. Quod edificium decostabit et decostare debet sexaginta vel quatuor viginti libras coronatas provincialium, de suis propriis rebus et quod dictum edificium fiat et fieri debeat in solo preposituře Avinionensis ecclesie, propter quod edificium faciendum ad opus solum dicti batitorii, dictus dominus prepositus et capitulum supradictum concessit predictis supranominatis et supra specificatis, quatuor eminatas terre ejusdem heremi, que quidem heremus est prepositure supradicte et, pro predicta prepositura, recognoscunt et confitentur se velle tenere et debere tenere tam predictum batitorium quam prefatum pontem quam dictum edificium faciendum et insuper dictas quatuor eminatas terre et heremi supradicte.

Item promiserunt et se obligaverunt, nomine suo et nomine successorum suorum superius expressorum, quod ipsi subibunt honera, ratione dicti batitorii que honera faciant et supportanti alia batitoria subjecta dicto domino preposito et prepositure Avinionensis ecclesie supradicte, tam in curatis faciendis quam in alienis honeribus que contingent, tempore succedente et per tempora futura. Et super omnibus et singulis supradictis servandis attendendis et inviolabiliter adimplendis, obligaverunt expresse omnia bona sua tam presentia quam futura, cum omni renunciatione et cauthela et eo modo voluerunt esse obligata quo melius obligari possunt de jure et ypotheca et obligata esse.

Item voluerunt et promiserunt supradicti et quilibe eorumdem, sub obligatione dicti batitorii et dicti edific ibidem faciendi seu facti et melioramenti ibi faciendi se facti per dictos emphiteotas ibidem quod ipsi, annis sin gulis, in Nativitate Domini, solvent dicto domino prepo sito vel successoribus suis, quindecim solidos provincia lium coronatorum, nomine canone sive censu. Et si pre positura vacaret, quod ipsi solvere debeant procuratoribu vel procuratorio dicte prepositure dictam pecunie quanti tatem, nomine emphiteotici contractus predicti batitorii ei in emphiteosim concessi. Et quod ipsi meliorabunt dictun locum concessum eis in emphiteosim perpetuam eisdem et omnia facient observari dicta supra et observabunt e quod eis liceat vendere jus eis competens donare vel per tractare vel legare quibuscunque personis voluerint vel ali modo alienare, exceptis personis militaribus et quibuscun que aliis personis ecclesiasticis vel religiosis, precedent tamen concilio et consensu expresso dicti domini preposi et successorum suorum. Et si contingeret quod aliquis pre dictorum emphiteotarum venderet vel permutaret vel ali modo alienaret vel alienare vellet, cum effectu, jus sib competens in dicto batitorio, quod illud jus quod sib competit vel competeret, debeat et etiam teneatur vender vel alienare uni ex dictis emphiteotis vel omnibus, simu vel separatim, et quod possit retineri per unum ex dicti emphiteotis vel per omnes simul vel separatim secundun quod volenti alienare et detur quantum inveniretur a aliis. Et si forte tantum nollent dare predicti emphiteot simul vel separatim quantum inveniretur ab alio vel a aliis, ex tunc volens alienare vel permutare alias alio mod genus alienationis, facere possit in aliam personam ve aliter transferre, precedente tamen consilio et consens prepositi qui nunc et qui erit pro tempore, exceptis tamen personis militaribus et aliis personis supra prohibitis e exceptis, ita tamen quod si alii emphiteote, unus vel plure vel omnes vellent emere partem vel jus volenti vendere e tantum vellet dare quantum ab aliis, re vera, inveniretur quod tunc alteri persone alicui vendi vel alienari per volentem vendere non possit nec alii emptori jus aliquid acquiri in domo predicta seu batitorio, seu terra, seu ponte supradictis. Et dictus dominus prepositus et dominus Raimundus de Codoleto, sacrista, dominus Gaufridus de Bulbone, decanus, dominus Raolus, decanus, dominus Guilhelmus de Areis, helemosinarius, dominus Rainoardus Malvicini, operarius, dominus Bertrandus Trigentalibrae, precentor, dominus Raimundus de Codoleto, prior Laurate, dominus Richavus Gui lelmi, Guillelmus Gironcle, Bertrandus Rostagni, Rostagnus de sancto Saturnino, Raimundus de Bulbone, Bertrandus Rainoardi, Petrus Radulphi, Hugo de Puteo, Isnardus Malvicini, Raimundus de Sos, Simon de Drachone, Reforciatus Feraudi, predicti, inquam, canonici simul congregati in claustro eorumdem, coram capitulo seu parlatorio, facientes capitulum et capitulum constituentes in ecclesia Avinionensi, attendentes et considerantes quod predicta sedebant in utilitatem prepositure Avinionensis ecclesie evidenter, sub modis et formis et pactis qui et que expressi sunt, expresse et expressa supra et specificata, supradictis et successoribus quibuscumque eorum concesserunt predictum batitorium faciendum, quod recognoscunt dicti emphiteote se velle tenere et debere tenere pro dicto domino preposito et successoribus ejusdem. Et sic omnia et singula supradicta concesserunt tam dictus prepositus, quam canonici supradicti hoc adjecto et in pactum deducto expressum, quod si dictum batitorium, aliquo casu, inferret dampnum molendinis dicte prepositure vel posessionibus sacristie Avenionensis ecclesie supradicte, quod illud dampnum debeant resarsire, ita quod cursus aque impediretur quominus libere veniret ad dicta molendina et ad alia batitoria subjecta dicto domino preposito, quod illud impedimentum tollant et tolli faciant quam cito comode potuerint, ad requisitionem dicti domini prepositi et successorum ejusdem, ex quo eis fuerit denunciatun vel alicui eorumdem, ita quod denunciato pro jure valeat ad noticiam aliorum emphiteotarum vel heredum, vel successorum eorumdem. Et predictus dominus prepositus et canonici supradicti promiserunt et convenerunt dictis emphiteotis dictum batitorium, sub pactis et conditionibus predictis, et eorum successoribus salvare et deffendere ab omni controversia et interpellante et accapitum istud non revocare aliqua ratione. Et si tracti in causam, dicti emphiteote et sui, litigando, expensas fecerint pro dicto paratorio et omnibus aliis predictis eis in accapitum concessis, in curia vel extra, licet totum vel partem retinuerint, sive in causam victi sive non, illas expensas promiserunt dictus dominus prepositus et dicti canonici eisdem facheriis reddere et restituere et de eis credere simplici verbo suo, sine sacramento et testibus et alio genere probationis, remissa eisdem facheriis necessitate denunciandi et appellandi, bona fide, per stipulationem sollempnem eisdem facheriis dicti domini prepositus et canonici promiserunt et omnia bona prepositure presentia et futura, pro evictione, in solidum, partimve contingentia et pro omnibus predictis et singulis complendis et attendendis inde eisdem obligaverunt.

Dantes et concedentes tam dictus dominus prepositus quam dictum capitulum et canonici supradicti, nomine suo et prepositure predicte, dictis facheriis et cuilibet eorum in solidum, ut supra, plenam et liberam potestatem, ut auctoritate sua, apprebendant ipsi facharii possessionem dicti batitorii et omnium et singulorum predictorum dictis supra concessorum. Et donec dicti facherii dictum batitorium et omnia et singula supradicta eis supra concessa apprehenderint, ipsi dominus prepositus et alii canonici supradicti constituerunt se, nomine quo supra, et dictam preposituram, dictum batitorium et omnia et singula supradicta quoad utile dominium, suo nomine, possidere.

Renunciantes in predictis, ex pacto et ex certa scientia,

petitioni et obligatione libelli et translato hujus instrumenti et exceptioni doli et in factum et conditioni sive causa et omni aliae exceptioni et furis et rationi quibus contra predicta venire possent vel aliquid de predictis. Voluit tamen dictus dominus prepositus et alii canonici predicti quod bona predictorum emphiteotarum omnia sint obligata quoad constructionem dicti batitorii et pontis predicti faciendam et construendam per eos et tenendam ibidem per eos perpetuam, ad eorum expensas et heredum seu successorum suorum, et quoad predicta supradicti emphiteote et quilibet eorum obligaverunt et obligavit omnia bona sua. Sed quoad posessionem solvendam, singulis annis, in Nativitate Domini predicto domino preposito et successoribus ejusdem, voluerunt quod dicta domus dicti batitorii et dicta terra dependens ex dicto batitorio, faciendo et contruendo, remaneant obligata et expresse ypothecata dicto domino preposito et prepositure Avinionensis ecclesie pro solvendo XV solidos annuatim in termino supradicto; volentes tam dictus dominus prepositus quam capitulum supradictum, quam emphiteote predicti quod de predictis possit habere quilibet predictorum publicum instrumentum quod possit dictari et refici ad dictamen cujuslibet sapientis, rei sustancia non mutata.

Factum fuit hoc Avinione, in claustro beate Marie de Doms, coram capitulo.

Testes interfuerunt dominus Guillelmus Negrali, cappellanus, dominus Andreas Aimini, miles, Petrusmillas, Bertrandus Cordina, Raimundus Ricard.

Post hec, anno quo supra, scilicet II iduum junii, reverendus in Christo pater dominus Andreas, Dei gratia, episcopus Avinionensis, predictam dationem in emphiteosim seu concessionem factam per religiosum virum dominum Bertrandum Aymini, prepositum et capitulum Avinionense predictos, certioratus et certificatus de omnibus predictis, decernens predicta omnia et singula, propter evidentem utilitatem ecclesie Avinionensis et capituli predicti esse facta, omnia laudavit et approbavit et confirmavit et habere voluit perpetuam firmitatem super omnibus predictis et singulis, auctoritatem suam et decretum, ex certa scientia, interponendo.

Factum fuit hoc Avinione, in magna aula episcopalis palatii que est versus Occidentem.

Testes interfuerunt dominus Guillelmus de Reali, legum doctor, dominus Guillelmus Salomonis, jurisperitus, dominus Guillelmus Hugo, miles, Bertrandus Taulerii, Petrus Soquerii, Raimundus Aimini et ego Johannes Grossi, publicus notarius Avinionensis predictis interfui, qui mandato et voluntate dictarum partium, hanc cartam scripsi bullavi et signo meo signavi.

(Orig. Archiv. départ. de Vaucluse. G. Chap. métrop. G. 26 *Liber Sorgiae*, fol° 17.

XVII

Concession par le prévot du chapitre à Jacques Massani et autres d'une terre de 55 éminées lieudit à Realpanier pour y établir des blanchisseries.

(23 avril 1296.)

Notum sit omnibus quod, anno Domini millesimo ducentesimo octuagesimo sexto, scilicet IX kalendarum madii, existente domino civitatis Avinionensis illustrissimo domino Karolo, Dei gratia, Jherusalem et Sicilie rege ac comite Provincie et Forcalquerii, nos Bertrandus Aymini, canonicus ecclesie beate Marie de Doms Avinionensis et prepositus dicte ecclesie, nomine dicte preposíture et pro utilitate et necessitate et profectu evidenti ipsius, tradamus ad accapitum sive in emphiteosim perpetuam, tradimus et concedimus vobis Jacobo Massani et Petro Ricavi et Guillelmo Bajuli, juniori, et Guillelmo de Porta Aurosa et Raymundo de Cavallione, vicario et Guillelmo de Sado, fusterio, presentibus et recipientibus, in perpetuum, quinquaginta quinque eminatas, inter terram et heremum dicte prepositure, sicut ibi, plus vel minus, ad faciendum in ea candores vel aliud quodcunque voluerint. Ita tamen quod cursus aque Sorgie non impediatur, ratione dictorum candorum, propter quod molendina dicte prepositure que sunt in dicto bedali Sorgie habeant aliquid detrimentum, quod si haberent, vos dictos candores totaliter revocetis et dicipetis. Que terra et heremus sunt in loco qui dicitur Rialpanier, juxta locum vobis per nos concessum ad edificandum batitorium seu paratorium. Et habent consortes ; ab Oriente, riale Sorgie, a Circio, patuum et terras Pontii Boscaderii, ab Occidente, viam qua itur versus Arcolas, ameridie, aliam terram vestram que est paratorii quod, nomine prepositure, possidetis. Et si contingeret quod aliquis vestrum emphiteotarum venderet vel permutaret vel alio modo alienaret jus sibi competens in dicta terra et heremo, quod illud jus, quod sibi competit vel competere, posssit retineri per unum ex vestris vel per omnes, simul vel separatim, secundum quod volenti alienare videbitur melius faciendum, de consilio tamen nostro et assensu et successorum nostrorum, hoc tamen salvo quod tantum offeratur alienare volenti et detur quantum inveniretur ab aliis. Et si forte tantum nollent dare predicti vel aliquis predictorum qui retinere vellent vel vellet, simul vel separatim, quantum inveniretur ab alio vel aliis, ex tunc volens alienare vel permutare, vel alio modo genus alienationis facere, possit in aliam personam vel alias transferre, precedente tamen consilio et consensu nostro et successorum nostrorum, exceptis tamen clericis et militaribus et aliis personis infra prohibitis et expressis. Concedimus, inquam, nomine dicte prepositure et pro ea, vobis dictis Jacobo Massani, Petro Ricavi, Guillelmo Bajuli, Guillelmo Portaaurosa, Raimundo de Cavallione et Guillemo de Sado, presentibus et recipientibus, nomine vestro et dicti Guillelmi Boardi, IV eminatas predictas, inter terram et heremum et vestris successoribus quibuscunque in perpetuum, sub pactis et conditionibus supradictis, nostro nomine et nostrorum successorum prepositorum dicte prepositure et dicte prepositure possidenda, melioranda et dictam terram et heremum et non deterioranda, liceatque vobis et dicto Guillelmo Bordi et vestris successoribus dictam terram et heremum, cum melioratione quam in ea feceritis, donare, vendere permutare aut qualibet alienationis specie, in quascunque personas voluerint transferre, clericis exceptis et militibus atque religiosis personis omnibus, nostro tamen et nostrorum successorum prepositorum dicte prepositure assensu et consilio precedente et salvo semper jure et dominio dicte prepositure et salvo servitio censuali, scilicet V solidis coronatis per vos et vestros, in festo Nativitatis Domini, pro dicta terra et heremo, dicte prepositure serviendis et solutis. Confitentes et recognoscentes nos, nomine dicte prepositure, habuisse et recepisse et, causa et nomine accapiti dicte terre et, dicti heremi sex libras provincialium coronatas quas habuimus et recepimus et in profectu et utilitate dicte prepositure misimus et quod pro paccatis nos tenemus, et vos quitios inde clamamus et absolvimus et pactum de non petendo vobis inde vobis et, per vos, dicto Guillelmo Boardi et vestris facimus in perpetuum, exceptioni dicte pecunie nobis, ex causa predicta, non solute, non solutis, non tradite et non numerate et a vobis non habite et non recepte, ex pacto renunciantes.

Predictas autem IV eminatas, inter terram et heremum nos, nomine dicte prepositure vobis et, per vos, dicto Guillelmo Boardi et vestris successoribus, jure salvaturos semper et deffensuros, ab omni controversia et interpellante et concessionem istam in accapitum seu dationem vobis per nos non revocaturos, aliqua ratione, et si tracti, vos dicti emphiteote et etiam dictus Guillelmus Boardi in causam pro dictis IV eminatis dicte terre et heremi, litigando, expensas feceritis in curia vel extra, licet totum vel partem retinueritis, sive in causa victi fueritis, sive non, nos, nomine dicte prepositure, illas expensas vobis et dicto Guillelmo Boardi restituros et reddituros et de eis nos credituros simplici verbo vestro, sine sacramento et testibus et alio genere probationis, remissa nobis necessitate denunciandi et appellandi, bona fide, per stipulationem sollempnem vobis promittimus et omnia bona dicte prepositure pro evictione in solidum partemve contingeret et pro omnibus predictis et singulis complendis et attendendis, inde vobis et per vos dicto Guillelmo Boardi obligamus. Dantes, nomine dicte prepositure et concedentes vobis recipientibus, nomine quo supra, plenam et liberam potestatem ut, auctoritate vestra, aprenhendatis posessionem dicte terre et heremi et donec dictam terram et heremum aprehenderitis, nos, nomine dicte prepositure, dictam terram et heremum constituimus vestro et dicti Guillelmi Boardi, socii vestri, vestrorumque nomine, possidere per nos et nostros successores et contra non veniamus, de jure vel de facto, per nos vel alium, bona fide, per stipulationem sollempnem, vobis, nominibus predictis recipientibus, promittimus. Et omnia bona dicte prepositure presentia et futura, inde vobis obligamus. Renunciantes in predictis, ex pacto exceptioni doli et in factum et conditioni et petitioni libelli et translato hujus recognito predictorum instrumento et omni aliae exceptioni et juri et rationi, quibus contra predicta venire possemus vel aliquid de predictis.

Et nos Jacobus Massani, Petrus Ricavi, Guillelmus Bajuli, Guillelmus de Porta Aurosa, Raimunds de Cavallione et Guillelmus de Sado predicti, nomine et Guillelmi Boardi, socii nostri predicti, predictam terram et heremum, in modum et formam predictam et sub conditionibus predictis recipientes a vobis dicto domino preposito, promittimus vobis presenti et recipienti nos servituros et soluturos, sub obligatione bonorum nostrorum et dicti Guillelmi Boardi vobis et vestris successoribus et dicte prepositure, annuatim, predicto termino, pro dictis terra et heremo, servitium supradictum et nos melioraturos et non deterioraturos dictam terram et heremum supradictum.

Factum fuit hoc Avinione, in hospitio prepositure, Testes fuerunt Guillelmus Gaufridi, domicellus, Bertrandus Gordinus, Guillelmus de Vasione

Et ego Johannes Grossi, publicus notarius Avinionensis predictis interfui, mandato et voluntate dictarum partium hanc cartam scripsi, bullavi et signavi.

(Orig. Archiv. départementales G. Fonds du Chap. métrop. N° 26, fol° 20.)

XVIII

Concession par le chapitre métropolitain à Richard Durini, de Bagnols, du droit d'arroser un affar de l'eau de la Sorgue, à condition de ne point construire de moulin, de rendre les eaux perdues à la branche mère et de ne point nuire aux moulins du chapitre.

(3 mai 1300.)

Notum sit omnibus quod, anno Domini millesimo trecentesimo, scilicet nonas maii, existente domino civitatis Avinionensis illustrissimo domino Karolo secundo, Dei gratia, Jherusalem et Sicilie rege et comite Provincie et Forcalquerii.

Cum Raimundus Daurini, de Balneolis, habitator Avenionensis teneret quoddam affare juxta affare prepositure Avinionensis et vellet ac consideraret habere abedimentum ad apud dicti affaris aque rialis Sorgie ad faciendum ibidem candor, obtulit venerabili et discreto viro domino Bertrando Aymini, Avenionensis ecclesie preposito, nomine preposituree Avinionensis, super omnibus bonis suis X solidos tornacensium minutorum sensuales, annuatim, in festo sancti Michaelis et pro acapito ipsius aque seu abedimenti ejusdem, duas gallinas.

Et dictus dominus prepositus predicta, in modum infrascriptum recipiens, propter comodum et utilitatem ipsius preposituree, pro servicio supradicto, X solidorum concessit eidem Raimundo et suis successoribus ut de aqua rialis Sorgie ad apud candor et abedimentum ejusdem habeat et habere possit per suum affare predictum et ad apud ipsius affaris ita videlicet quod aqua quam de dicto riali recipit, debeat reducere per dictum affare, ad riale predictum Sorgie et quod teneatur curare dominus prepositus quantum durat ipsa fronteria, nec ratione ipsius aque possit facere molendinum in dicto affari nec batitorium et quod predicta faciat sine prejudicio batitorum et molendinorum ipsius preposíture et aliarum possessionum ecclesie Avinionensis.

Et dictus dominus Raimundus Daurini ipsam aquam et abedimentum ejusdem, in modum predictum recipiens, promisit domino preposito antedicto stipulanti et recipienti, nomine et vice ipsius prepositure, se aquam quam de ipso riali recipiet, in dicto affari, per ipsum affare reducturum in dicto riali et dictum servitium dicte prepositure serviturum et soluturum annuatim, termino supradicto, sub obligatione bonorum suorum.

Actum, fuit hoc Avenione, in camera prepositure.

Testes interfuerunt Jordanus Berbegarius, Raimundus Rastisini, Guillelmus Petri de Moreriis.

Et ego Bernardus Guillelmi, notarius publicus Avinionensis et domini regis Francorum, interfui, qui de voluntate dictarum partium hanc cartam scripsi et signavi.

(Original parchemin. Archiv. département. de Vaucluse G. Fonds du Chap. métropol. N° 29². Registre intitulé : *Sorgue Tome II*, fol° 3.)

XIX

Ordonnnance du clavaire de la cour temporelle d'Avignon, à la requête du procureur du prévôt du chapitre métropolitain, pour le curage de la Sorgue, et accord entre ledit chapitre et la cour temporelle reconnaissant que le béal de la Sorgue est au chapitre, qu'il doit avoir quatre cannes et que les particuliers doivent curer et barder ledit béal.

(12 avril 1312.)

Notum sit omnibus quod, anno Domini millesimo trecentesimo duodecimo, die duodecimo mensis aprilis, existente domino civitatis Avinionensis illustrissimo domino Roberto, Dei gratia, Jerusalem et Sicilie rege ac comite Provincie et Forcalquerii, presentibus Bertrando de Farnis, Petro Grassi, notario et Petro de Parco testibus vocatis ad subscripta etiam et rogatis, discretus vir Raymundus Falconerii, clavarius Avinionensis, ad requisitionem et in stantiam Raynaldide Vulcis, procuratorio nomine domini prepositi Avinionensis et aliorum dominorum molendinorum scitorum infra menia sive muros civitatis Avinionensis molentium ex besali aque Sorgie, presentibus domino Petro Guillelmi, milite de Mories et Bertrando de Mayrosio, syndicis universitatis hominum civitatis prefate, precepit subscriptis personis habentibus possessiones juxta ipsum bezale que sub dominio et censu curie possidentur ut, infra unum mensem proximum, sit bezale ipsum, quantum videlicet fronteria cujuscunque protenditur, faciant reparare et, si necesse fuerit, quod saltim dictum bezale remaneat quatuor cannarum in latitudine, sub pena viginti quinque librarum pro quolibet. Et nichilominus in fronteriis ipsorum, murum lapideum sufficiens fieri faciat altitudinis illius a parte Orientis constructum juxta bezale premissum, predicta fieri faciens dominus clavarius sequendo quamdam ordinationem dudum factam super hujusmodi per curiam publico instrumento reddactionis, tenoris, et continentiae subsequentium et etiam jussum quod habere se super hoc fatebatur a nobili viro domino Audiberto de Barratio, milite, vicario et discretis viris dominis Guillermo Gaufridi et Jacobo Bermundi, judicibus civitatis prefate.

Et primo Raymundo de Lauduno. Item uxori Guillermi Molini, nomine ipsius viri. Item Petro de Sabbergati et quod ipse denuntiet ni heredibus Petri Augerii Bolferii qui partem habent in ipsa possessione. Item Raymundo Cabassuti. Item Johanni de Fonte. Item Guillelmo de Bedoyno. Item Alazatie Rive. Item Bertrando Guisoti. Item Bernardo Vitalis. Item Rostagno Berengario. Item Jacobo Retorderii. Item heredibus Jordani de Proviniis. Item Petro de sancto Johanne. Item Martino de Bellovario. Item Beatrice Rebulle. Item Petro de Gappo. Item Pontio Gipperii. Item Hugoni Murioli. Item Pontio Portaurose. Item Guillelmo Banili. Item Jacobo Massani. Item Durando Triache. . . . .

Postque, anno quo supra, die quarta decima junii, cum, ex relatione prefatorum dominorum molendinorum ad audientiam prefatorum dominorum vicarii et judicum devenisset quod prefati cives prenominati haberent possessiones juxta premissum bezale, precepta superius facta eis duxerant in contemptu, videlicet major pars eorumdem ad suppicationem prefatorum dominorum molendinorum, petitionis instante prefatae, domini vicarii et judex preceperunt michi Johanni Dulcis, notario infrascripto presenti ut ad possessionem quorumcunque prenominatorum statim accederem singulisque ipsorum, ex parte eorumdem dominorum officialium injungerem, sub pena quinquagenta librarum, ut huic ad alterum mensem proximum ab hodie computandum, sic quilibet fronteriam sue possessionis latam fecisse fieri ac etiam restrinxisset ut bedale ipsum remaneat saltim in latitudine quatuor cannarum et quod curum perveniret ex latitudine ipsa seu amotionis possessionem quam fieri contingeret, propterea in loco decenti ponerent ut nullum impedimentum ipsi bezali, propter ea, prestaretur vel projectio aliqua ipsius curum fierit, in eodem quoque fieret, in eodem quodque fieri facerent, infra tempus idem, murum tale et talis altitudinis quale et qualis est illud a parte Orientis constructum, necnon et omne impedimentum amoverent in ipso bezali existens videlicet palteorum terre et alterius cujuscunque rei, sub pena premissa.

Et statim ego prefatus subscriptus notarius volens prefatum jussum exequi renuentes, mecum assumptis Guillelmo Petri et Vincentio, nunciis curie et prefatis Petro Retrahini ac Raynaldo de Bulbis, quibus supra nominibus, ad loca et possessiones prenominatorum et distinctorum, per ordinem supra accessi et loca vidi in quibus jussum premissum impletum non fuerat et singulorum locorum ipsorum dominis seu illis qui habitabant in ipsis locis et, per ipsos, eisdem dominis seu illis qui inhabitabant in ipsis locis et per ipsos eisdem dominis denunciavi et denunciari precepi et feci jussum premissum, de verbo ad verbum, prout supra distinctum est et notatum et sub pena premissa. Et post predicta, eodem die, dicti Petrus Retrahanni, nomine suo et ceterorum dominorum ipsorum molendinorum et Raynaldus de Bulbis, nomine quo supra, ad presentiam dictorum dominorum officialium accedentes, requisiverunt eosdem ut predicta omnia gesta superius confirmarent eisdem, auctoritatem ipsorum adjicerent et decretum et nullum in posterum super eis posset dubium resultare.

Qui domini vicarius et judices cernentes justum quod petebatur per ipsos, in presentia mei notarii et testium subscriptorum, illa omnia prescripta et singula roborarunt et emologaverunt veluti rite facta, expressive fatentes ipsa omnia de ipsorum voluntate atque jussu penitus processisse et ipsa uti facta per ipsos personaliter decernerunt et, pro uberioris et efficatioris cauthele suffragio, illis omnibus et singulis auctoritatem et decretum eorum apposuerunt cum cognita necnon voluerunt illa omnia perfici et adimpleri, prout per me prescriptum et subscriptum notarium superius injuncta fuerunt.

De quibus omnibus predicti Petrus Retrani et Raynaldus de Bulbis, quibus supra nominibus, petierunt sibi publicum et publica instrumenta

Tenor autem instrumenti sive ordinationis, pretextu cujus, omnia predicta processerunt dinoscitur esse talis :

Notum sit omnibus quod anno Domini, etc.

Cum curia Avinionensis dare inciperet ad acapitum vallatum sicut protenditur a portale Ymberti usque ad portale Pertusii, retentis molendinis de Pertusio quatuor cannis juxta murum licearum pro aqua ducenda molendinis de Pertusio, in quibus molendinis ecclesia beate Marie Avenionensis habet medietatem liberam, ut partes infrascripte confitentur et alia medietas dictorum molendinorum per curiam Avenionensem possidetur, dominus Rostagnus Cavallerii, canonicus et prepositus dicte ecclesie Avinionensis et canonici infrascripte ecclesie, scilicet dominus R. Amici sacrista, Pontius de Sancto Macello, decanus, Egidius Rosserius, infirmarius, Petrus Malvicini, Rostagnus de Alvernegue, Is. Malvicinus, Raynaudus Veza, Rostagnus de Gravesons, Bertrandus Milsondus, R. de Mories, Raolus, Imbertus, Raynoardus Malvessinus, Gaufridus de Bulbone, Rostagnus de Aramone, Alaisardus de Aramone, predicti, inquam, canonici dicte ecclesie Avinionensis et, pro ipsa, videntes hoc expedire proficio et utilitati Avinionensis ecclesie, voluerunt promiserunt et convenerunt Bertrando Rancurelli, clavario curie Avinionensis presente et recipiente, nomine dictorum dominorum Avinionensium et curie eorumdem quod dictum vallatum curia Avinionensis possit dare ad accapitum quandocunque dicte curie Avinionensi placuerit hoc faciendum, retentis semper dictis molendinis quatuor cannis latitudinis, mensurando et computando versus murum stanne licearum, pro aqua ducenda molendinis, salvo et retento quod omnes illi qui habent aliquas fronterias vel habebunt infra dicta portalia, juxta cursum dicte aque debeant facere, infra quatuor annos proximos, quibus fronteria sua, unum murum lapidum altitudinis dicti muri stanne licearum et quod contra predicta vel aliqua de predictis non veniant, de jure vel de facto, bona fide, per stipulationem et sub obligatione bonorum suorum dicte ecclesie, dicto clavario, nomine dictorum dominorum Avinionensium et curie eorumdem promiserunt. Et, ex adverso, dominus clavarius, videns predicta omnia et singula expedire predictis dominis Avinionensibus et curie eorumdem voluit et concessit, promisit et convenit, nomine predictorum dominorum Avenionensium predicto domino preposito et canonicis aliis supradictis, nomine dicte ecclesie recipientibus, quod dictum vallatum remaneat latitudinis quatuor cannarum, ut supra dictum est, pro aqua ducenda molendinis supradictis et quod omnes illi qui habent, vel in futurum, habebunt aliquas fronterias in dicto vallato, juxta cursum dicte aque, faciant et facere teneantur, infra quatuor annos proximos, unum murum lapideum altitudinis muri licearum, in fine fronterie sive juxta cursum dicte aque et quod dicta curia contra non veniat, de jure vel de facto, bona fide, per stipulationem et sub obligatione omnium bonorum dictorum dominorum et curie eorumdem, dictis canonicis, nomine dicte ecclesie recipientibus, promisit.

Factum fuit hoc in claustro dicte ecclesie beate Marie Avinionensis, ante parlatorium. Testes presentes interfuerunt dominus Bertrandus, prepositus ecclesie, dominus Ysnardus Andegarius, jurisperitus, Raymundus Maluatus,

G. de Manhanis, subvicarius, Guillelmus, pictor, Jacobus Fronerius, Rostagnus, magister notarius.

Et ego Ysnardus, tabernarius notarius Avinionensis etc., qui scripsi et signavi.

Actum fuit hoc in subtulo palatii regii Avinionensis, presentibus testibus domino Hugone de Aquis, jurisperito, Perreto Retranni, Bertrando de Furnis, Petro Custoli, Guillelmo Pecii, nuncio curie, Raymundo Aimatii, notario Avinionensi.

Et me Johame Dulcis, notario publico civitatis Avinionensis et ubique in comitatibus Provincie et Forcalquerii, auctoritate regia constituto qui premissis adfui et requisitus, ut supra, hoc instrumentum scripsi et signo meo consueto signavi et bullavi.

(Original parchemin. Archiv. départ. de Vaucluse, série G. Fonds du chapitre métropolitain G 8, fol• 60. — Ibid. Copie du XV• siècle, n° 28• *Liber Sorgiae,* fol• 23.)

XXI

Vidimus d'une ordonnance de Richard de Càmbatesa, maréchal de Provence, sur la plainte de Rostaing de Mesoargues, prévot du chapitre, commandant de detruire tout ce qui avait été bâti sur le canal de la Sorgue à peine de 10 livres d'amende.

(11 mars 1315.)

Anno ab Incarnatione Domini millesimo trecentesimo decimo quinto, scilicet die undecimo mensis martii, domino Jacobo, Dei gratia, Avinionensis ecclesie electo, presidente.

Noverint universi presentem paginam inspecturi quod discretus vir dominus Rostagnus Davini, procurator et nomine procuratorio venerabilis viri domini Rostagni de Mesoaga, prepositi ecclesie Avinionensis, constitutus in presentia nobilium virorum dominorum Bertrandi de Mosteriis, domini Ventasorii, vicarii et Gaufridi Berengarii, legum doctoris, judicis curie regie Avinionensis, exhibuit et presentavit eisdem dominis vicario et judici quasdam patentes litteras, ex parte magnifici et potentis viri domini Ricardi de Cambatesa, militis, comitatuum Provincie et Forcalquerii senescalli, magno sigillo dictorum comitatuum sigillatas quarum tenor talis est :

Ricardus de Cambatesa, miles, regius cambellanus et comitatuum Provincie et Forcalquerii senescallus, vicario et judici Avinionensi salutem et amorem sincerum.

Queruntur venerabilis vir dominus Rostagnus de Mesoaga, prepositus ecclesie Avinionensis et alii domini molendinorum de Pertusio et Briensonis quod nonnul de civitate predicta proprietates aliquas juxta bedalia dic torum molendinorum habentes, supra ipsa bedalia domo edifiant, pontes et latrinas construunt et alia varia impe dimenta ponunt quae ipsis molendinis et bedalium aqu decursui probabiliter sunt dampnosa, restringendo ips bedalia minus debite in ipsorum dominorum dampnun evidens et prejudicium manifestum. Et pro eo provision nostra supliciter implorata, volumus et vobis, sub pen centum librarum, expresse mandamus quod, vocatis a vestram presentiam evocandis, statim, de plano, sin libelli oblatione et sine scriptu judicii et figura, quicqui in ipsis bedalibus edificatum, positum vel factum contr debitum et in prejudicium juris, cum celeritate, realite et cum effectu, faciatis protinus amoveri, ita quod, amoti impedimentis hujusmodi, bedalia ipsa debite latitudini remaneant, nec sit opus amodo vobis scribere pro ha causa.

Datum Avinione per nobilem virum dominum Johan nem Cabassolam, militem, magne curie magistrum ratio lem et majorem judicem comitatuum predictorum, di tertia decembris, XIII inditione.

Quibus litteris presentatis et lectis, dictus procurator nomine quo supra, requisivit instanter dictos dominos vicarium et judicem, ut contenta in dictis litteris domin marescalli diligenter et celeriter exequantur.

Et dicti domini vicarius et judex, audito tenore supra dictarum litterarum, dixerunt se fore paratos, information recepta, exequi et complere contenta in litteris domin senescalli, prout fuerit rationis.

Et de predictis omnibus dictus procurator, nomine qu sapra, petiit sibi fieri publicum instrumentum.

Acta fuerunt hec in ecclesia sancti Petri, civitatis Avi nionensis, presentibus discretis viris dominis Guillelm Gironcle, decano, Raimundo de Bulbone, elemosinario e Bertrando Rostagni, priore claustrali et canonicis ecclesi

Avinionensis ac Ludovico de Petragrossa et Stephano de Viridario, testibus ad premissa vocatis specialiter et rogatis. Et magister Bertrandus Laboratoris quondam imperiali auctoritate et totius episcopatus Avinionensis notarius publicus premissa in suo cartulario scripsit et notavit. De cujus nota, ego Johannes Daurelli de Sancto Juliano de Saltu, clericus, Senoniensis diocesis, publicus, aucthoritate apostolica et imperiali notarius, auctoritate et licentia per venerabilem et circumspectum virum dominum Johannem Vaquerii utriusque juris professorem, officialem Avinionensem, mihi super hoc specialiter et expresse concessis, hoc presens publicum instrumentum sumpsi, scripsi fideliter et extraxi et in hanc publicam formam requisitus redegi, signoque meo solito hic me subscribendo roboravi in fidem et testimonium premissorum.

Orig. : Archiv. départem. de Vaucluse, G. Chapitre métropolitain, n° 8, fol° 64. — Ibid. n° 26, fol° 35.)

XXI

Convention passée entre le prévôt du chapitre métropolitain les sindics et les juges de la cour temporelle au sujet du lit du béal de la Sorgue, au sujet de certaines constructions faites sur ce béal entre le portail Brianson et le portail de Pertuis.

(18 mars 1316.)

Notum sit omnibus quod, anno Domini millesimo trecentesimo sexto decimo, scilicet XVIII die mensis Martii existente domino civitatis Avinionensis illustrissimo domino Roberto, Dei gratia, Jherusalem et Sicilie rege ac comite Provincie et Forcalquerii. Cum olim questiones rancune, controversie et lites essent, verterentur et vert sperarentur et ventilate fuissent inter venerabilem et reliogosum virum dominum Rostagnum de Mesoagua, prepositum ecclesie Avinionensis et prefate ecclesie capitulum ex una parte, et Bernardum Bruni et Johannem de Maasano juniorem et Johannem Pascalis et Reverendum Bajuli fusterios et quosdam alios, ex altera, occasione et ratione quorumdam localium et edificiorum que sita sunt constructa et facta in et super bedale Sorgie, inter portale Briansoni et portale de Pertusio, versus dictum portale de Pertusio, necnon et ratione latitudinis et impediment positi seu quod fieri posset in quacunque parte dicti bedalis intus et extra, super predictis, inquam, questionibus et rancuris et ex illis dependentibus et emergentibus, dominus Petrus de Viridario, presbyter, procurator et nomine procuratorio prefati domini prepositi et nomine capituli et ecclesie Avinionensi, ex una parte, ex potestate sibi data et concessa per dictum dominum prepositum inter alia compromittenda, ut ex tenore instrumenti sive procurationis facti et scripti per me Guillelmum Ruffi, notarium evidenter apparet. Et prefati Bernardus Bruni, Johannes de Maasano et Johannes Pascalis, ex altera, specialiter Johannes Paschalis, tam suo nomine quam vice et nomine dicte Bernardi et ut procurator ipsius, ex altera, se compromiserunt, nominibus quibus supra concorditer et unanimiter in nobilem et discretum virum dominum Guillelmum de Castronovo, militem, utriusque juris professorem, et in venerabilem et religiosum virum dominum Raymundum de Bulbone dicte Avinionensis ecclesie canonicum et eleemosinarium, tanquam in arbitros, arbitratores et amicabiles compositores et pacis et concordie tractatores.

Promittentes sibi ad invicem dicte partes, nominibus quibus supra, solempniter et per pactum sollempni stipulatione vallatum, servare, attendere et complere omnia et singula mandamenta, laudimia, arbitrium, pronunciationem, preceptum et precepta, transactiones et compositiones quas et que ipsi dicent aut facient, pronunciabunt, component et transigent, inter ipsas partes, stando vel sedendo, una vice vel pluribus vicibus, de die vel de nocte, una parte presente et altera absente vel presente et contradicente, citata vel non citata, in scriptis vel sine scriptis, per se vel per alium, die feriata vel non feriata et omni loco, libello oblato vel non oblato, lite contestata, jurato de calumpnia vel non, juris ordine servato vel non servato et partim non servato et penitus pretermisso.

Et fuit actum sollempniter et in pactum deductum inter ipsas partes, nominibus quibus supra, sollempni stipulatione vallatum, quod aliqua pars de predictis vel aliqua persona dictarum partium, in presenti compromisso non committat dolum seu machinationem aliquam vel aliqua allegabunt, facient, vel proponent, vel dicent, ratione personarum compromittentium, nec aliqua occasione seu causa excogitata vel excogitanda, et quod de jure unius partis, prout videbitur, dare possint alteri parti et quod presens compromissum transferent ad heredes et successores compromittentium et quod, latis ipsis mandamentis et pronunciationibus, eas et ea confestim laudabunt, approbabunt et emolagabunt et ex nunc et ex tunc, ut ex nunc, latis ipsis pronunciationibus et mandatis, eas et ea laudant, approbant, emologant et confirmant et, quod presens compromissum vim habeat dominorum compromissorum, unius cum pena et alterius sine pena et, quod soluta et acta pena, semel et pluries, presens compromissum ratum maneat et omnia et singula in eo contenta mandamenta, pronunciationes, arbitratus, compositiones et transactiones et, quod possint comittere testium receptionem persequi voluerint et procedere testibus publicatis vel non publicatis, et reddent pignora ad voluntatem dominorum arbitrorum pro suo salario et venient ad diem et dies, locum et loca, per dictos dominos arbitros assignandum et assignanda.

Item fuit actum inter partes et conventum quod presens compromissum duret usque ad quindenam Pasche proxime venturam et quod ipsum possint prorogare ultra dictum terminum dicti domini arbitri duxerint prorogandum.

Item fuit actum et in pacto solempni, stipulatione vallato deductum, inter ipsas partes quod amandamentis, pronunciationibus, compositionibus seu transactionibus ipsorum dominorum aliqua partium non appellabit nec in aliqua persona dictarum partium nec recurret seu recurri peteret ad arbitrium boni viri, ymo si contingeret aliquam partium seu aliquam personam ipsarum partium, habere appellare seu recurrere, ipsa mandamenta et pronunciationes nichilominus per quemcumque judicem vel officialem realiter eis latas, eas et ea tanquam veras transactiones et compositiones exequi possint, recursu, appelatione, exceptione vel contradictione aliqua non obstante, quibus expresse renunciaverunt per pactum, ymo qui contrafecerit in penam hujus compromissi incidat ipsa appellatione facta seu recursu.

Item fuit actum et conventum inter ipsas partes quod si, cognito pronunciato, laudem, arbitrium et mandamenta ab ipsis dominis arbitris proferenda aliquam continerent obscuritatem, dubium, vel interpretatione indigerent seu declaratione, vel etiam quotienscunque inter ipsas partes dubium vel altercatio super ipsis oriretur, in judicio sive extra, quod predicti domini arbitri possint illa et debeant declarare et interpretare, corrigere et etiam emendare quandocunque, ante sententiam vel post et eorum declarationem, interpretationem, correctionem et emendamentum stare et obtemperare promiserunt dicte partes.

Item fuit actum et sollempniter conventum inter ipsas partes quod ipse et ipsarum quelibet et quelibet persona dictarum partium cognitionem, sententiam, laudum, arbitrium, mendamenta et pronunciationes a predictis dominis arbitris proferenda laudabunt, ratificabunt, confirmabunt et emologabunt et realiter exequentur incontinenti ipsis latis et omnia et universa et singula supradicta et in singulis capitulis dicte partes tenebunt, servabunt, contraque non venient per se vel per alium, vel alios vel contravenienti, consentienti, tacite vel expresse, bona fide, per stipulationem et sub obligatione omnium bonorum suorum, specialiter dictus dominus Petrus, sub obligatione omnium bonorum dicte prepositure et capituli antedicti et sub pena centum librarum a parte, parti, quibus supra nominibus, ad invicem premissa et stipulata, promiserunt dicte partes, nominibus quibus supra, ita quod dicta pena in singulis et pro singulis capitulis in quibus et pro quibus et totiens quotiens ab aliqua partium seu ab aliqua persona dictarum partium ventum esset contra, de facto vel de jure, in solidum comittetur, detur et solvatur parti obedienti et servanti.

Item fuit actum sollempniter et conventum inter ipsas partes, nominibus quibus supra, quod dicta pena commissa semel et pluries, mandamentorum exequtio fiat realiter et fieri debeat per quamcunque curiam ecclesiasticam vel secularem et quod omnia predicta et singula universa et in singulis capitulis universis et clausulis teneant, compleant et observent, contraque non veniant, de jure vel de facto, per se vel per alium seu alios, dicte partes sibi ad invicem promiserunt, ut supra, et sub pena predicta comittenda ut supra et ad sancta Dei evangelia ab ipsis corpolariter gratis tacta, juraverunt, sub quo juramento renunciaverunt expresse juris et facti errori et actioni et exceptioni doli et in factum et conditioni sive causa et ob causam et per pactum, petitioni et oblationi libelli et simplici petitioni et expresse juri et dicenti quod cum religione juris jurandi non fiat in arbitros, compromissum et demum omni juri civili et canonico, consuetudini, et libertati et statuto et omni privilegio, indulto, litteris et rescriptis impetratis et impetrandis et omni alii juri et rationi quibus contra predicta vel aliquid, de predictis vel infrascriptis seu infradicendis possenti aliquid dicere, facere vel venire.

Promittens idem dominus Petrus se facturum et curaturum quod idem dominus prepositus, etiam capitulum predictum omnia predicta et singula et infra dicenda approbabunt et confirmabunt taliter quod valeat et teneat. Et hoc idem se facturus et curaturus promisit dominus Johannes Paschal. . . . .

Idem domini arbitri, instantibus partibus supra dictis, longo tractatu prehabito peritorumque habito consilio et specialiter discreti viri domini Giraudi de Carumbo, jurisperiti, pensatis cum maturitate et diligentia litteris regiis et instrumentis ab utraque parte productis, lecto, oculis subjectis, de quo questio contenditur, processerunt ad ordinationem et mandamenta sua proferenda in modum qui sequitur :

Inprimis voluerunt et arbitrando decreverunt et per mandamenta sua dederunt, quod vallatus seu bedale Sorgie defluens a portali Daiimbert, versus molendina de Pertusio et de Briansono per quascunque possessiones juxta dictum bedale habentes, fieri et reduci debeat et perpetuo conservari latitudinis quatuor cannarum et omnia impedimenta removeri debeant que dictam latitudinem aliquatenus impedire possent.

Item voluerunt et ordinaverunt quod prepositus et ceteri domini dictorum molendinorum, dictum bedale curare, suis expensis propriis teneantur, nisi quod aliquis, culpa sua vel facto, impediret vel impedimentum poneret in dicto bedali, in quo casu, ille ad removendum, suis expensis propriis teneatur. Addentes cognoscentes et per mandatum suum dantes quod quilibet, in sua fronteria, teneatur recipere lacum et currum quod continget extrahi de dicto bedali, nisi esset domus contigua, in quo casu voluerunt quod in liciis reponatur.

Item voluerunt et ordinaverunt quod nullus ex nunc inantea, in dicto bedali seu super vel intus dictum bedale, possit seu audeat facere aliquid edificium, pontem ligneum vel lapideum aut crotam et si quid factum fuit, a viginti annis et citra, virtute littere regie cujus tenor sic describitur :

Robertus primogenitus illustris Jherusalem et Sicilie et comitatuum Provincie et Forcalquerii vicarius generalis, vicariis, judicibus, clavariis, subvicariis et notariis regie curie Avionensis tam presentibus quam futuris, devotis suis salutem et dilectionem sinceram.

Dum supplicationibus regiorum fidelium devotorum nostrorum benignum auditum impendamus et exauditionis januam aperimus, ipsorum fidem et donatione merga dominum et genitorem nostrum et nos ferventius exitamur. Sane, pro parte hominum universitatis Avinionensis paternorum fidelium devotorumque nostrorum per eorum sindicos fuit nobis humiliter supplicatum ut, in honore dicti domini genitoris nostri ac bono statu et comodo dicte civitatis, super certis eorum que nobis obtulere capitulis justitiam vel gratiam continentibus, providere benignius dignaremur. Quorum petitionibus, prout infra subjungitur, duximus annuendum. Et quidem petito primum per eos quod cum regia curia Avinionensis seu aliqui cives ejusdem terre, auctoritate ipsius curie, occupaverint licias et ambaria civitatis ipsius et etiam quedam loca scita ad portale porte Aurose et Briansonis, retro fusteriam, ante Rodanum ad dictam universitatem spectantia, necnon alia patua civitatis ejusdem, reduci ea omnia ad usum publicum dicte civitatis, secundum conventionem inhitam olim inter clare memorie dominum avum nostrum, Jherusalem et Sicilie regem illustrem, ex una parte, et ipsam civitatem, ex altera, mandaremus, providimus exinde quod illa ex dictis liciis, ambariis, patuis ac locis aliis eidem universitati pertinentibus que sunt, a decem annis citra, per dictam regiam curiam Avinionensem seu quoscunque alios, auctoritate ipsius curie innovata, in pristinum statum revocentur, etc. Dictis syndicis instantibus pro cure universitatis predicte et quatenus tangit jus eccelesie, ratione dicti bedalis tolli, demoliri et penitus debeat removeri ad instantiam Avinionensis prepositi et sindicorum predictorum, vel alterius eorumdem, pro jure universitatis et ecclesie memorate. Quod autem edificatum extitit ante vice simum annum predictum, remaneatin suo statu, utriusque parti jure suo reservato ; et tunc qui edificatum habent ante dictos XX annos, suis expensis propriis, dictum vallatum teneatur quatuor cannarum et curatur, mense quolibet, sufficienter, semel tantum. Si autem inter dictas partes oriretur contentio an edificia facta fuerint a dicto tempore, citra vel ante, iidem domini arbitri declarandi, diffiniendi, interpretandi et cognoscendi illud dubium retineant potestatem, de voluntate partium et lapso tempore compromissi.

Item ordinaverunt quod nullus in dicto bedali, infra dictas quatuor cannas, audeat facere privatam seu gaydam imponere aut aliquid impedimentum seu turpe quid voluerunt, tamen quod quilibet possit infra se, in dicto bedali, privatam facere seu gardiam immitere ac ad illam partem, aquam dicti bedalis ducere et de dicto bedali aquam recipere ad adaquandum cum tinellis, quotiens opus fuerit et videbitur. Ita tamen voluerunt et ordinaverunt quod, juxta dictum bedale pro sua fronteria treyam lignorum textorum facere teneatur ita quod dictum bedale latitudinis quatuor cannarum semper et integre valeat conservari.

Item voluerunt et ordinaverunt quod homines fusterie, de mense julii, augusti et septembris, tantum possint tenere circula et amarinas in dicto bedali, juxta suam fronteriam, per unam cannam seu cannam et mediam, ita quod, in alia parte dicti bedalis, nullum impedimentum debeat remanere.

Item retinuerunt sibi potestatem, de voluntate partium predictarum, declarandi et interpretandi et alia mandamenta proferendi a tempore presentis compromissi usque ad duos annos, sub forma et conditionibus et clausulis et potestate quibus in eis extitit compromissum.

Item preceperunt et voluerunt, sub pena et sacramento, in compromisso contentis, quod utraque pars dicta mandamenta debeat emologare et confirmare et quod possint per quamlibet curiam executioni mandari et quod de aliis contentionibus sit inter partes perpetua pax et finis.

Que omnia et singula mandamenta suprascripta dicte partes emologaverunt et confirmaverunt, nominibus quibus supra, et etiam dictus dominus prepositus et Petrus Retranni ac Johannes Sperandei, domini molendinorum in parte de Briansono ibidem presentes.

Lata fuerunt hec mandamenta in hospitio dicti domini Guillelmi et lecta per eum. Testes interfuerunt dominus Raimundus Trigentalibrae, dominus Petrus Ricavi, canonici ecclesie Avinionensis, dominus Rostagnus Davini, presbiter, dominus Johannes de Sado, doctor decretorum, dominus Bertrandus de Arboribus, jurisperitus, Nicholaus Jordani, Bertrandus Laboratoris, notarius, Bertrandus Brunelli. Et ego Guillelmus Ruffi publicus Avinionensis notarius predictis omnibus et singulis presens fui qui, ad requisitionem dicti domini prepositi, hanc cartam scripsi.

(Orig. Archives départementales de Vaucluse. G. Chapitre métropolitain n° 26, fol° 22.)

XXII

Donation à nouveau bail, par le prévot du chapitre métropolitain à Pierre Alméras, de 8 éminées de terre, à Vieneuve, avec permission d'arroser des eaux du canal de la Sorgue.

(19 juin 1317.)

In nomine Domini Amen. Cunctis tam presentibus quam futuris per hoc presens publicum instrumentum manifestum existit quod, anno ab Incarnatione Domini millesimo trecentesimo decimo septimo, die decima nona mensis junii, pontifficatus sanctissimi in Christo patris et domini nostri, domini Johannis, divina providentia pape vigesimi secundi, anno primo, venerabilis vir dominus Rostagnus de Mesoaga, Avinionensis ecclesie prepositus, dedit et concessit ad accapitum sive in emphiteosim perpetuam Petro Almerassii, habitatori civitatis Avinionensis presenti, interroganti et recipienti, pro se et suis successoribus, in perpetuum, tamen cum pactis et conventionibus infrascriptis, videlicet quod dictus Petrus possit et debeat accipere de aqua rialis Sorgie, ad minus de dampno molendinorum dicte sue prepositure, ad adaquandum octo eyminatas, sive sic, pratum vel candores que sunt site in territorio dicte civitatis Avinionensis, in clauso dicto de Villanova et confrontate, ab Oriente, cum vinea Petri Ortolani, ab Occidente, cum vinea Vincentii, fusterii, a Circio, cum riale Durantie, et a Meridie, cum riale Sorgie. Dedit siquidem et concessit dicto Petro Almeracii presenti, interroganti et recipienti ad minus de dampno dictorum molendinorum et salvo semper jure nostro et nostre prepositure et salvo servitio censuali duodecim denariorum turonensium, pro qualibet eyminata, quos annuatim predicto domino preposito et suis successoribus, in festo medii Augusti, prestabit et serviet censuales. Et si dictus Petrus Almeratii acquireret amplius ultra illas octo eyminatas et vellet adaquare de dicto riali, quod sit ei licitum, cum pactis et conditionibus supradictis, tamen dictavit prefatus dominus prepositus, tam sibi quod successoribus suis, quod si dampnum esset de dictis molendinis, quod dictus dominus prepositus et sui successores possint incontinenti revocare. Confitens se habuisse et recepisse, pro accapito, sex gallinas et renuncians, certioratus exceptioni dicti accapiti non soluti, non traditi, nec habiti et non recepti et dolli et in factum contentioni et etiam alio exceptionis et jurium auxillio, quibus mediantibus, venire posset.

Et dictus Petrus promisit dictam aquam in modum predictum accipiens, prefato domino preposito presenti, interroganti solempniter et recipienti, pro se et successoribus suis, servitium dicto domino preposito et suis successoribus, annuatim, in dicto termino, servitium supradictum octo solidorum turonensium videlicet, pro qualibet eyminata, duodecim denariorum turonensium, itaque juravit.

Acta fuerunt hec Avenione, in hospitio prepositure veteris. Testes presentes interfuerunt dominus Petrus de Viridario, presbiter, frater Jordanus Berbiguerii, Donatus Ecclesie.

Post que, anno et pontifficatus quibus supra, scilicet die tertia mensis januarii, noverint universi, etc., quod venerabilis et religiosus vir Rostagnus de Mesoaga, Avinionensis ecclesie prepositus, pro commodo et utilitate dicte sue prepositure, dedit et ut melius et efficacius potuit, et debet, dedit et concessit ad accapitum sive in emphiteosim perpetuam Bertrando Grassi, fusterio, de Avenione, presenti, interroganti et recipienti pro se et suis successoribus in perpetuum quamdam locam ad edifficandum quae est sita in civitate Avinionensi, juxta portale Malleresii in qua sunt........ canne et confrontatur, ab una parte, cum ponte dicti portalis, ab alia, cum liciis, ab alia cum aqua Sorgie. Dedit et concessit dicto Bertrando presente, interroganti et solempniter recipienti, pro se et successoribus suis, ad accapitum sive in emphyteosim perpetuam, dictam locam ut supra confrontantem, cum omnibus juribus et pertinentiis suis quantum ad utille dominium perpetuo possidendam et liceat sibi et suis dictam locam supra confrontatam, omnes meliorationes quae in ea fient donare, vendere, permutare, pignorare, obligare aut qualibet alienationis in quamcunque personam voluerit transferre, exceptis clericis et militaribus atque religiosis personis omnibus et salvo semper jure et donationis sue prepositure et salvo servitio censuali scilicet, pro qualibet canna, octo denariis quos annuatim ipsi domino preposito, in festo sancti Michaelis, serviet et prestabit censuales. Confitens se habuisse et recepisse, pro accapito isto, unam gallinam, renuncians, certioratus, exceptioni dicti accapiti non soluti, non traditi nec habiti, non recepti..............

Actum fut hoc in hospitio prepositure veteris. Testes presentes interfuerunt Guillelmus de Rossoys, canonicus sancti Cirici, Vapincensis diocesis, Giraudus Martelli et magister Bertrandus Laboratoris quondam notarius publicus, auctoritate imperiali et curie episcopalis Avinionensis, qui premissa in notam recepit in suis cartulariis sumpsit, dictavit et registravit.

(Orig. Archiv. départementales de Vaucluse. G. Fonds du Chap. métropol. N° 29, *Sorgue*, tome II, fol° 4.)

XXIII

Sentence arbitrale des officiers du comte de Provenc révoquant une autre sentence rendue entre le chapitre e des particuliers d'Avignon, au sujet des construction sur la Sorgue.

(3 septembre 1317.)

In nomine Domini, Amen. Anno Domini millesim trecentesimo decimo septimo, die videlicet tertia mensi septembris, XV indictione, existente domino civitati Avinionensis serenissimo principe et domino domin Roberto, Dei gratia, Jherusalem et Sicilie rege, comiteque Provincie et Forcalquerii ac Pedemontis illustri Pateat universis hujus publici instrumenti tenore quo cum quaedam sententia arbitralis esset lata super questionem quam vicissim habebant seu vertebatur inter dominum Rostagnum de Mesoaga, prepositum Avinionensi ecclesie et capitulum ejusdem ecclesie, ex una parte e Johannem de Maasano, Raymundum Bajuli, Bernardun Bruni et Johannem Pascalis, fusterios et quosdam alios ex altera, per discretos viros dominos Guillelmum d Castronovo, militem quondam et utriusque juris professorem et Raymundum de Bulbone, canonicum dict ecclesie, super quibusdam hedificiis et domibus factis e constructis super bedale Sorgie, per quod aqua Sorgi defluit ad molendinum Pertusii que petebantur dirui se demoliri per dictum dominum prepositum, juxta mandamenta lata per dictos arbitros seu arbitratores. Qu quidem hedificia seu domus constructe super dicto bedal sub directo dominio curie regie Avinionensis tenentur et possidentur et ad certum censum annuatim, per predictos fusterios et alios quoscumque ibidem construentes seu hedificantes exsolvendum. Quod quidem compromissum et mandamenta inde lata factum et lata fuerunt, curia regia ignorante et insciente et ipsa etiam non vocata, presertim cum per litteras regias scriptum fuerit officiariis regiis Avenionensibus, ad instantiam dicti domini prepositi quod ipsa hedificia dirui facerent et demoliri incontinenti cum ad notitiam Guillelmi Aymes, clavarii Avionionensis et vice procuratoris regii pervenit sentiens et attendens jus curie propter ea posse ledi et quod ipse littere impetrate fuerunt, facti necessitate non expressa nec jure curie domino nostro regi impetravit litteras a magnifico et potenti viro domino Ricardo de Cambatesa, comitatuum Provincie et Forcalquerii senescallo, vicario et judicibus civitatis Avinionensis et eorum cuilibet salutem et amorem sincerum.

Ad audientiam nostram noviter fide digna relatio produxit quod sententiam quamdam arbitralem latam per dominum Guillelmum de Castronovo quondam legum doctorem et dominum Raymundum de Bulbone, canonicum beate Marie de Doms, contra Johannem de Masano, Raymundum Bajuli, Johannem Pasqualis et Bernardum Boum, fusterios et plures alios cives Avinionenses et pro domino preposito Avinionensi, de diruendis domibus supranominatorum civium Avinionensium positis supra bedale Sorgie realiter exequi intimini ad instantiam prepositi supradicti. Et procuratores regii ad predicta opponentes, exposuerunt coram nobis quod domus ipse sub dominio et senioria curie regie Avinionensis tenentur, quodque si exequtio ipsa fieret, cederet in grande prejudicium ipsius curie atque dampnum et sententiam arbitralem predictam latam fore absque vocatione alicujus qui jus curie tueretur quod fieri debuisset. Volentes itaque tante indempnitati curie providere, volumus et vobis presentium tenore mandamus expresse quatinus ab omni et qualibet exequtione reali sententie arbitralis predicto facienda in predictis desistatis omnino quousque informationes a vobis reciperimus in premissis, pro parte curie regie ab ipsis procuratoribus regiis vel altero ex eisdem.

Datum Aquis per virum nobilem dominum Leonardum Cassenium juris civilis professorem, procuratorem et advocatum et locumtenentem majoris judicis comitatuum predictorum, die XX mensis decembris XV indictione.

Et nichilominus dictus clavarius et viceprocurator regius dixit et protestatus fuit coram nobili et potenti viro dominio Raymundo... militi et vicario Avinionensi quod sententia arbitralis predicta lata per dictos arbitros, in quantum curiam tangebat et jus ipsius curie ledebatur, erat nulla et eam nullam pronunciare..... dictum dominum vicarium ad cujus officium spectat quod super ipsa nullitate ipsius sententie deberet judicem dare, qui judex pronunciare debeat ipsam sententiam in quantum jus curie tangitur et leditur fore nullam et declarare nullum prejudicium ipsi curie attulisse, cum latam eam fore assereret regio procuratore cujus interest jura curie defensare minime requisito. Et dictus vicarius, instante dicto clavario et viceprocuratore regio, prout constat per litteras infrascriptas, dictam causam nobis Egidio Raymundi, judici Avinionensi per suas patentes litteras, quarum tenor infra describitur sive de nullitate, sive de iniquitate agatur, commisit audiendam, examinandam et fine debito terminandam totam quo nobis dicto Egidio dictus clavarius et viceprocurator regius necnon dominus Imbertus de Channano, jurisperitus, vicesimiliter regius procurator comproverunt et petierunt per nos dictum judicem delegatum juxta commissionem nobis factam, vice et nomine curie regie cognosci de nullitate ipsius sententie arbitralis, in quantum contra jus curie facit et ipsam nullam pronuntiari et ex eisdem actis. Qui nos Egidius, volentes et intendentes tute et mature procedere in dictis, citari fecimus dictum dominum prepositum sepe et sepius ut in actis apparet, coram nobis si sua putaret interesse responsurus petitioni seu requisitioni oblate per predictum clavarium et viceprocuratorem regium cujus petitionis seu requisitionis tenor talis est ut ecce :

In nomine domini. Amen. Constitutus Guillelmus Ayme, clavarius curie regie Avinionensis et viceprocurator regius, in presentia nobilis et circumspecti viri domini Egidii Raymundi, judicis Avinionis, dixit et proposuit, nominibus quibus supra, coram eo tanquam judice ordinario civitatis predicta et tanquam judice delegato a nobili viro domino Raymundo de Villanova, vicario civitatis predicte, eo meliori modo quo fieri poterit et debebit quod cum dudum, pro parte domini prepositi Avinionensis peterentur quedam hospitia inferius designata que tenentur in emphiteosim et sub dominio curie regie Avinionensis, posita super bedale Sorgie demoliri et destrui per Johannem de Masano, Bernardum Bruni, Raymundum Bajuli, et Johannem Pasqualis, possessores dictorum hospitiorum, super ipsam questionem extitit compromissum per partes predictas in discretos viros dominos Guillelmum de Castronova et Raymundum de Bulbone, canonicum ecclesie beate Marie de Doms, tanquam in arbitros et amicabiles compositores, absque consensu et voluntate clavarii Avinionensis seu alterius nomine curie regie partem facientis in premissis. Item dicit et asserit dictus Guillelmus, nominibus quibus supra, quod dicti arbitri seu arbitratores non vocato nec citato, nec convicto, nec confesso clavario curie regie Avinionensis, nec procuratore regio, nomine curie antedicte ad quam spectat directum dominium hospitiorum predictorum, pronunciaverunt et arbitrati fuerunt dicta hospitia fore diruenda et destruenda per prefatos Johannem et Bernardum Raymundum et Johannem supra nominatos, de facto cum de jure non possent, in prejudicium curie predicte; unde cum predicta sic se habeant et dicta pronuntiatio seu arbitramentum dictorum arbitrorum si effectum sortiretur, in grande prejudicium et enormem lesionem curie prefate redundaret. Idcirco petit, requirit et supplicat dictus Guillelmus, nominibus quibus supra, officium dicti domini judicis implorando, dictam sententiam arbitralem pronunciari et declarari nullam per dominum judicem antedictum, tanquam latam a non suo judice et juris forma non servata et aliis rationibus suo loco et tempore proponendis, eamque nullatenus exequendam fore contra homincs prefatos nec coutra curiam predictam cum dicta sententia arbitralis seu pronunciatio, si ita dici mereatur, non possit............ coutra homines predictos, quin contra curiam predictam et prejudicium ejusdem exequeretur in effectu. Petit etiam dictus Guillelmus, nominibus quibus supra, cognosci et declarari per dominum judicem... dictam... et incidenter juri curie regie Avinionensi in aliquo prejudicare non debere, causis et rationibus supradictis. Que predicta petit requirit et supplicat dictus Guillelmus, nominibus quibus supra..... expediri et jure rationibus, quibus melius fieri potest et debet per dominum judicem antedictum et juxta tenorem et continentiam litterarum domini vicarii quarum tenor inferius est insertus, producens nichilominus litteras patentes domini senescalli super dicto negotio quarum tenor talis est ut ecce :

Ricardus de Cambatesa et est ut supra.

Que hospitia confrontantur ut ecce : Et primo hospitium dicti Bernardi Bruni confrontatur ab una parte cum hospitio dicti Johannis de Maasano ab..... de Arelate et ab alia parte cum carreria publica. Hospitium vero dicti Johannis de Maasano confrontatur, ab una parte, cum hospitio dicti Bernardi, ab alia parte, cum liciis, ab alia, cum carreria publica et....... .... Johanne de Masano et, ab alia parte, cum Johanne Pasquali et hospitium dicti Johannis Pasqualis, ab una parte, cum Raymundo Bajuli et ab alia parte, cum Guillelmo Tessac...............................

Tandem nos judex delegatus, visis et auditis, requisitione predicta, instrumento arbitralis cause et instrumento....... .... visis etiam et examinatis actis principalis questionis super hedificiis predictis agitatis coram..... .... sedendo pro tribunali, more majorum, in consistorio palatii Avinionensis, ubi reddi jus consuevit, habita deliberatione plenaria.. ....

In nomine Domini. Amen. Super dissentionis materiam que accitata est coram nobili et circunspecto viro domino Egidio Raymundi, judice........... de Villanova, militem, vicarium Avinionensem inter discretum virum Guillelmum Ayme, clavarium Avinionensem, nomine curie Avinionensis et ut viceprocuratorem regium in hac parte, ex parte una et............. proposuit coram dicto judice dictus clavarius quamdam arbitralem cognitionem latam per discretos viros dominos Guillelmum de Castronovo, militem .... Bernardum Bruni et Raymundum Bajuli et Johannem Pascalis et pro dicto domino preposito continentes, inter cetera, quod predicti supranominati haberent .... dictum portale de Pertusio, ipsum bedale facerent et reddere deberent et perpetuo observare latitudinis quatuor cannarum et omnia impedimenta removere deberent que dictam latitudinem............ ....
tenere et procedere de jure nec illam fore exequendam, causis et rationibus per ipsum clavarium in actis propositis, et pretexti............ . . . . miliem Provincie et Forcalquerii, senescallum dicto Bertrando de Furnis, procuratore predicto, in actis ipsius defensionis et materia illius aliis proponente, opponente et accitante ut in illis apparet. Super quibus omnibus... ....alia sufficiens est et experta, visis omnibus et singulis coram dictis dominis arbitris, arbitratoribus quam coram ipso dominio judice, super predictis inter partes predictas accitatis, et cum decenti et matura deliberatione, prefatis et mecum nedum sepe sed sepius reservatis, attendentes quod dicta hospitia ad certum annuum servitium, sub directo dominio curie regie, tenent et possident, que in ipsos arbitros vel arbitratores vel alios pro ea debite interveniens non compromisit nec compromissum, nec etiam arbitralem inde se-

quitam cognitionem, ratum vel ratam habuisse probatur, propter que consulendo, dico et de jure, non obstantibus litteris illustris domini regis Roberti, tum ducis Calabrie et vicarii in comitatibus Provincie et Forcalquerii generalis, de quibus in arbitrali cognitione fit mentio, que non ipsis dominis arbitris arbitratoribus sed dominis officiariis regie curie Avinionensis duntaxat dirigebantur ut ex illarum salutatione apparet, per quanquam ipsam arbitralis cognitionis, pena et juramento firmataim prejudicium compromittentium, qui illam expresse emologare et tenere videantur, tam in prejudicium ipsius curie que non compromisit, nec cognitionem prenominatam habuit ipsam nostro arbitrali non tenet, nec in prejudicium curie procedit de jure nec, per consequens, exequenda est quantum ad premissa contra prenominatos fusterios cum et si exequeretur cognitio dicta quantum ad premissa jam constat, claro clarius, rationibus patentibus in.........videlicet quia dicimus sententiam predictam arbitralem latam contra dictam curiam seu contra jus curie, de hedificiis super dictum bedale constructis funditus diruendis........... sub certo annuali servitio sive censu, si et in quantum jus curie lesum est, seu ledi potest vel possit in futurum et pronunciamus in hiis scriptis fore nullam et irritam nullumque prejudicium....... .. .. per dictum dominum prepositum de dictis hospitiis faciendam non esse, non intendentes revocare alia arbitralia mandamenta lata, que jus curie non tangerent inter predictas partes, nec prejudicium aliquid facerent eisdem, nec domino preposito et capitulo ecclesie memorate, per presentem nostram sententiam. De quibus omnibus dictus dominus Imbertus viceprocurator regius supradictus petiit sibi per me subscriptum notarium fieri publicum instrumentum.

Lecta, lata et in scriptis pronunciata et promulgata fuit sententia supradicta per dictum dominum judicem, presentibus discretis viris domino Petro de Turribus, jurisperito, magistris Johanne Peyssonerii, Petro Vesiani et

Raolino Hubaci, notariis et pluribus aliis testibus ad premissa vocatis specialiter et rogatis.

Et ego Johannes Girardi, publicus apostolica et regia in comitatibus Provincie et Forcalquerii auctoritate et civitatis Avinionensis notarius, prelationi et promulgationi dicte sendentie et aliis supradictis presens interfui et ea omnia et singula scripsi, publicavi et bullavi meoque signo solito consignavi rogatus.

(Orig. parchemin. Archiv. départem, de Vaucluse, série G Fonds du Chap. métropol. G. 8, fol° 84.)

XXIV

Rémission par le prévôt du chapitre au prieur de Saint-Lazare d'une redevance annuelle d'une livre de cire pour 50 cannes de bois pour la construction du moulin des Garrigues sur la Sorgue.

(18 mars 1324.)

In nomine Domini. Amen. Anno ab Incarnatione ejusdem Domini millesimo trecentesimo vicesimo quarto, et die decima octava mensis martii. Noverint universi presentes pariter et futuri hoc presens publicum inspecturi quod in mei notarii et testium infrascriptorum presentia, in domo capituli claustri collegiate ecclesie sancti Agricoli Avinionensis, ubi per canonicos ipsius ecclesie capitulum consuetum est celebrari, personaliter constituti venerabilis et religiosus vir dominus Girardus de Lautrico, decretorum doctor, prepositus cathedralis ecclesie Avinionensis, pro se et nomine sue prepositure et successorum suorum in eadem, ex una parte, et discretus vir dominus Johannes Audiberti, presbiter et beneficiatus in dicta ecclesia sancti Agricoli ac procurator et, nomine procuratorio, venerabilium virorum dominorum decani et capituli dicte collegiate ecclesie sancti Agricoli, de cujus procuratione et manifesto constat per me notarium infrascriptum, necnon discretus vir dominus Arnaldus de Bellopodio, prior ecclesie et domus sancti Lazari et leprosarie Avinionensis, ex parte altera, et quilibet eorum dictorum procuratoris et prioris in solidum et pro toto, et prout quemlibet eorum, quibus supra nominibus, tangit seu tangere potest, modo aliquo in futurum negotium infrascriptum.

Asserens dictus dominus prepositus, cupiens et affectans quoddam molendinum hedificari facere in riperia Sorgie que derivatur de Vedena versus Avinionem, quam riperiam dicebat sibi et dicte preposíture immediate pleno jure pertinere, in quodam capite nemoris sive garrigie communis et, pro indiviso, dictorum capituli et prioris, quibus supra nominibus, quod nemus sive garrigia situatum sive situata sunt juxta iter publicum per quod itur de Avinione versus Interaquas, dicta riperia sive bedale in medio manente, et, a duabus partibus, versus Aquilonem et Occidentem juxta dictum bedale sive riperiam et juxta alias certas confines. Dicens etiam dictus dominus prepositus quod dicta ecclesia predicta sancti Lazari et dictus prior et successores ejusdem tenentur sibi et, per eum dicte prepositure, annis singulis, prestare, pro pensione annuali, in quarta ferie rogationum, duas libras cere bone et receptibilis, prout predicta omnia partes predicte profitebantur esse vera.

Hinc est quod, convocato et congregato, in eodem stanti capitulo dicte collegiate ecclesie sancti Agricoli Avinionensis, in loco predicto, ut est moris, videlicet veneralibus viris dominis Guillelmo de Rabastenis, decano, Raymundo Martini, sacrista, Johanne de Gorda, operario, Raymundo de Furnis, Raymundo de Vacayratio, Philippo de Revesto et Johanne Gaufridi, canonicis ecclesie predicte ad infrascripta specialiter vocatis et congregatis, capitulum facientibus et celebrantibus, ut dicebant, ut est moris, pro saniori et meliori parte capituli eorumdem, ceteris canonicis dicte ecclesie, ut dicebant, in remotis agentibus, dictusque dominus prepositus per se et dicte sue prepositure ac successorum suorum, ex una parte, et dictus dominus Johannes Audiberti, procuratorio nomine dicti capituli et de voluntate dicti capituli et singularum personarum ejusdem supra nominatarum ibidem existentium et concilium et assensum, in quantum dictum eorum capitulum tangit prestantium ac etiam dictus dominus Arnaldus de Bellopodio, prior sive rector dictarum ecclesie et domus sancti

Lazari, ex parte altera, de communi consensu et assensu omnium et singulorum et prout quemlibet eorum tangit et eorum ecclesias sive successores eorum in eisdem, nemine discrepante, amicabiliter, de permutatione infrascripta convenerunt. Dictus dominus prepositus, pro evidenti utilitate et necessitate dicte sue prepositure et specialiter pro dicto molendino hedificando sive faciendo, omni dolo et fraude remotis, pro se et vice prepositure sue predicte ac successoribus suis quibuscunque permutavit seu scambiavit et permutationis sive scambii dedit, concessit, tradidit seu quasi, firmavit, remisit in perpetuum et desemparavit, cum testimonio hujus publici instrumenti, prenominatis dominis Johanni Audiberti, quibus supra nominibus, et Arnaldo de Bellopodio, priori predicto ac mihi notario infrascripto, tanquam publice persone presentibus stipulantibus sollempniter et recipientibus, vice et nomine dicti capituli et ecclesie sancti Agricoli et ecclesie sive domus sancti Lazari ac omni et singulorum successorum in eisdem et omnium et singulorum quos infrascriptum tangit negotium seu tangere potest vel poterit in futurum, unam libram cere de dictis duabus libris quam dictus prior sancti Lazari sive ecclesia predicta dicto domino preposito sive dicte sue prepositure prestare tenebatur, ut superius est expressum, annis singulis, pro dicta annuali pensione, alia vero de dictis duabus libris sibi et dicte sue prepositure perpetuo pro dicta annuali pensione predicto remanente pro quinquaginta cannis in longitudinem VIII palmarum qualibet et quindecim in latitudinem predicti memoris sive garrigie et cum omni jure, actione, ratione, sive causa quacumque, dicto domino preposito pro dicta sua prepositura sive ecclesia Avenionensi competentibus seu competituris in dicta libra cere sic permutata, alia vero libra modo pretacto remanente.

Que quidem quinquaginta canne in longitudine mensurari debeant et recipi a parte Occidentis, a ripa dicti bedalis, recto limite protendendo versus meridiem vel septentrionem et dicte quindecim canne in latitudine mensurari debeant et recipi a parte Occidentis, a ripa dicti bedalis recto limite protendendo versus partem Orientem et nemus sive garrigam predictam; de qua permutatione predicta in longitudine et quindecim in latitudine, prenominati dominus Johannes, procuratorio nomine quo supra, et etiam dictum capitulum et singulares persone ejusdem ac dictus dominus Arnaldus, nomine dictarum suarum ecclesie et domus se tenuerunt plenarie pro paccatis et contentis.

Et vice versa prenominati dominus Johannes Audiberti, procuratore et nomine procuratorio dicti capituli et singularum personarum ejusdem ibidem assistentium et capitulum facientes et concensum et assensum capituli dicto domino Johanni ad predicta et infrascripta prestantium ac dictus dominus Arnaldus, prior predictus, nomine et vice dictae ecclesie et domus sancti Lazari et pro evidenti utilitate earumdem et dietarum ecclesiarum, ut dicebant, et prout quemlibet eorum communiter vel divisim et dictas ecclesias tangit seu modo aliquo tangere potest in futurum, permutarunt et titulo sive ex causa permutationis et scambii hujusmodi dederunt, tradiderunt, finierunt, remiserunt seu quasi et concesserunt et penitus desemparaverunt, quibus supra nominibus, prenominato domino preposito ibidem presenti permutanti pro se et nomine dicte sue preposisture et successorum suorum in eadem ac michi notario infrascripto, tanquam publice persone, stipulantibus sollempniter et recipientibus et pro dicto molendino in loco predicto, faciendo et construendo, ac nomine et vice omnium et singulorum quorum interest, intererit seu interesse poterit in futurum, prenominatas quinquaginta cannas in longitudinem et quindecim, in latitudine superius consortatas et mensuratas de dicto nemore sive garrigia communi et pro indiviso dictorum capituli et ecclesie et domus sancti Lazari, pro dicta libra cere, ut predictum est, designata, altera libra cere dicto domino preposito et dicte sue prepositure et suis successoribus in eadem perpetuo remanente et prestante per dictum priorem sancti Lazari et suorum successosum, pro dicta annuali pensione in termino supradicto......... ....

Dantes igitur et concedentes sibi invicem dicte partes et quilibet earum, altera alteri, nominibus quibus supra, auctoritatem et licentiam apprehendendi et sibi et eorum successorum perpetuo retinendi possessionem corporalem, vel quasi et dictum molendinum hedificari et construi facere per dictum dominum prepositum et suos quoslibet successores ad suam et suorum omnimodam voluntatem, in modum superius expressum et dictis procuratori et priori, quibus supra nominibus, perpetuo retinere ex causa permutationis predicte, dictam libram cere, alia vero libram in suo robore permanente et donec possessionem tamdem apprehenderunt, prout quemlibet eorum tangit, constituerunt se interim altera alterius, nomine precario possidere.

Promisit insuper prenominatus dominus prepositus pro se et suis in perpetuum successoribus in dicta prepositura, de pacto expresso, solempni stipulatione vallato, inter ipsas partes habito et adjecto, prenominato domino Johanni procuratori et, per eum, dicto capitulo ibidem existenti et singularibus personis ejusdem et eorum successorum ac dicto domino priori, quibus supra nominibus, quod quandocumque contingeret dictum molendinum, in loco predicto hedificari sive construi facere, ripas bedalis et riperie predicte ipsius molendini sic hedificandi, si eas propter hujusmodi molendinum contingeret sive levari firmatas et clausas tenere, modo debito in et super dictum molendinum in loco predicto perficiendum, taliter quod propter hujusmodi exaltationem seu levamentum bedalis sive riperie, aqua ipsius riperie non possit aliquomodo nemus predictum sive garr gia dampnificari, nec dicta aqua deffluere in eisdem. Et si contingeret dicta aqua riperie predicte infra dictum nemus sive garrigiam deffluere, seu inundare, propter quam inundationem sive deffluctionem aque riperie predicte dictum nemus sive garrigia in aliquo dampnificaretur, seu dampnum aliquod inferretur, promisit, ut supra, dictus dominus prepositus, nomine et vice dicte sue prepositure et successorum quorumcunque in eidem, omne dampnum et quandocumque contingeret modo predicto inferendum seu patiendum, plene et integre, satisfacere et esmendare ac etiam restituere et resarciare juxta proborum in talibus expertorum arbitrio et cognitione.... ... .

Acta fuerunt hec Avinione, in claustro sancti Agricoli predicti et in domo ipsius capituli ubi predictos canonicos capitulum consuetum est celebrari. Presentibus discretis viris dominis Petro Karoli, Bernardo Bonelli, Stephano Avinionensi et Pontio Scaulhi, beneficiato in dicta ecclesia sancti Agricoli ac Bertrando Rostagni, presbitero beneficiato in dicta ecclesia Avinionensi et pluribus aliis testibus ad premissa adhibitis, vocatis et rogatis.

Et ego siquidem Raymundus Cremanti, de sancto Andeolo, Avinionenis diocesis, publicus, auctoritate imperiali, notarius qui.......etc.

(Origine : Archiv. département. de Vaucluse. Série G. Fond du Chap. métropol., G. 26, fol° 10.)

XXV

Investiture par le prévot du chapitre, à Jacques Masani Guillaume Bayle, Pons de Porte-Aurose et Ricavi de Gordes, de la cinquième partie du moulin de Réalpanier moyennant une redevance annuelle de XXXV sous couronnés.

(12 mars 1325)

Noverint universi presentes pariter et futuri quod, anno Domini millesimo trecentesimo vigentesimo quinto, die viginti septima mensis martii, pontificatus sanctissimi patris et domini nostri domini Johannnis pape XXII anno nono. Cum Jacobus Massani, Guillelmus Bajuli, Pontius de Porta-Aurosa et Ricavus de Gorda, cives Avinionenses, emissent a Raymundo de Cavallione, concive eorumdem, quintam partem molendini paratorii siti in flumine Sorgie, in loco dicto Rialapanier, cum quibusdam pratis et ermaciis ad dictum molendinum pertinentibus, que quidem molendinum, prata et ermacia que cum ipsis emptoribus idem Raymundus pro indivisis habebat, confrontantur, ab Oriente, cum patuo communi civitatis Avinionensis, a Meridie, cum itinere vocato de La Moneda et, ab Occidente, cum riali Sorgie, prout in instrumento ipsius emptionis recepto manu magistri Andree Cavalleni Avinionensis notarius, dicitur contineri, iidem Jacobus, Pontius et Guillelmus pro se et dicto Ricavo in mei notarii et testium infrascriptorum presentia, requisiverunt venerabilem et religiosum virum dominum Giraldum de Lauterio, prepositum ecclesie Avinionensis ut quintam partem ipsius molendini, pratorum et ermaciorum predictorum per eos, ut dicitur, emptam, laudare et confirmare eis vellet Qui dominus Geraldus, prepositus antedictus, ad quem pertinet jus et dominium molendini, pratorum. et ermaciorum predictorum, de quorum quinte partis prefate trezeno et laudimio pro paccato se tenuit et contento; attendens requisitionem hujusmodi fore consonam rationi, laudavit et confirmavit eisdem Jacobo, Guillelmo et Pontio, pro se dictoque Ricavo et heredibus eorumdem stipulantibus et recipientibus, dictam quintam partem molendini, pratorum et ermaciorum predictorum, cum eorumdem juribus et pertinentiis universis, nomine tam dicte sue preposit ure proprio possidendam, meliorando ipsam et non deteriorando, liceatque eisdem Jacobo, Guillelmo, Pontio et Ricavo et eorum heredibus predictam quintam partem molendini, pratorum et ermaciorum ipsorum, cum melioratione quam in ea fecerint, donare, vendere, permutare, pignori obligare aut qualibet alienationis specie in quamcunque personam voluerint transferre, clericis exceptis et militibus atque personis religiosis omnibus, dicti tamen domini prepositi et suorum in dicta sua prepositura successorum assensu, et consilio precedente, et salvo semper jure et salvo servitio censuali, videlicet super totum molendinum, prata et ermacia supradicta, XXXV solidorum coronatorum quas prefatu Jacobus Guillelmus, Pontius et Ricavus ac eorum in perpetuum successores eidem domino preposito et suis, in sua prepositura, successoribus, in festo Natalis Domini, annuatim solvent, servient et prestabunt censuales. Et predicti Jacobus, Guillelmus, Pontiusque, pro se dictoque Ricavo et eorum heredibus, dictam quintam partem molendini, pratorum et ermaciorum predictorum, accipientes predictum, eidem domino preposito, quo supra nomine, promiserunt per stipulationem et sub obligatione molendini, pratorum et ermaciorum predictorum, solvere et servire eidem domino preposito et suis, in sua prepositura successoribus, annuatim, in predicto termino, servitium supradictum e dictam quintam partem possessionum predictarum me liorare et non deteriorare.

Actum fuit hoc Avinione, in claustro dicte ecclesie, pre sentibus religiosis et discretis viris dominis Raymund de Bulbone, priore Gravisionis, Bertrando de Bariolis canonicis Avinionensibus ac Raymundo de Cavallion predicto, testibus ad predicta vocatis specialitu et rogatis Et ego Petrus Hugonis, clericus, Castriensis diocesis publicus apostolica et imperiali auctoritate notarius pre missis, unacum eisdem testibus, presens fui, eaque scrips et in hanc formam publicam redegi meoque signo solit signavi rogatus.

(Original parchemin. Archiv. département. de Vauclus Série G. Fonds du chap. métropol., L° 8, fol° 90.)

XXVI

Dénonciation de nouvelle œuvre contre Bertrand Gafrier qui batissait sur la Sorgue, près du moulin de Briançon.

(12 novembre 1326.)

Notum sit omnibus quod, anno Domini millesimo trecentesimo vigesimo sexto, scilicet duodecima die Novembris, existente domino civitatis Avinionensis illustrissimo domino Roberto, Dei gratia, Jherusalem et Sicilie rege ac comite Provincie et Forcalquerii. Constituti magister Petrus Hugonis, notarius, procurator et procuratorio nomine, ut dicitur, venerabilis patris domini prepositi Avinionensis et Johannes Sperandei, nomine suo proprio, in presentia magistri Bertrandi Gafrier vel de Ucessia, dixerunt eodem magistro quod cum ipse operaretur in barrio civitatis Avinionensis, supra bedale Sorgie molendini de Brianssone, in prejudicium ipsius molendini et ipsorum, quod, in loco predicto, amplius operari non audeat, ymo, in quantum potuerunt et fieri prohibuerunt et, in signum ipsius prohibitionis, eidem novum opus denunciaverunt prohiciendo quisque eorum tres lapides dicendo, in jectura cujuslibet earum « Denunciamus vobis novum opus. »

De quibus dictus magister Petrus, procuratorio nomine dicti domini prepositi et dictus Johannes Sperandei petierunt sibi, per me infrascriptum notarium fieri publicum instrumentum.

Factum fuit hoc Avinione, in dicto opere, presentibus

testibus Petro Martini, Guillelmo Vaquerii, Pelegrin Pelliparii, molinarii et Petro Blanquerie.

Et me Petro Mena, publico Avinionensi et regio ubiqu in comitatibus Provincie et Forcalquerii notario, predict interfui qui, de mandato et voluntate dictorum magist Petri, nomine quo supra, et domini Johannis, nomin suo proprio, hoc instrumentum publicum scripsi, bulla et signo meo consueto signavi.

(Original parchemin. Archiv. départ. de Vaucluse. Série (Fonds du chapitre métropolitain N° 8, fol° 78.)

XXVII

Accord entre le prévôt du chapitre métropolitain et plusieurs particuliers au sujet du curage annuel de la Sorgue aux environs du moulin du Pertuis (de Pertusio) *et des constructions sur le béal.*

(16 octobre 1326.)

In nomine Domini. Amen. Anno ejusdem Nativitatis millesimo trecentesimo vicesimo sexto, indictione nona, die sexta decima octobris, pontificatus sanctissimi patris et domini nostri domini Johannis, divina providentia, pape XXII, anno undecimo.

Cum questionis materia orta esset inter venerabilem et religiosum virum dominum Geraldum de Lauterco, prepositum ecclesie Avinionensis et Johannem de Masano, Jordanum de Porta Aqueria, Franciscum Egidii, Guillelmum Retroani et Alasiciam Imberte, de Avinione, ad quos, pro certis partibus, molendinum de Pertusio noscitur pertinere, ex parte una, et personas inferius nominatas et nonnulas alias habentes, a ponteto sito ante hospitale sancti.. Avinionensis, prope domum Predicatorum, domos, hospitia et alias possessiones, juxta bedale seu alveum Sorgie et in dictum molendinum defluentis, ex altera, prelati dominus Geraldus, prepositus, pro sue prepositure utilitate et necessitate, et Johannes de Masano, ambo, insimul, pro se ac predictis Jordano, Francisco, Guillelmo et Alasicia supradictis, pro se et successoribus et heredibus presentibus et futuris, videlicet supradictus dominus prepositus, de consilio et assensu venerabilium virorur dominorum Eucardi de Avinione, archidiaconi, Petri Ri cavi, sacriste, Isnardi Malivicini, decani, Bertrandi d Bulbone, infirmarii, Jacobi Retranni, prioris claustralis Symonis de Dracone, prioris de Sadone, Guillelmi Lancee prioris Celeonis, Johannis de Rivo et Guillelmi Rancurell canonicorum ecclesie Avinionensis, propter subnotata specialiter congregatorum et capitulum facientium eccle sie supradicte, ex parte una, et Rostagnus de Villa, Jaco minus Lo Moine, Bernardus de Masano, Bertranda Bri meta, Dulcia de Cousta, Raymundus Bajuli, Bertrandu de Bosa, Pontius Savoni, Guillemus de Masano, Rostagn Rayniarda, Johannes Fabri, senior, Guillelmus et Pontiu de Sadone, fratres, Guillelmus Malaterre, Pontius et Ar naldus Dalmatii, fratres, Johannes Teissaci, Johannes e Guillelmus Pascalis, fratres et Bernardus Brinii, pro s et suis heredibus et successoribus presentibus et futuris ac Bertranda, uxor quondam Petri Johannis, tutrix e tutorio nomine, ut dixit, Guillemi, Petri et Ponceti, suo rum et dicti quondam Petri Johannis, conjugis, filiorur et Bertranda, uxor quondam Bermundi de Masano, tutri et tutorio nomine, ut asseruit, Mannone, Johannone e Gualborge, filiarum suarum et dicti quondam mariti sui pro se dictisque suis heredibus et eorum heredibus e successoribus, ex altera. Volentes partes ipse anfractu litum amputare ac... ... .. laboribus et expensis de predict questione, causa compositionis et transactionis ac ali meliori modo et forma quibus potuerunt, et poterit, d jure, intelligi, inter se, unanimiter, in modum qui sequitu convenerunt. Videlicet quod quelibet prenominatarun personarum, quibus supra nominibus, seu eorum here des et quicunque ad quos res predicta pervenerit, facian et facere efficaciter teneantur, in mense Augusti proxim futuro, seu alio tempore anni proximi futuri quo fierint curate communes bedalis seu alvei supradicti, videlice ante fronteriam possessionis sue, in rippa dicti bedalis unum bonum murum de lapidibus et cemento spissitudinis trium palmarum et altitudinis decem palmarum, ita tamen quod, pro cursu dicte aque, de latitudine viginti unius palmarum dimittere teneatur et ponere ac situare, predicto tempore, in solo seu fundo ejusdem bedalis, ipsum coperiendo integre de bonis et sufficientibus lapidibus vocatis bartz, pro illa videlicet quantitate ad quam sue possessiones hujusmodi se extendunt.

Item fuit de pacto inter dictas partes, sollempni stipulatione vallato, quod quelibet ipsarum personarum earumque heredes et successores debeant et teneantur, suis propriis sumptibus et expensis, tantum de ipso bedali seu alveo quantum fronteria sue seu suarum possessionum durabit, integre ac plene curare, temporibus quibus communes curate fient annuatim, et lutum seu curum extrahere penitus de bedali predicto, non projiciendo seu alias impingendo curum aut lutum hujusmodi ad partem fronteriam sui vicini.

Actum quoque fuit et conventum, inter partes easdem, quod si, ratione retardate curate dicti bedalis, ad quam faciendam quelibet prenominatarum personarum et sui heredes et successores, ut predicitur, sunt astricte, condomini ipsius molendini seu successores aut heredes, dampnum aliquod sustinere aut expensas facere contingeret in futurum vel molendinum ipsum in se reciperet lesionem, ad restitutionem dicti damni et reficiendas expensas integre teneatur quelibet personarum ipsarum, quibus supra nominibus et sui successores in perpetuum et heredes.

Item fuit actum et conventum inter partes predictas quod ipse persone seu aliqua earumdem vel sui heredes aut successores seu quicunque ad quos res pervenerint, non possint nec debeant ponere seu figere, in dicto bedali, palos vel alias res aliquas qui seu que possent ipsius aque cursum aliqualiter impedire vel impediendi dare materiam, quoquo modo, nisi quod est inferius declaratum et hoc, sub pena decem solidorum turonensium parvorum ipso domino preposito et suis successoribus applicanda et danda a solvenda per quamlibet personarum predictarum e heredes aut successores suos, totiens quotiens ipsas au ipsos seu ipsarum aliquam vel heredes aut successore suos contrarium contingeret attemptari.

Item fuit de pacto, inter dictas partes, sollempni stipu latione vallato, quod quelibet personarum ipsarum et su successores in perpetuum et heredes possint et eis licea ponere seu mittere, in dicto bedali, ante fronteriam pos sessionum suarum, duntaxat tamarinas et circulos a madendum et temperandum in aqua predicta, tali tamei modo quod propter ipsos seu ipsas, dicte aque cursu liber et absque impedimento remaneat et non valea retardari.

Et prefati dominus prepositus et Johannes de Masano nominibus quibus supra, dictis personis, predictis nomi nibus, stipulantibus et recipientibus, plenam potestatem licentiam et auctoritatem omnimodam, quantum ad ipsa et predictos Jordanum, Franciscum, Guillelmum et Alai ciam poterit aliqualiter pertinere, concesserunt et dona verunt expresse, sine aliqua juris vel facti exceptione, quo ipse persone et ipsarum quelibet et sui heredes et succes sores, quando voluerint, possint et eis liceat libere hedi ficare seu construere domos, hospitia et alia hedificia qu voluerint, supra bedale dicte aque, in fronteria possessio num predictarum, duntaxat ita quod, propter ipsa hedifici vel aliquod eorumdem, dicte aque cursus non valeat, i aliquo, impediri, quin libere veniat ad molendinum ante dictum.

Insuper predictus dominus prepositus et ipsarum cuili bet stipulantibus, predictis nominibus, promiserunt s facturos et effectualiter curaturos quod Jordanus, Francis cus, Guillelmus et Alaisacia supradicti, pro se et suis here dibus et successoribus, predicta omnia et singula lauda bunt, ratificabunt, confirmabunt et approbabunt exprens ac proprio inviolabiliter observabunt.

Quam quidem expositionem, transactionem et omnia et singula supradicta dicte partes, nominibus quibus supra, videlicet prefati dominus prepositus et Johannes de Masano, bona fide, et prenominate persone et ipsarum quelibet, jurando ad sancta Dei euvangelia ab ipsarum qualibet corporaliter manibus tacta, comprobare et tenere proprio et inviolabiliter observare, una pars alteri, ad invicem, nominibus antedictis, per stipulationem promisit interpositam legitime ante ipsas ac contra in aliquo non venire per se, vel alium seu alios, aliqua ratione vel causa, de jure vel de facto, aliquo tempore, ullo modo, sub refectione dampnorum et expensarum litis et cause et suorum et illorum quorum, nomine superius, exposuerunt et transegerunt, obligatione bonorum presentium et futurorum. Renunciantes ipse partes, etc....... ...

De quibus omnibus predicti dominus prepositus et Johannes de Masano ac quelibet personarum ipsarum, nominibus quibus supra, petierunt per me infrascriptum notarium eis confici publica instrumenta que possint dictari, fieri et refici, semel et pluries, in judicio producta vel non producta, de consilio cujuslibet sapientis, facti tamen substantia non mutata.

Actum fuit hoc Avinione, in claustro dicte Avinionensis ecclesie, anno, indictione, die et pontificatu predictis, presentibus discretis viris domino Bertrando Rostagni, capellano dicte ecclesie, ac magistro Bernardo de Vineis, notario Avinionensi et Bertrando Nicholai, macellario, de Avinione, testibus ad predicta vocatis specialiter et rogatis.

Et ego Petrus Hugonis, clericus Castriensis, publicus apostolica et imperiali auctoritate notarius, premissis, unacum eisdem testibus presens fui eaque scripsi et in hanc formam publicam redegi, meoque signo solito signavi rogatus.

(Original parchemin : Arch. départ. de Vaucluse. Serie G. Fonds du chap. métropol. N° 8, fol° 56.)

XXVIII

Donation à nouveau bail par le prévot du chapitre métropolitain à Raimond Monge, du moulin des Garrigues

(27 février 1327.)

In nomine Domini. Amen. Anno ejusdem Nativitatis millesimo trecentesimo vicesimo septimo, indictione decima, die XXVII mensis Februarii, pontificatus sanctissimi patris et domini domini Johannis, divina providentia pape XXII, anno undecimo.

Noverint universi quod venerabilibus et religiosis viris dominis Geraldo de Lauterco, preposito, Petro Ricavi, sacrista, Raymundo de Bulbone, infirmario, Rostagno de sancto Saturnino, precentore, Bertrando Barge, eleemosinario, Gaufrido Genesii, priore de Interaquis, Guillelmo Rancurelli, Guillelmo de Avinione, Guillelmo Berengarii, Bertrando de Molena et Bertrando Trigintalibrarum, canonicis ecclesie Avinionensis, propter subnotata specialiter congregatis et capitulum ipsius ecclesie facientibus.

Supradictus dominus Geraldus prepositus, pro se et suis successoribus, sive prepositure utilitate et nomine, de concilio et assensu dominorum canonicorum nominatorum superius qui, prout concorditer affirmarunt, ibidem pluries, super infrascripta, diversos tractatus habuerant diligenter et deliberationem demum plenariam de eisdem, ipsius prepositure utilitatem et commodum attendentes, dedit ad accapitum sive in emphiteosim perpetuam tradidit et concessit Raymundo Monge, civi Avinionensi presenti ibidem stipulanti et recipienti, pro se et suis heredibus et successoribus presentibus et futuris, quoddam molendinum quod habebat in territorio Avinionensi, situm in bedali Sorgie, confrontatum, a duabus partibus, cum nemore vocato sancti Lazari, ab alia parte, cum terra heredum quondam Jacobi Ledas et, ab alia parte, cum itinere publico quo itur de Avinione apud Carpentoractem. Quod quidem molendinum fecerat construi et hedificari dominus prepositus antedictus.

Concessit, inquam, idem dominus prepositus prefato Raymundo Monge stipulanti et recipienti, ut supra, dictum molendinum, cum omnibus que in eo sunt murata, fixa et clavellata, supra terram vel subtus, appareant vel non appareant et aliis suis juribus, pertinentiis et appenditiis universis, nomine tamen sue prepositure perpetuo possidendum, meliorando ipsum et non deteriorando; liceatque dicto Raymundo et suis heredibus et successoribus in perpetuum, molendinum cum melioratione quam fecerit in eodem donare, vendere, permutare, pignori obligare aut qualibet alienationis specie, in quamcunque personam voluerint, transferre, clericis exceptis, et militibus atque personis religiosis omnibus dicti tamen prepositi et suorum in dicte sua prepositura successorum, assensu et concilio precedente, et semper salvo jure et dominio ipsius prepositure et salvo servitio censuali, videlicet quindecim manganeriorum annone que dictus Raymundus et sui in perpetuum successores dicto domino preposito et suis successoribus in prepositura predicta, in festo Omnium Sanctorum, solvent, servient et prestabunt censualia annuatim, acceptis tamen, per dictum dominum prepositum, ut dicebat et confitebatur, a dicto Raymundo, pro accapito et nomine accapiti, XXXV florenis auri de Florentia, de quibus idem dictus dominus prepositus se habuit et tenuit integre pro paccato et contento. . . .

Ceterum de pacto fuit inter partes predictas quod idem Raymundus facere et solvere debeat curatas tam speciales quam etiam generales et alias expensas quaslibet supportare molendini supradicti ad quas idem dominus prepositus, ejusdem molendini occasione, ante hujusmodi tenebatur. . . . .

Actum fuit hoc Avenione, in claustro Avinionensis ecclesie memorate, presentibus discretis viris dominis Pontio de Vienna, Bertrando Rostagni, cappellanis ipsius ecclesie et Rostagno Ortici ejusdem ecclesie diacono, testibus ad premissa vocatis specialiter et rogatis.

Original parchemin. Archiv. départem. de Vaucluse. Série G. Fonds du chap. métropol., n° 8, fol° 92. — Copie : Ibid. n° 26, fol° 15.)

XXIX

Autorisation donnée par le prévot du chapitre métropolitain à plusieurs particuliers de bâtir sur la Sorgue.

(21 février 1331.)

Anno Domini millesimo tricentesimo tricesimo primo, indictione decima quarta, et die vicesima prima mensis Februarii, pontifficatus sanctissimi in Christo patris et domini nostri domini Joannis, divina providentia, pape viginti secundi dicti, anno decimo quinto.

Noverint universi et singuli presentes pariter et futuri quod, existente venerabili et religioso viro domino Petro Ricavi, preposito ecclesie majoris Avinionensis, infra claustrum dicte majoris ecclesie, et in camera sua, me notario et testibus subscriptis presentibus, prefati domini prepositi presentiam adivit discretus vir Raymundus de Masano, de Avinione et dixit et proposuit contra eum, videlicet se et suos predecessores hactenus habuisse propè et juxta pontem sancti Agricoli Avinionensis, quoddam hospitium confrontatum et immediate annexum riali Sorgie, quo aqua molendini de Pertusio derivatur quod, in presenti, heredes Guillelmi Traffort, de Avinione tenent et possident, fuisseque concessum per venerabilem virum dominum Guidonem de Lautrico, olim prepositum dicte ecclesie majoris Avinionensis, Johannem de Masano et nonnullos tunc jura habentes in dicto reali, pro certis partibus, in dicto molendino, ipsas spectantibus, Rostagno de Villa, Jacomino Lemoyne, Raymundo de Masano et pluribus aliis habentibus possessiones in fronteria dicti rialis Sorgie molendini predicti de Pertusio, videlicet a ponteto predicto, in parte inferiori, versus dictum molendinum et potestas attributa edifficandi domos et hospitia et alia edifficia supra dictum bedale, videlicet quilibet in fronteria sua et, de dicta potestate data eidem domino preposito, fidem fecit per quoddam publicum instrumentum, manu Petri Guygonis, clerici Castriencis diocesis, notarii auctoritate apostolica publici, ut in prima facie legebatur et factum sub anno Domini millesimo trecentesimo vicesimo sexto et die decima sexta mensis octobris, cum certis pactis, legibus et conditionibus in dicto instrumento contentis, videlicet quod quilibet eorum cui fuit concessum edifficare supradictum bedale primitus teneatur dictum murum bonum cum cemento lapideum, altitudinis decem palmarum et spicitudinis trium palmarum facere et fieri facere, et ipsum riale bardatum bonis lapidibus vocatis bartz et ipsum reale curare, tempore consueto, et omne lutum ex dicto reali existentem extra dictum reale ejicere, suis propriis sumptibus et expensis, et in eo, nullum impedimentum ponere ligneum vel lapideum, vel aliud quodcunque, nisi duntaxat amarinas et circulos, certis anni temporibus, absque eo quod propterea aque cursus, minime impediatur dampnum restituere domino preposito et aliis si quid passi fuerint, occasione retardate curate, predictum Guillhelmum Trasfort monitum fuisse et ut dictum murum faceret seu fieri faceret in fronteria sua et pacta alia observaret, juramentum per eum prestitum, observando per venerabilem virum dominum Augustinum de Pozolis, tum officialem, ut apparet per suas litteras quarum tenor talis :

Augustinus de Pozolis, officialis Avinionensis, cappellanis, curatis ecclesiarum sancti Stephani, sancti Agricoli et aliis Avinionensibus salutem in Domino. Mandamus vobis quathenus, ex parte nostra, canonice moneatis semel, secundo, tertio et peremptorie Rostagnum de Pareriis, Raymundum Romiere, Jacominum Lemoyne, Bertrandum de Masano, Bertrandam Brunetam, Raymundum Bajuli et heredes Raymundi de Masano et uxorem Carmarde Guilhermi Malaterra, Bertandum de Masano, Pontium et Arnaudum de Manso, Guillelmum Traffort ut, infra diem sabbati proximum, observent juramentum suum, parendo seu captando Los Bartz, in Sorgia, in eorum fronteria, levando et bardendo, prout aptari debent, vel, dicta die, infra tertiam, compareant coram nobis, causam, si quam habent, quarum ad hoc non teneantur rursus et alia facturi quod fuerit rationis, alioquin omnes tales sic legitime monitos huic nostre monitioni non parentes, quos nos in hiis scriptis, canonica monitione premissa, lapso dicto termino tandiu publice injuncetis donec a nobis fuerint absoluti.

Datum Avinione, die nona mensis Augusti, anno domini millesimo trecentesimo vigesimo octavo.

Petiit igitur et requisivit dictus Raymundus de Masano sibi per dictum dominum prepositum dari et concedi licentiam et potestatem ante fracturam dicti hospitii heredum dicti quondam Guilhermi, quod quondam fuit suum, supra dictum reale, construendi domos et hospitia, seque paratum obtulit murum predictum lapideum, altitudinis decem palmarum et spicitudinis trium palmarum facere, seu fieri facere, in fronteria dicti hospitii, juxta dictum hospitium, ipsum reale bonis et sufficientibus lapidibus bardare et bardatum tenere et curare, temporibus debitis, annuatim et omne lutum extra dictum reale ejicere de fronteria sua, suis propriis sumptibus et expensis et omne dampnum eidem preposito et suis restituere, si quod passi fuerint, occasione retardata curate, quantum durabit dicta fronteria sua vel aliàs quomodo ejus dolo vel negligentia sive culpa ad suum et suorum mandatum, voluntatem et requisitionem, in dicto reali, nullum impedimentum ponere, lapidem vel lignum et aliud quodcumque, nisi duntaxat amarinas et circulos temperandas et madendas, tempore et aliis concesso, et absque eo quod, propter dictas amarinas et dictos circulos, aque cursus minime retardetur, necnon et alias eo modo quo meliorari poterit conditionem et dicte majoris ecclesie in premissis facere meliorem.

Et dictus dominus prepositus, ipsius Raymundi requisitione audita et intellecta, necnon contenta in dicto instrumento supradesignato, sibi exhibito et ostenso per dictum Raymundum et, inter cetera, quandam clausulam in dicto instrumento concessam, cujus tenor talis est : Et dicti prefati domini prepositus et Joannes de Masano, nominibus quibus supra, dictis personis, predictis nominibus stipulantibus, potestatem plenariam et licentiam et auctoritatem omnimodam, quantum ad ipsos Jordanum, Franciscum, Guillelmum et Alasaciam poterit pertinere, aliqualiter concesserunt et donaverunt expresse, sine aliqua juris vel facti exceptione, quod ipse persone et ipsorum quelibet et ipsorum heredes et successores in perpetuum, quando voluerint, possint et eis liceat libere edificare seu construere domos et hospitia et alia edifficia que voluerint supra bedale dicte aque, in fronteria possessionum predictarum, duntaxat ita tamen quod, propter ipsa edificia vel aliquod eorum, dicte aque cursus non valeat in aliquo impediri, quin libere veniat ad molendinum antedictum.

Ex cujus tenore sibi constitit evidentius fuisse concessum et dicta potestas per dictum dominum Guydonem de Lautrico, predecessorem suum in dicta prepositura, et de consensu capituli dicte ecclesie et Johannem de Masano et alios nunc in dicto reali jus habentes, omnibus habentibus possessiones a dicto ponteto inferius versus molendinum, videlicet quelibet in fronteria sua, edificandi domos, edificia et alia edificia supra dictum reale, salvis conditionibus supradictis necnon dicta monitione et licentia, in eo presertim quod nondum, in dicta fronteria, paries construetur, extra nec reale bardatum, ex quibus dictus dominus prepositus dampnum passus est et patitur et, in futurum, patietur propter expressas curatas annuatim faciendas... nisi prepositure sue, super premissis, de opportuno remedio providetur.

Ideo dictus prepositus dicti Raymundi petitione admissa, volens indempnitati dicte prepositure, cum Deo et justitia providere, et sine prejudicio alicujus persone alterius cujuscumque, me notario et testibus subscriptis presentibus, excipiendo ordinationem factam super dicta concessione, per dictum dominum quondam Guydonem de Lauterco et alios... predictis personis habentibus possessiones in fronteria dicti realis, in quantum potuit, de jure, ratione et equitate et sine lesione juris alterius cujuscumque, dedit, tradidit et concessit dicto Raymundo presenti, petenti et solempniter stipulanti et recipienti, pro se et suis, plenam potestatem et licentiam et auctoritatem omnimodam edifficandi et construendi hospitia et edifficia que voluerunt supra dictum bedale dicte aque Sorgie et edificia faciendi, salvo tamen quod, de pacto expresso, dictus Raymundus et sui teneantur dictam parietem edifficandam et reale bardare et curare et omne et omnia alia facere supradicta, suis propriis sumptibus et expensis, si heredes dicti Guillelmi Trasfort nimirum ipsum et alia contenta in dicto instrumento publico curaverint minime adimplere.

Et dictus Raymundus, per se et suos in posterum, dictam licentiam sibi concessam per dictum dominum prepositum edifficandi domos et hospitia et alia edifficia supra dictum reale recepit, salvo jure alieno et alterius cujuscumque. Et promisit dictus Raymundus per se et suos, bona fide et per pactum expressum in rem et personam validas, sollempni stipulatione vallata sive firmata, quod ipse dictum murum altitudinis decem palmarum et spacitudinis trium palmarum, in fronteria dicti hospitii, in dicto riali faciet et ipsum reale bardabit et curabit, loco et tempore debitis, et omne lutum de dicto riali ejiciendum eji-

ciet suis propriis sumptibus et expensis et quod, in e
nullum impedimentum apponet nec apponi faciet propt
quod aque cursus valeat retardari, quominus ad molend
num ipsum libere derivetur.

Promisitque dictus Bermundus per se et suos dict
domino preposito et suis, omnia dampna, disturbia, int
resse, gravamina vel expensas sive quod vel quas passu
fuerit, occasione retardate curate vel alias, ejus culpa, re
dere, restituere et emendare pacifice et quiete ad suam
suorum, verbo simplici et suorum sine juramento, test
bus et instrumento et alia probatione quacumque, quibu
probatione et taxatione dictus Raymundus per se
suos renunciavit. Que omnia premissa, universa et singul

.. ..

Actum Avenione, infra claustrum dicte majoris ecclesi
testibus presentibus ad hec vocatis et requisitis Ram
baudo de Lauduno, canonico Vencienci, magistro Johann
Sarty, de Avenione, nobili Johanne de Rocha, domicel
et me Bertrando Vallati, notario apostolica auctoritate qu
ex voluntate dictarum partium, premissis omnibus interfu

(Origine : Archiv. département. de Vaucluse. Série G. Fon
du Chap. métropol., G. 29. Sorgue, tom. I, fol° 73.)

XXX

Sentence arbitrale entre les syndics de la ville d'Avignon et le prévôt du chapitre métropolitain au sujet du curage de la Sorgue et portant que le béal sera curé par les riverains avignonais ou étrangers.

(26 août 1332.)

Notum sit omnibus quod, anno Domini millesimo tricentesimo secundo, scilicet die vicesima sexta mensis augusti, existente domino civitatis Avinionensis illustrissimo domino Roberto, Dei gratia, Jherusalem et Sicilie rege ac comite Provincie et Forcalquerii.

Cum questiones, jurgia, rancores, controversie et lites essent, verterentur et verti sperarentur ulterius inter nobilem virum dominum Guillelmum de Bulbone, militem et Guillelmum Roberti de Avinione, sindici et sindicario nomine universitatis hominum civitatis Avinionensis, ex parte una, et religiosum dominum Petrum Ricavi, prepositum Avinionensem seu magistrum Bertrandum Vallati, ipsius domini prepositi procuratorem, ex altera, defendentem ex eo et pro eo quod dicti sindici, nomine universitatis hominum de Avinione, dicebant et asserebant itinera publica esse destructa propter aquam rialis sive bedalis Sorgie ad molendina ipsius domini prepositi, scilicet ad molendina de Pertuzio et de Briansono defluentem quam asserebant dicta itinera occupasse et destruxisse, ita quod per ea tutus transitus fieri non poterat.

Postque, anno quo supra, scilicet die vicesima nona-

mensis augusti, eodem domino civitatis Avinionens existente, nos Hugo Rogerii, Ludovicus de Petragross Paulus de Sado et Johannes Guifredi arbitri, arbitratore et amicabiles compositores, presentibus dictis domin Guillelmo de Bulbone et Guillelmo Roberti, sindicis, pr parte universitatis hominum de Avinione, et magistr Bertrando Vallati, procuratore dicti domini Petri Ricav prepositi Avinionensis ac Johanne de Mazano et Johann Sperandei de Avinione, nominibus suis propriis et alic rum prenominatorum partem habentium in dictis mc lendinis de Pertuzio et de Briansono, questionibus ipsi finem debitum imponere cupientes, examinatione dili genti prehabita, tam per inspectionem predictorum loco rum que oculis nostris subjecimus, quam etiam per attes tationem testium coram nobis productorum, quam etiar per relationem et consilium magistrorum Guillelmi En gleiani, filii Michaelis Eigleiani quondam et Guillelm Eigliani, filii Johannis Eigliani quondam et Thom Giraudi, nivellatorum, quos nobiscum associavimus d communi concordia ipsarum partium, qui, cum nivelli suis, loca ipsa mensuraverunt et ipsa loca ac impediment diligenter inspexerunt et consideraverunt et cum quibu diversimode impedimenta et etiam omnia et singula ex pedientia et rationes cujuscumque partis dispossimus invenimus et audivimus et cum matura ac solerti dispu tatione et provisione, colloquium et consilium habuimus per modum qui sequitur, pronunciamus :

In primis quia constat nobis quod aqua Sorgie qu derivatur et dirivari consuevit ad certa molendina huju civitatis Avinionensis tam dicti domini prepositi Avinio nensis quam quorumdam aliorum condominorum dicto rum molendinorum, recepit impedimentum labendi pe alveum consuetum ac, more solito, tam propter impedi menta plurima que ibi in ipso alveo posita sunt et coti die, quamvis indebite, per diversas personas, tam cive quam cortezanas apponuntur et quod ipse alveus pe diversas personas privatas, tam cives quam cortezanas, licet indebite, ultra morem solitum et debitum, est restrictus, et in profunditate et latitudine antiqua non purgatur, sicut consuevit et quod etiam bedalia alia, in quibus fontes et alii rivi particulares recepi et dirivari consueverunt, non purgantur nec reficiuntur more consueto et quod curantes fossata sua, viis publicis annexa, terram ex dictis fossatis ejiciendam quam in itineribus seu viis debent prohicere, prohiciunt in suis possessionibus, propter que inundant et impedimentum ac dampnum inferunt aqueductui dictorum molendinorum et itineribus publicis et etiam agris vicinis, et quod etiam alique private persone in earum favorem, quamvis illicite, in dicto alveo dictorum molendinorum lapides seu bartz aliquos opposuerunt et presertim prope molendinum de Pertuzio, propter quod aqua dicti alvei non habet decensum debitum et consuetum ;

Considerantes etiam quod itinera publica, in quibusdam partibus sive locis prope dictum alveum sive bedale aque Sorgie, tam propter concursum cadrigarum, equorum et gentium quam propter alios casus contingentes ultra statum antiquum et solitum sunt depressa et quod etiam batitoria sive colps dictorum molendinorum de Pertuzio et de Briansono ultra antiquum statum et mensuram solitam exaltata seu exaltati, propter que omnia impedimenta dicta aqua Sorgie fluctuat et dictis itineribus publicis, una cum dictis rivis seu fontibus dampnum infert ;

Idcirco, de consilio dictorum magistrorum ita nobis, sub eorum juramento per eos corporaliter prestito consulentium, pronunciamus quod predicta impedimenta, in dicto alveo opposita, et occupationes predictas dicti alvei, per quos dictus alveus est restrictus, per predictas privatas personas, tam cives quam cortezanas, et predicti lapides sive bartz, earum sumptibus et expensis, prout quamlibet tangit, removeantur, ita quod dictus alveus remaneat in perpetuo liberatus et ad hoc implorato curie auxilio, predicte persone, prout quamlibet earum tangit, compellantur. Et quod per predictos dominos dictorum molendinorum, etiam dictus alveus, ut dictum est, per predictas personas que ipsum in latitudine, ac profunditate occuparunt inantea, purgari debeat, tempore consueto, in profunditate antiqua ac latitudine, scilicet de ripa ad ripam ita quod aqua ipsius libere habeat cursum suum ad molendina predicta et per personas etiam quibus hoc incumbit dicta itinera, in locis ubi sunt ultra antiquum statum depressa et mali passus ipsorum, reficiantur et esmendentur et vallata etiam vicinarum possessionum ac etiam rivi dictorum fontium per personas similiter quibus hoc incumbit, reficiantur et purgentur idoneis earum sumptibus et expensis.

Et quamvis, secundum depositiones notorum testium reperiamus quod predicta batitoria sive colps dictorum molendinorum de Pertuzio et de Briansono sint ultra antiquum statum exaltata seu exaltati per tres palmas de canna vel circa, tamen quia, cum refectione dictorum itinerum et remotione predictorum impedimentorum dicti alvei et purgatione ejusdem alvei in latitudine et profunditate predictis et etiam purgatione et refectione bedalium et curatione dictorum vallatorum, in quibus rivi et fontes vicini et aque pluviales recipi consueverunt, credimus, secundun consilium dictorum magistrorum, sufficere ut batitoria sive colps dicti molendini de Brianzono deprimatur seu minuatur per unum palmum de canna et dicti molendini de Pertuzio, per unum dimidium palmum de canna. Idcirco moderamen hujusmodi ex premissis omnibus sumentes, volumus et precipimus et per hanc nostram sententiam pronunciamus quod batitoria sive colps dicti molendini de Brianzone deprimantur seu minuantur per unum palmum de canna predictum et dicti molendini de Pertuzio, per unum dimidium palmum de canna predictum, hoc salvo et nobis expresse retento, quod si, isto anno lapso, nobis videatur ad dicta batitoria sive colps, essent plus vel minus diminuenda meta id quod interim pro cursum dicte aque viderimus expedire, id possumus augere vel diminuere prout nostro tunc videbitur arbitrio expedire, executionem omnium predictorum et tempus seu terminum infra quod, seu quem predicta debeant exequi profici et compleri nostro arbitrio reservantes

De quibus omnibus universis et singulis supradictis prefatus Guillelmus Roberti et magister Bertrandus Vallati ac Johannes de Mazano et Johannes Sperandei, quibus supra nominibus, et quolibet ipsorum in quantum, pro parte sua, faciunt, sibi fieri petiit unum vel plura, publicum et publica instrumentum et instrumenta.

Actum Avinione in subtulo palatii ubi curia regia Avinionensi tenetur publice, presentibus testibus domino Petro Regis, jurisperito, cive et habitatore Avinionensi, magistro Girardo de Salciaco, Guillelmo Glorie, Petro Constantino, Philippo de Graznhano, Bermundo Colombi, notariis Avinionensibus... Et me Guirardo Borein publico Avinionensi notario qui premissis omnibus, universis et singulis, dum agerentur cum dictis testibus presens et mandato utriusque partis, premissa omnia universa et singula scripsi, requisitusque per dictum magistrum Bertrandum, quo supra nomine, in hanc formam publicam redegi, bullavi pariter et signavi.

(Original parchemin. Archiv. départ. de Vaucluse. Fonds du chap. métropol., n° 8, fol° 54. — Ibid. N° 28, fol° 35. Extrait.)

XXXI

Bail par le prévot du chapitre métropolitain à Laurent Jardri, du moulin de Réalpanier.

(9 mars 1339.)

In nomine Domini Jhesu Christi. Amen. Anno ejusdem Incarnationis millesimo trecentesimo trigesimo nono et die nona martii, pontificatus sanctissimi in Christo patris et domini Benedicti pape, duodecimi, anno sexto.

Noverint universi presentes pariter et futuri quod in mei notarii publici et testium subscriptorum presentia, venerabilis et circumspectus vir dominus Petrus Ricavi, prepositus Avinionensis, pro commodo et utilitate, ut dicebat, sue prepositure, auctoritate sibi data per dominos de capitulo ad infrascripta peragenda, prout constat quadam nota facta manu mei notarii publici infrascripti, dedit ad accapitum se in emphiteosim perpetuam Laurentio Jardri, macellario, de Avinione, presenti, stipulanti et sollempniter stipulanti et recipienti, suo nomine et suorum, unum molendinum bladi de una rota cum duobus spaceriis et uno orto scito coram dicto molendino, scitum in territorio Avinionensi dicto a Rialapanier. Et confrontatur, ab una parte, cum paratorio Francisci de Porta Aqueria et, a duabus partibus, cum bedali Sorgie et alia parte cum itinere publico. Ortum vero confrontatur cum dicto paratorio, carreria in medio, et ab alia, cum majori itinere, vallato in medio et ab alia, cum aqua Sorgie. Dedit, inquam, et concessit dictus dominus prepositus dicto Laurentio, dictum molendinum cum orto predictis, cum omnibus juribus et pertinentiis suis, sub pactis et conventionibus infrascriptis scilicet quod, sicut consuetum est, teneat space.....rios. Item quod secundum quod molendina prepositure molturant, debeat molturare et curatas consuetas solvere, salvo jure prepositure Avinionensis et censu quindecim manganeriorum annuatim, in medio augusto, portandorum expensis suis propriis et suorum ad dictam preposituram vel ad locum ubi .... dominus prepositus aut sui in dicta prepositura successores perpetuo, annuatim, in Avinione, pro suis recolligi censibus duxerit seu duxerint eligendum, ipsius Laurentii vel suorum sumptibus et expensis.. ....

Acta fuerunt hec Avinione, in camera dicti domini prepositi, testibus presentibus, magistro Guillelmo Gorgocelli, domino Guillemo Bedocii, priore de Castello, Johanne Sabaterii......

(Orig. Archiv. départ. de Vaucluse. Série G. Fonds du chap. métropol. N° 8, fol° 93.)

XXXII

Concession par le prévot du chapitre métropolitain à Pon[s] Peirolerii et autres, du droit d'arroser des eaux de l[a] Sorgue, un jardin de 2 éminées.

(18 septembre 1346.)

Anno a Nativitate Domini millesimo trecentesimo quadragesimo sexto, die scilicet decima octava septembris.

Noverint universi quod, cum Pontius Peyrolerie et Rostagnus Suavi et Petrus Suavi, filius Rostagni Suavi, de Avinione, macellarii, haberent, tenerent et posiderent, prope Avinionem, supra molendinum de Garriga, juxta bedale Sorgie, quamdam terram ducentarum eyminatarum et ultra, confrontatam, ab ortu solis, cum terra heredum Jacobe de Pagio, et, ab occasu solis, cum terra heredum del Vielho et desiderarent ibi ortum facere et pro dicto haberent necessario recipere aquam bedalis Sorgie ad adaquandum dictum ortum et pro dicta aqua quam recipiant, aliquibus vicis, vadiati fuissent per gentes domini prepositi, cujus aqua dicebant esse, volentes dicti Pontius et Petrus, dictus quidem Petrus auctoritate dicti Petri, patris sui, ibidem presentis et consentientis, convenire cum dicto domino preposito, conventum fecerunt et pro recipienda aqua, ad opus duarum eyminatarum, pro ortu faciendo, adaquandarum, sub pactis, legibus et conditionibus infrascriptis, cum discreto viro domino Cacuycelli, presbytero, Uticensis diocesis, procuratore et procuratorio nomine venerabilis et religiosi viri domini Petri Ricavi, prepositi Avinionensis et me notario infrascripto, ut publica persona et cuilibet nostrum, in solidum presentibus, stipulantibus et recipientibus, nomine et vice dicti domini prepositi et sue prepositure.

Et primo fuit actum et expresse conventum, inter dictas partes, quod dicti Pontius et Rostagnus teneantur dare et tradere, solvere et pacare dicto domino preposito, annuatim, in festo medii augusti, pro duabus eyminatis dicte terre, juxta dictum bedale, pro orto faciendo, unum florenum auri de Florentia, boni ponderis atque legis.

Item fuit actum quod dicti macellarii possint in fronteria dictarum duarum eyminatarum facere, supra bedale, unum pontem ligneum quo possint ad dictum ortum ire.

Item fuit actum quod dicti macellarii non debeant aquam recipere nisi a die sabbatis, hora vesperorum cujuslibet septimane, usque ad diem dominicam, de sero. Quod si, alia die septimane, recipient aquam, pro qualibet vice, quinque solidos dicti macellarii debeant solvere dicto domino preposito.

Item fuit actum quod pons quem fient in dicto bedali predicto, fiet taliter quod impedimentum bedali et aque bedalis non faciat et quod pons sit taliter quod levari possit. Quod si nollent facere, nec tenere ortum, nec pontem ibi tenere, et quod non teneantur dictum florenum solvere. Et ita promiserunt sub obligatione bonorum suorum et juraverunt.

Actum Avinione, in prepositura. Testes dominus Vincentius Belaudi, beneficiatus in ecclesia Avinionensi et Sauxino Martini, Pampillionensis diocesis. Et me Jacobo Michaelis, notarius, etc.

(Orig. Archives départ. de Vaucluse. G. Fonds du Chapitre métropolitain n° 29, tom. II, fol° 2.)

XXXIII

Arrentement par le prévot du chapitre métropolitain, pour deux ans, du moulin de l'Espigue (de Spica.

(28 juillet 1349.)

In nomine Domini. Amen. Anno Nativitatis ejusdem millesimo trecentesimo quadringentesimo nono, indictione secunda, et die XXVII mensis julii, pontificatus sanctissimi in Christo patris et domini nostri domini Clementis, divina providentia pape sexti, anno octavo.

Noverint universi presentes pariter et futuri quod, in presentia mei notarii publici et testium infrascriptorum, personaliter constitutus venerabilis et religiosus vir dominus Petrus Ricavi, prepositus majoris ecclesie Avinionensis, bona fide et sine dolo, vendidit ac locavit ususfructum et obventiones omnium bladorum et mulcturarum que pervenient ad molendinum de Spica, situm prope Avinionem, extra muros dicte civitatis Avinionensis, quas in dicto molendino, dictus dominus prepositus habet et habere ac percipere debet et consuevit, videlicet a festo proxime venturo beate Marie medii augusti in duos annos proximos et continuos. Vendidit, inquam, et locavit Gregorio de Pistori et Guillelmo Guiberti, Cistaronensis diocesis, curiam romanam sequentibus, presentibus, ementibus, locantibus et sollempniter stipulantibus et recipientibus pro se et suis, pretio, pro quolibet septimana dictorum duorum annorum, novem manguenorum annone bone et suscipient videlicet..... moltura ad dictum molendinum perveniet.

Item fuit actum et in pactum, ut supra, deductum, inter partes predictas, quod dicti emptores omnia que a dicto domino preposito vel suis receperint, ad estimam, finito dicto locationis tempore, videlicet biennio, eidem restituat fideliter per probos homines hinc inde majori vel minori valentia, omnes multuras seu obventiones bladorum que pervenient ad dictum molendinum, infra archam dicti molendini reponant et ex eis nichil tollant, aliqua causa, sine ipsius domini prepositi vel suorum licentia et consensu, quouscumque, singulis septimanis, dicto domino preposito vel alteri pro eo, de dicta pensione novem manguaneriorum annone fuerit satisfactum.

Item fuit actum et in pactum, ut supra deductum, inter partes predictas, quod dicti emptores et eorum quilibet in solidum et pro toto, singulis septimanis, quolibet initio septimane, tamdiu quamdiu tempus locationis durabit, videlicet, die lune, solvant de meliori annone multurarum, pensionem predictam novem manganeriorum.

Item fuit actum et in pactum, ut supra, inter partes, quod si ingeniosam derivationem vel aquarum inundationem vel aliam quamcumque causam, excepta potentia cujuscumque, in qua aqua perderetur, quod ipsi emptores et sui littora dicti rialis claudere debeant, et alias ipsam aquam procurare predictam et quod predictis, non obstantibus, solvere pensionem teneantur.

Quam siquidem venditionem et locationem dictorum ususfructuum, etc.

De quibus, etc.

Acta, scripta et publicata fuerunt hec Avenione, infra claustrum beate Marie de Doms et in camera dicti domini prepositi. Testibus presentibus domino Petro Martini, presbytero beneficiato in dicta ecclesia Avinionensi, Bertrando de Coloniero, presbytero beneficiato in dicta ecclesia Avinionensi, testibus ad premissa vocatis.

(Original parchemin. Archives départ. de Vaucluse, G. Fonds du chapitre métropolitain, n° 8, fol° 91.)

XXXIV

Concessions par le prévôt du chapitre métropolitain à plusieurs particuliers de prendre l'eau de la Sorgue pour arroser leurs terres.

(27 juin — 16 juillet 1352.)

In nomine Domini. Amen.

Noverint universi et singuli presentes pariter et futuri quod, anno a Nativitate ejusdem millesimo trecentesimo quinquagesimo secundo, die vero vicesima septima mensis junii, pontifficatus sanctissimo in Christo patris et domini domini nostri Clementis, divina providentia, pape sexti, anno decimo, in presentia mei notarii publici et testium infrascriptorum personaliter constitutus Petrus Ebraut, de Lodeva, pergamenerius, habitator Avinionensis, recognovit michi notario infrascripto ut persone publice stipulanti et recipienti, vice et nomine venerabilis et religiosi viri domini Petri Ricavi, prepositi Avinionensis et ejus preposituré, se tenere ac velle et debere tenere ab eodem preposito et sub dominio directo dicte preposituré in emphiteosim perpetuam, duas cannas fronterie super Sorgiam, confrontatas cum hospitio cujusdam correrii domini nostri pape in medio. Quod quidem hospitium idem Petrus tenet et cum muro civitatis Avenionensis.....

Et ulterius quod teneatur curare, suis expensis, dictas duas cannas dum et quum fient curate generales.

Item, anno quo supra, die viro vicesima octava ejusdem mensis junii, Raymundus Chambarelli, pergamenarius qui moratur in boquaria, recepit et locationis titulo recognovit venerabili et religioso viro domino Paulo de Sadone, abbati de Lura, procuratori et nomine procuratorio venerabilis et religiosi viri domini Petri Ricavi, prepositi ecclesie Avinionensis, presenti et recipienti, se tenere ab eodem domino preposito et sub ejus dominio directo, et sue prepositure predicte, duas cannas fronterie super Sorgiam, nomine loquerii, ad tantum tempus quantum exercebit ibidem suum officium sine plus et non ultra. Et confrontantur cum curte Bertroni Garnerii et cum ponte transeunte ad carreriam Lanternarum.....

Item, anno et pontifficatu supradicto, die vero sexta mensis julii, dictus dominus Paulus de Sadone, abbas de Lura, dedit et concessit, nomine procuratorio quo supra, licentiam Hugue Teulerie, uxori quondam Costini Teulerii et Rostagno, ejus filio, ut possint recipere, hinc usque ad novem annos, de aqua Sorgie, cum una modica gorga, pro adaquando quemdam ortum duodecim eyminatarum, pro qua aqua recipienda, serviet et servire debebit, annis singulis, dicto domino preposito, decem florenos in festo beate Marie de medio augusto et si duodecim cannas adaquabit de dicta aqua, solvet de pluri pro rata.

Item fuit actum quod possint...... mercurii ac sabbati, ab hora tertia usque ad vesperas inclusive sine pluri.......

Item, anno et pontifficatu supradictis, die vero octava mensis julii, dictus dominus Paulus de Sadone, abbas de Lura, nomine procuratorio quo supra, locavit et licentiam dedit et concessit Jacobo, Avinionensi ortolano, accipiendi de aqua Sorgie, cum una parva gorga, pro adaquando duas eminatas orti sui, sitas in territorio de Spica, confrontatas, ab una parte, cum orto Jacobi de Mando alias de Caro, ab alia, cum vinea Francisci Candelier, vallato in medio, et ab alia, cum Sorgia. Locavit, inquam dictam aquam sic recipiendam hinc usque ad novem annos immediate continuos et sequentes, pretio videlicet unius floreni auri cum dimidio, quolibet anno solvendo dicto domino preposito in festivitate beate Marie de medio augusto.

Et fuit actum quod dictus Jacobus plusquam duas eminatas non adaquabit, quod si plus adaquaverit, de pluri solvet pro rata. Item et quod nulli alteri aquam predictam non ministrabit. Item et recipiet aquam predictam, nisi diebus lune, mercurii et sabbati, a mane usque ad tertiam duntaxat......

Item, anno die et pontificatu proxime dictis, dictus dominus Paulus de Sadone, abbas de Lura, nomine procuratorio quo supra, locavit, ut supra et licentiam dedit et concessit Johanni Ambrosii ortolano, accipiendi de aqua Sorgie pro adaquando quinque eminatas orti sitas in tenemento de Spica, quarum una eminata confrontat cum orto Jacobi Avinionensis, capia in medio, et cum Sorgia et cum terra magistri Audoini, domini Bellifortis, alie vero quatuor eminate confrontant cum orto Hugue Teuliera et cum itinere publico et cum vinea heredum Petri Lona, scilicet ad novem annos proxime et immediate continuos et sequentes, pretio quinque florenos auri, quolibet anno, dicto domino solvendorum, duos videlicet cum dimidio in festivitate beate Marie de medio augusto, et alios duos in festo Carnisprimi. Et fuit actum quod dominus Johannes possit dictam aquam recipere diebus martis, jovis et veneris, a meridie, videlicet ad vesperos duntaxat. Item et quod non adaquabit ultra dictas quinque eminatas et, si plus adaquaverit, de pluri solvet pro rata, ut super vel econtra. Item et tenebitur claudere gorgam quum adaquaverit et nulli alteri aquam hujusmodi ministrabit. Itaque promisit et super sancta dei euvangelia juravit idem Johannes, scripturis ab eo propterea tactis, sub obligationne omnium bonorum suorum, cum omni renunciatione juris et facti ad hoc necessaria pariter et cautela.

De quibus dicte partes petierunt sibi fieri publicum instrumentum.

Actum infra claustrum Avinionensis ecclesie, presentibus religioso viro domino Matheo Arnaldi monacho monasterii Treverciensis, Bertrando Petri, clerico et Johanne Tascani, ortolano, testibus ad hec vocatis specialiter et rogatis. Et me Guillelmo de Miramonte, notario.

Item, anno et die proxime supradictis, dictus dominus Paulus de Sadone, abbas de Lura, procurator et procuratorio nomine quo supra, locavit. ut supra, Jacobo Ambrosii, fratri dicti Johannis Ambrosii, presenti, stipulanti etc., licentiamque sibi dedit et concessit accipiendi aquam dicte Sorgie, pro adaquando duas eminatas cum dimidia orti, pretio duorum florenorum auri cum dimidio, pro quolibet anno, hinc ad novem annos proxime futuros, in festo beate Marie de medio augusto, singulis annis, dicto domino preposito solvendorum. Et confrontantur, ab una parte, cum orto dicti Johannis Ambrosii, fratris sui, et ab alia, cum itinere publico sancte Caterine. Et fuit actum quod dictus Jacobus possit dictam aquam recipere, diebus martis, jovis et veneris, scilicet a vesperis usque ad noctem duntaxat, et quod non adaquabit ultra dictas duas eminatas cum dimidia. Quod si plus adaquaverit, de pluri solvet, ut supra, pro rata vel econtra. Item tenebitur claudere gorgam quum adaquaverit. Et nulli alteri aquam ministrabit. Itaque promisit et super sancta Dei euvangelia, tactis scripturis, juravit idem Jacobus, sub obligatione omnium bonorum suorum, cum omni renunciatione juris et facti ad hec necessaria pariter et cautela.

De quibus quelibet pars petiit sibi fieri publicum instrumentum.

Actum ubi proxime supra, testibus presentibus ibidem nominatis. Et me G. de Miramonte, notario.

Item, anno Domini millesimo trecentesimo quinquagesimo tertio, die vero decima sexta mensis julii, pontificatus sanctissimi in Christo patris et domini nostri domini Clementis, divina providentia pape sexti, anno undecimo, discretus vir magister Bernardus Corucalhati, procurator et nomine procuratorio dicti domini prepositi, licentiam dedit et concessit, ut supra, Jacobo Bailhi et Jacobe

Escota, ejus ava, presentibus, qui morantur in parroch sancti Petri, in boqueria, accipiendi aquam, cum una par gorga, dum et quando molendinum de Spica non mol duntaxat, pro implendo quoddam valatum suum qu habet inter dictum bedale et suam terram quam tenet decania et sacristia, sitam in territorio de La Mealhet quae terra confrontatur cum duabus viis quibus itur Avinione versus molendinum Hugonis de Sadone et ve sus locum de Cavismontibus, hoc acto quod ipsi su expensis, preparare debeant dictam gorgam et remover totiens quotiens requisite fuerint per dictum dominu prepositum vel ejus procuratorem, ac locum ubi dicta go gia fuerit, reparare et istud instrumentum solvere. Itaqu promiserunt et super sancta euvangelia juraverunt dictu Jacobus et Jacoba, scripturis ab eis sponte tactis, su obligatione omnium bonorum suorum, cum omni renu ciatione juris et facti ad hec necessaria pariter et cautel

De quibus quelibet petiit sibi fiere publicum instru mentum.

Acta in claustro beate Marie de Doms, presentibus reli giosis viris dominis Anthonio Raynardi et Jacobo Jot canonicis Avinionensibus, ad hec vocatis specialiter e rogatis. Et me Guillelmo de Miramonte, notario pu blico, etc.

(Original parchemin : Archiv. départ. de Vaucluse. Serie (Fonds du chap. métropol. G. N° 8, fol° 65.)

XXXV

Sentence rendue par Pierre Ruffi, commissaire délégué d'Étienne Aldobrandi, archevêque de Toulouse et camérier du pape Innocent VI, condamnant les possesseurs de maisons ou de biens sur le canal de la Sorgue, à donner passage pour le curage et à curer le long de leurs possessions.

(1er mars 1357.)

In nomine Domini. Amen. Noverint universi et singuli presentes pariterque futuri hujusmodi instrumenti veri et publici seriem inspecturi quamdam causam civilem diu agitatam fuisse Avenioni, in curia thesaurarie palatii apostolici, coram venerabili viro domino Petro Ruffi, licentiato in legibus, commissario ad infrascripta deputato per reverendum in Christo patrem et dominum dominum Stephanum, Dei gratia, archiepiscopum Tholosanum, domini nostri pape camerarium, prout de commissione hujusmodi constat quibusdam patentibus litteris a dicto domino camerario emanatis, ejusque sigillo, in dorso earumdem, ut prima facie, apparebat in cera rubea sigillatis, quarum quidem litterarum tenor talis est :

Stephanus, permissione divina, archiepiscopus Tholosanus, domini nostri pape camerarius, venerabili viro domino Petro Ruffi, licentiato in legibus, salutem.

Cum bedalia Sorgie defluentia de Portali Ymberti Avinionensis ad molendina de Pertusio et de Briansono, evacuatione, curatione, reparatione et mundificatione, indigentur evidenter et domini dictorum molendinoru asserant dicta molendina per circumvicinos ac possessi nes circumquaque habentes fuisse occupata, restric ac impedita, ipsosque circumvicinos singulos pro su frontibus, ad evacuationem, reparationem et expediti nem dictorum bedalium teneri, non multis ex eisdem ci cumvicinis se opponentibus in contrarium et super pr missis inter eos disceptetur seu disceptari speretur, re publice intersit dicta bedalia curari ac reparari dicteq deceptationes summarie et de plano et absque screpi judicii et figura decidende existant. Nos igitur de fid scientia et probitate vestris plenius confidentes, teno presentium, omnes et singulas controversias, diceptation et querelas de et super premissis ac premissa tangentib per et vices quoscumque motas et movendas, audienda examinandas, decidendas et sine debato terminandas sur marie et de plano et absque screpitu judicii et figura juris ordine pretermisso, cum omnibus emergentibu incidentibus, dependentibus et connexis, cum potesta compellendi omnes et singulos circumvicinos predictos alios de quibus vobis videbitur per ecclesiasticam censı ram per bonorum eorum captionem, arrestationem, ver ditionem ac festinam distractionem, mulctarum impos tionem ac aliis juris remediis oportunis, ex certa nost scientia, committimus. Dantes universis nostris subditi per presentes, in mandatis quatinus in et super premiss universis et singulis, vobis et vestris mandatis ac ordin tionibus pareant efficaciter et intendant. In quoru omnium premissorum testimonium, presentes litteras fie jussimus et sigillo nostri cameriatus officii sigillari, su anno Nativitatis Domini, millesimo trecentesimo qui quagesimo septimo, decima indictione, die undecin mensis januariii, pontifficatus sanctissimi in Christo p tris et domini nostri domini Innocentii, divina Dei grati pape sexti, anno quinto.

Inter venerabilem et religiosum virum dominum Pe

trum Ricavi, beate Marie de Doms Avinionensis prepositum seu ejus procuratorem agentem, ex parte una, et Johannem Clareti, Petrum Robati, Pontium Fulconis, Guillelmum Alberti, Nicholaum Mathi, magistrum Servianum Sicardi et Rostagnum Girardi, ab alia parte, defendentes super eo videlicet quod pars dicti domini prepositi dicebat et asserebat supradictos fecisse certa edificia propter que bedale Sorgie deffluens a portali Imberti Avinionensis ad molendina de Pertusio et de Briansono curari non poterat nec curum recipi de eodem in fronteriis suis, propter quod supranominati tenebantur suis propriis sumptibus et expensis, dictum bedale curare, quilibet videlicet fronteriam suam, prout et conventum est inter dictos dominum prepositum et alios supranominatos seu predecessores eorumdem, juxta contenta in quodam instrumento publico ibidem coram dicto domino commissario producto pro parte dicti domini prepositi, supranominatis Johanne Clareti, Petro Robati, Pontio Fulconis, Guillelmo Alberti, Nicholao Mathei, Germiano Sicardi et Rostagno Girardi, contrarium dicentibus et asserentibus se ad hoc non teneri nec fore obligatos. Tandem nonnullis terminis tenutis per partes predictas coram domino commissario antedicto et per ipsum auditis juribus et rationibus utriusque partis, reque inde per eumdem subjecta oculis, fuit per prefatum dominum commissarium presens dies que fuit prima dies mensis martii, anno domini millesimo trecentesimo quinquagesimo septimo indictione decima, pontifficatus sanctissimi in Christo patris et domini nostri domini Innocentii, divina providentia, pape sexti, anno quinto, et hora vesperorum, ad suam deffinitivam sententiam audiendam, pro termino assignata supranominatosque ad majorem cauthelam citari mandavit ad presentem diem et horam ad suam sententiam audiendam per Geraldum Maleti, domini nostri pape cursorem, ibidem presentem et se referentem citasse et personaliter invitasse magistrum Germianum Sicardi,

Rostagnum Girardi, Pontium Raubati, Pontium Fulconi et magistrum Bernardi de Serra, procuratorem alioru supranominatorum ad presentes diem et horam ad senter tiam diffinitivam dicti domini commissarii audiendam i presenti causa. Qua quidem relatione sic facta, ibider dominus commissarius tunc sedens pro tribunali ad rec dendam suam diffinitivam sententiam processit in modu qui sequitur :

Et nos commissarius antedictus sedens pro tribunal non plus dependens ad dexteram quam sinistram sed equ liberamente mestientes, Christi nomine invocato, dicer tes: In nomine Patris et Filii et Spiritus sancti. Amer Viso et examinato processu cause presentis, reque pe nos subjecta, occulis habita, quoque deliberata, cum juri expositione, cum, ex instrumento producto per dominu prepositum beate Marie de Doms seu ejus procuratoren coram nobis, constet eos qui hospitia seu possessione quaslibet habent juxta bedale Sorgie deffluentis a porta Imberti Avinionensis ad molendina de Pertusio et Briar sono, debere dare locum competentem pro curo dicti be dalis recipiendo, vel sumptibus suis debere facere cura dictum bedale et per subjectionem loci et bedalis predic occulis nostris et aliis ad sensum cujuslibet intuenti constet et clarum sit Johannem Clareti, Petrum Raubat Pontium Fulconis, Guillelmum Alberti, Nicholaum Ma thei et magistrum Germanium, Rostagnum Giraudi da non posse locum competentem pro curo dicti bedali eorum edificiis impedientibus, nec voluisse curare, lic sepius fuerint requisiti, idcirco, ex hiis et aliis justis ratic nibus que nos movent et movere debent..... cujuslib judicantis, pronunciamus et diffinivimus eos et eoru quemlibet, quatinus partem hospitio seu possession quam habent supradictum bedale tangit, curare debe dictum bedale suis propriis sumptibus et expensis a dare locum curo recipiendo ydoneum et competente precipientes eisdem et eorum cuilibet, ut, pro parte eju contingente, infra octo dies curaverit aut curo locum ydoneum recipiendo dederit, et hoc sub pena excommunicationis quam, ex nunc prout ex tunc, in non obedientes proferimus in his scriptis.

De quibus omnibus et singulis supradictus dominus commissarius mandavit dicto domino preposito ejusque procuratori petiit sibi fieri publicum instrumentum per me notarium publicum infrascriptum.

Lata, lecta et publicata fuit hec sententia Avinione, in palatio apostolico et in camera thesaurarie ejusdem, anno Domini millesimo trecentesimo quinquagesimo septimo, indictione decima, die vero prima mensis martii, pontifficatus domini nostri Innocentii pape sexti anno quinto, presentibus discretis viris Nicholao Grimaudi de Luca, campsore, Petro de Maseto, clerico, dyocesis Ruthenensis et Leone Mediicapitis, servientis armorum domini nostri pape.

Ego vero Johannes Juliani, clericus Clarimotensis diocesis, publicus apostolica et imperiali auctoritate notarius, etc.

(Original parchemin : Archiv. départ. de Vaucluse. Série GG. Fonds du chap. métropol. G. N° 8, fol° 71.)

XXXVI

Criée, du mandement du juge de la cour temporell[e] d'Avignon, prescrivant aux possesseurs de biens sur l[a] Sorgue, depuis la porte Imbert jusqu'aux moulins d[e] Pertuis et de Briançon, de la curer à leurs dépens.

(26 août 1370.)

In nomine Domini. Amen. Noverint universi et singul[i] presentes pariterque futuri quod, anno a Nativitate ejus dem domini millesimo tricentesimo septuagesimo, indic tione octava, et die lune que intitulata fuit vicesima sext[a] mensis augusti, pontifficatus sanctissimi in Christo patri et domini nostri domini Urbani, Dei providentia, pap[e] quinti, anno octavo, hora vero vesperorum dicti diei existens personaliter constitutus in curia temporali civi tatis Avinionensis pro domino nostro papa et coram bon[o] et circumspecto viro domino Bernardo de Vinea, in legi bus licentiato, locumtenente nobilis et boni et circums pecti viri domini domini Raymundi Clementis, militis e[t] legum doctoris, judice dicte curie temporalis ordinario prout de hujus locumtenentiae ipsius domini Bernard[i] constat instrumento publico sumpto et recepto manu..... sub anno et die in eodem contentis ipso siquidem domin[o] locumtenente in eadem curia temporali pro tribunali...... dixit venerabili et religioso viro domino Odoni Monetari beate Marie de Doms Avinionensis preposito et dixit a[c] eidem domino locumtenenti exposuit quod hactenus.... et a longis temporibus preteritis, consuetum fuit et es[t] ad instantiam dicti domini prepositi vel ejus procuratoris per civitatem Avinionensem mandari fietur preconizationem super aqua et bedali Sorgie, videlicet quod quecumque persona habens possessionem aliquam bedali Sorgie contiquam, a portali Hymberti usque ad molendina de Pertusio et de Briansono, curare debeat suam fronteriam infra certum tempus et sub certa pena per dictam curiam imponenda et facienda.

Et cum dicta Sorgia, de presenti, multum cura et purgatione indigeat, petiit et dictum dominum Bernardum locumtenentem supranominatum instanter requisivit, ejus benignum officium in premissis, ut decet, implorando, quathenus precipiat et in mandatum det preconi presentis curie publico, ut ipsam preconizationem faciat, prout hactenus fieri est consuetum. Et dictus dominus Bernardus de Vinea, locumtenens supranominatus, audita requisitione dicti domini Pontii procuratoris, nomine quo supra, sibi legitime esse et fuisse facta, et diligenter intellecta, visoque etiam quoddam publico instrumento facto, scripto, sumpto et recepto atque signato ut in eodem legitur, manu et signo discreti viri magistri Johannis, clerici de Ghiscella, Tornacensis diocesis, publici imperiali auctoritate notarii, sub anno Domini millesimo tricentesimo sexagesimo tertio et die vicesima mensis augusti quod incipit in secunda sui linea: « datione » et finit « in eadem hora » quod ita, ut requiritur, fuit ei est fieri consuetum, exhibito ipso domino locumtenenti per prelibatum dominum Pontium, quo supra nomine, et ostenso instrumento de quo super habetur mentio, precepit et in mandatum dedit Albertino Raynaudi, preconi dicte temporalis curie publico, quatenus preconiset per civitatem Avinionensem ad locum et loca in premissis notata, ut quecumque persona, cujuscumque status seu conditionis existat, habens possessionem aliquam a portali Ymberti usque ad molendina de Pertusio et de Briensone contiguam, bedale Sorgie curet et curare debeat suam fronteriam, suis propriis sumptibus et expensis, aut locum det et dare debeat curo bonum et sufficientem, hinc ad decem dies proximos e immediate sequentes, et hoc sub pena, et nomine pene decem solidorum monete Avinione currentis predict jamdicte temporalis curie aplicandorum, precipiendo mich Aubrico Odineti, publico apostolica et imperiali auctoritate notario infrascripto et dicte temporalis curie vices criba, quatenus, ad perpetuam rei memoriam, hujusmod preconizationem et mandatum, in libro sive cartularic preconizationum presentis curie scribam.

Subsequenter anno, indictione et pontificatu quibus supra et die martis que intitulata fuit vicesima septim mensis augusti, hora vero tertiarum dicti diei, existens e personaliter constitutus predictus Albertinus Raynaud dicte temporalis curie preco publicus juratus in dicta temporali curia et coram prenominato domino Bernardo de Vinea locumtenente predescripto, ipso siquidem domino locum tenenti in eadem temporali curia ad jura reddendum more majorum, in figura judicii et loco suo solito pr tribunali retulit juramento dicto domino locumtenenti s preconisasse et preconisationem fecisse suas preceptun et mandatum exequendo per civitatem Avinionensem e loca in eadem consueta, alta voce et sono tube, ut mori est, procendendi in pluribus et diversis locis ubi ipse rivu Sorgie currit, quod quecumque persona cujuscumqu vel conditionis existat, habens possessionem aliquam d portali Hymberti usque ad molendina de Pertusio et d Briansone contiguam bedali Sorgie curet et curare debea suam fronteriam, suis propriis sumptibus et expensi aut locum det et dare debeat curo bonum et sufficienten hinc ad decem dies proximos et immediate sequentes e hoc sub pena decem solidorum predicte curie applicandorum et alias in omnibus et per omnia ab ipso domin locumtenente habuerat et receperat in mandato.

Qua quidem relatione sic, prout premittitur, per dic tum preconem facta prelibato domino locumtenenti, i dicta temporali curia et coram ipso domino Bernardo locumtenenti predicto comparuit prenominatus dominus Pontius, procuratorio nomine quo supra, ipso siquidem in ipsa curia pro tribunali sedente et petiit, ad perpetuam rei memoriam et ut procurator, futuris laboribus et expensis sibi, dicto nomine, de premissis omnibus et singulis per me jamdictum notarium fieri publicum instrumentum et in premissis omnibus et singulis, tanquam rite, juste et legitime factis, suam dicti locumtenentis et dicte curie Avinionensis auctoritatem judiciariam pariter et decretum. Et dictus dominus Bernardus, locumtenens supradictus, auditis et intellectis per dictum dominum Pontium procuratorem, nomine quo supra, petitis et requisitis, ipsis, tanquam juri et ratione consonis annnuente, precepit michi notario supra et infrascripto quatenus de premissis omnibus et singulis instrumentum publicum conficiam et in formam publicam redigam et hujusmodi instrumento publico in formam publicam redacto, prefato domino preposito dictum instrumentum tradem et deliberem, satisfacto michi de laboribus condecenter et in premissis omnibus et singulis, prout describitur, factis et gestis, suam et dicte temporalis curie auctoritatem judiciariam interposuit pariter et decretum, ipsaque omnia et singula prelibata, tanquam rite, juste et legitime facta et gesta a parte publica in omnibus et per omnia approbando et confirmando.

De quibus omnibus et singulis prefatus dominus Pontius, procurator, nomine quo supra, petiit sibi et dictus dominus locumtenens concessit et fieri voluit per me Aubricum Odineti, notarium jamdictum publicum, instrumentum et instrumenta, ad dictamen et consilium cujuslibet sapientis facti, tamen substantia non mutata.

Acta fuerunt hec in curia predicta, ipso domino locumtenente pro tribunali sedente, anno et die quibus supra, presentibus discretis viris magistro Stephano Pope et Guillelmo Episcopi, notariis publicis et pluribus aliis ibidem presentibus, testibus ad premissa vocatis specialiter et rogatis.

Et me Aubrico Odineti de Hanonvilla, Tullensi dyocesis, publico apostolica et imperiali auctoritate notario, etc.

(Original parchemin. Archiv. départ. de Vaucluse. G. Fonds du chap. métropolitain. G. n° 8, fol° 55.)

XXXVII

Arrentement par Odo Monetarii, prévôt du chapitre métropolitain, du moulin de La Garrigue (de Garriga.)

(25 février 1373.)

In nomine Domini. Amen. Noverint universi et singuli presentes pariter et futuri hoc publicum instrumentum inspecturi, lecturi et audituri quod, anno a Nativitate Domini millesimo trecentesimo septuagesimo tertio, indictione sexta et die XXV mensis februarii, pontifficatus sanctissimi in Christo patris et domini nostri Clementis, divina providentia pape VII, anno V°, in mei notarii publici testiumque subscriptorum ad hec specialiter vocatorum et rogatorum presentia, personaliter constiutus venerabilis et religiosus vir dominus Odo Monetarii, ecclesie Avinionensis prepositus, non vi, dolo aut malitia, non cohactus, non deceptus nec circumventus, ut dicebat, sed gratis et sponte, ex ejus certa scientia et voluntate propria, pro utilitate et commodo sue prepositure, locavit seu conduxit et arrendavit sive ad firmam et annuam pensionem ad tempus infrascriptum et designatum dedit, tradidit et concessit discreto viro Giraudo Benedicti, mercatori et habitatori Avinionensi et Henrico Colardi, fornerio Virduniensis, diocesis Avinionensis, presentibus arrendantibus et recipientibus pro se et suis, quoddam ipsius prepositure molendinum situm super Sorgiam, in loco dicto de Garriga, territorii Avinionensis, cum omnibus juribus et pertinentiis ac emolumentis suis tenendum sub nomine arrendamenti, locati seu conducti per dictos firmarios, hinc videlicet ad quatuor annos, a die XV mensi martii proxime futuri incipiendo exinde continuos et sequentes, sub pensione et nomine pensionis hujus arrendamenti et conducti X saumatarum grossarum bladi dicto domino preposito et suis, quolibet dictorum quatuor annorum, ab eisdem arrendatoribus solvendorum in bono pane cocto sanoque et competenti pro usu hospitii dicti domini prepositi et ejus familie, recipiendo in hospitio dicti Henrici dedit, inquam, seu arrendavit idem dominus prepositus prefatis Giraudo et Henrico arrendatoribus, ut supra, et stipulantibus et recipientibus dictum molendinum tenendum, ut prefertur, cum pactis et conditionibus infrascriptis.

Et primo fuit actum, dictum, conventum et concordatum et in pacto hujusmodi contractus, inter dictas partes sollempniter deductum, quod dicti arrendatores dictam pensionem X saumatarum bladi in pane cocto, bono, sano et apto, ut prefertur, pro usu hospitii et familie dicti domini prepositi, qualibet dictorum quatuor annorum solvent, inter festum Pasce et Penthecostes, de die in diem sicut comedetur usque ad complementum dicte pensionis.

Item actum, dictum, conventum et concordatum fuit et in pactis hujusmodi inter easdem partes sollempniter deductum quod ipsi arrendatores recipient ustensilia dicti molendini ad estimam duorum proborum virorum ab eisdem partibus communiter eligendorum, eaque reddent ad extimam, finito tempore dicti arrendamenti faciendam. Quod si forte plus valuerint vel fuerint extimata, finito dicto tempore hujus arrendamenti quam in principio ipsius, dictus dominus prepositus tenebitur dictis arrendatoribus, de majori valentia. Si vero minus, dicti arrendatores tenebuntur, e converso, eidem domino preposito illam minorem valentiam suplere ac reddere et solvere tenebuntur juxta ratione dictarum extimarum.

Item est actum, dictum, conventum et concordatum et in pactis hujusmodi sollempniter concordatum inter e per ipsas partes et expresse deductum, quod dicti arrendatores dimittere tenebuntur et dimittent dictum molendinum, in fine dicti arrendamenti, bene molens et competentibus suis ustensilibus necessariis extimendis munitum.

Item est etiam dictum, conventum et concordatum et in pactis hujusmodi solempniter et expresse deductum, inter et per partes predictas, quod ipsi arrendatores tenebuntur facere et facient fieri, durantibus dictis quatuor annis, omnes et singulas curatas generales et speciales dicto molendino necessarias, eorum expensis et contribuere in expensis que fient pro reparationibus bedalis Sorgie, ut est pro dicto molendino hactenus fieri consuetum et facere venire aquam eis pro dicto molendino necessariam, et hoc, eorum propriis sumptibus et expensis et contribuere in expensis que fient pro reparationibus bedalis Sorgie, ut est pro dicto molendino hactenus fieri consuetum et facere venire aquam eis pro dicto molendino necessariam et hoc eorum propriis sumptibus et expensis.

Item est actum, dictum, conventum et concordatum et inter et per partes predictas in pactis hujusmodi contractus sollempniter deductum, quod ipsi arrendatores tenebunt dictum molendinum ad quadragesimam partem molture scilicet quod de XI saumatis bladi quas molent in dicto molendino, recipient unam saumatam tantum pro moltura et similiter ascendendo vel descendendo, semper quadragesimam partem recipient pro moltura, prout est et fuit semper, in eodem molendino, fieri consuetum.

Item est etiam dictum, actum, conventum et concordatum et in pactum hujusmodi contractus solempniter et expresse, inter et per dictas partes, deductum et declaratum, quod si contingeret, quod absit, dictum molendinum vacare vel cessare, aliquo tempore, durantibus dictis quatuor annis, propter guerram vel societates armorum, tenebitur dictus dominus prepositus dictum molendinum dimittere et dimittet, finitis dictis quatuor annis, tenendi tantum quantum vacaverit vel cessaverit pro et ex causa predicta, nec ipse dominus prepositus tenebitur eisdem arrendatoribus de et pro quisbuscumque aliis casibus fortuitis vel quibusvis aliis, nisi forte aqua eis esset per molentiam et non alias ablata, taliter quod dictum molendinum molere non posset. Quo casu, etiam ipse dominus prepositus teneretur dimittere eisdem arrendatoribus, dictum molendinum ut, in causa proxime precedente dictum est tenendum.

Et hiis premissis mediantibus omnibus et singulis, dicti arrendatores et sui totum emolumentum molture dicti molendini seu in eo proventum percipient, habebunt et levabunt, durantibus dictis quatuor annis.

Et si forte plus valet seu valuerit, pretio seu pensione superius expressatis, dictum emolumentum, totum illud plus valens quodcumque seu quacumque sit vel fuerit, eisdem arrendatoribus, ut supra stipulantibus, donavit, cessit, quitavit et perpetuo concessit idem dominus prepositus, donatione pura, simplici et perfecta, perpetuo valitura, que dicitur et sit inter vivos. ....

....

Acta fuerunt hec et recitata in magnis terrassiis superioribus claustri dicte ecclesie Avinionensis, anno, indictione et pontificatu quibus supra, presentibus venerabilibus et discretis viris domino Betrando Monetarii, priore de Bessa ac Petro Dalmatii, clerico Aniciensis dyocesis, testibus supradictio ad hec vocatis specialiter et rogatis.

Ego Johannes Surrelli de sancto Juliano de Saltu, clericus, Senoniensis dyocesis, publicus apostolica et imperiali auctoritatibus notarius, etc.

(Original parchemin. Archives départ. de Vaucluse, Série G. Fonds du chap. métropolitain, G 33, Molendina et Sorgia Castrinovi, fol° 5.)

XXXVIII

Promesse par Jean Mathieu, meunier du moulin de Gromelle (de Gromella), *à Odo Monetarii, prévôt du chapitre métropolitain, de contribuer aux frais du curage de la Sorgue.*

(8 février 1375.)

In nomine Domini. Amen. Noverint universi quod, anno Domini millesimo trecentesimo septuagesimo quinto, die octava mensis februarii, indictione XIII[a], pontifficatus sanctissimi in Christo patris et domini nostri domini Gregorii, divina providentia, pape XI°, anno quinto, in mei notarii et testium subscriptorum ad hec specialiter vocatorum et rogatorum presentia, constitutus Johannes Mathei, monerius molendini de Gromella, situm in territorio sancti Saturnini, diocesis Avenionensis, videlicet supra flumen seu bedale Sorgie que fluit apud civitatem Avinionensem recognovit et confessus est gratis et sponte se debere solvere venerabili et religioso viro domino Odoni Monetarii, preposito ecclesie Avinionensi, partem contingentem dicti molendini seu dominos ipsius videlicet curatorum, prout quondam factarum seu quas fieri fecerat anno domini millesimo trecentesimo sexagesimo quarto, proxime elapso .... ut moris est. Promittens eidem domino preposito presenti stipulanti. ... ut supra solvere, pro dictis curatis, quolibet mense..... auri in deductionem partis seu summe in qua idem monerius tenetur eidem domino preposito et pro parte contingente dictum molendinum quousque fuerit eidem domino preposito satisfactum ex parte predicta. Prima solutione facienda, in principio mensis martii proxime intrantis et similiter, qualibet mense quousque sit plenum satisfactum eidem domino preposito de premissis curatis, ut dictum est. Itaque premissa omnia et singula promisit, bona fide, dictus monerius, sub obligatione omnium et singulorum bonorum suorum mobilium et immobilium, presentium et futurorum quorumcumque. Renuncians, in hoc facto, omnibus exceptionibus juris et facto per que idem monerius contra premissa faciendo vel veniendo se deffendendo..... complere ac inviolabile observare, contraque non facere vel venire, per se vel alium seu alias, sub obligatione predicta, ad sancta Dei euvangelia juravit idem monerius, tactis scripturis sacrosanctis.

De quibus idem dominus prepositus petiit sibi fieri publicum instrumentum per me notarium publicum infrascriptum.

Acta fuerunt hec in claustro ecclesie Avinionensis, presentibus nobilibus et religiosis viris domino Johanne Burgondionis, milite et..... de Thoro, domicello ac Guillelmo Bruni, canonico sancti Ruffi prope Valentiam et priore prioratus sancti Martini Viennensis, testibus ad premissa vocatis specialiter et rogatis. Et ego Johannes Surelli.....

(Orig. parchemin. Archives départ. de Vaucluse. G. Fonds du Chapitre métropolitain. G. Sorgue, tom. I, fol° 181.)

XXXIX

Restitution par Odo Monetarii à Pierre Moreti et à Pons Fornerii, meuniers de La Tour (de Turre) *au Pont de Sorgue de l'anille dudit moulin à condition qu'ils reconnaîtront les droits du chapitre.*

(10 août 1379.)

In nomine Domini. Amen. Anno a Nativitate ejusdem millesimo trecentesimo septuagesimo nono, indictione secunda, die decima mensis augusti, pontificatus sanctissimi in Christo patris et domini nostri domini Clementis, divina providentia, pape septimi, anno primo. Noverint universi et singuli presentes pariter et futuri quam cum venerabilis et circumspectus vir ac religiosus dominus Odo Monetarii, prepositus ecclesie Avinionensis, pignorari fecisset ac recipi nadilham molendini de Turre, siti prope Pontem Sorgie, Avinionensis diocesis, ratione et causa curate et curatarum ac aliarum expensarum in bedali Sorgie deffluenti et labenti a loco de La Talhada per dictum bedale, usque ad molendina de Vedena, factarum mandato dicti domini prepositi et per quod aqua venit ad dictum molendinum et ad alia molendina Pontis Sorgie, pro eorum parte et, ut est fieri consuetum, per dictum prepositum et suos predecessores, prout ipse dominus prepositus et infrascripte partes verum esse asserebant.
Hinc est quod, die presenti, in presentia mei notarii publici et testium infrascriptorum ad hec specialiter vocatorum et rogatorum, constituti discreti viri Petrus Moreti, argentarius, habitator Avinionensis, condominus dicti

molendini de Turre et Pontius Fornerii, molendinarius ejusdem, ex parte una et dictus dominus prepositus, ex parte alia. Idem dominus prepositus, instantibus et requirentibus nonnullis amicis dicti Petri Moreti, tradidit et realiter restituit eisdem Petro Moreti et Pontio Fornerii, molendinario dicti molendini predictam nadilham supradicti molendini, sub tali pacto et conditione, videlicet quod omne bladum, emolumenta et lucrum que pervenient ex dicto molendino, ponent et recoligent ac tenebunt sub manu predicti domini prepositi et, eo casu quo alias non fuerit concordatum inter ipsos dominum prepositum et Petrum ac alios dominos ejusdem molendini, hinc ad diem dominicam proximam venturam, promiserunt et convenerunt dicti Petrus Moreti et Pontius Fornerii, condominus et molendinarius predicti dictam nadilham superius per dictum dominum prepositum traditam et restitutam, ut premittitur, molendini in manibus dicti domini reportari et in statu in quo erat ante traditionem et restitutionem predictam. Et promiserunt ita et quilibet ipsorum promisit ac super sancta Dei euvangelia, per ipsos et quemlibet ipsorum tactis scripturis sacrosanctis, juraverunt, sub cujus juramenti virtute, renunciaverunt, in premissis, omnibus et singulis juribus, actionibus, rationibus et cautellis que contra venire possent aut se ipsos aliquo deffendere vel tueri, obligando se ipsos ac omnia et singula eorum bona presentia et futura pro premissis tenendis et observandis, omnibus et singulis curiis tam ecclesiasticis quam secularibus, in qua seu quibus hoc presens et publicum instrumentum ostendi contingerit, seu etiam produci cum omni juris et facti renunciatione ad hec necessaria pariter et cautella.

De quibus omnibus et singulis supradictis dictus dominus prepositus petiit sibi fieri publicum instrumentum per me notarium publicum infrascriptum.

Acta fuerunt hec Avenione, in domo preposititure prefati domini prepositi, presentibus providis et discretis viris magistro Johanne de Ponte, in romana curia procuratore, Guillelmo Meleti et Gaufrido de Peyano de Blaudiaco, Carpentoractensis diocesis, testibus ad premissa vocatis specialiter et rogatis.

Et ego Poncius de Ponte, clericus Laudinensis apostolica et imperiali auctoritate curieque apostolice domini nostri pape notarius qui.....

(Original parchemin Archiv. départ. de Vaucluse. G. Fonds du chap. métropolitain. N° 8, fol° 83.)

XL

Lettres exécutoriales données par le doyen du chapitre de St-Pierre, commissaire apostolique, pour contraindre les particuliers refusant de contribuer au curage de la Sorgue, avec l'état des moulins et le taux des redevances.

(19 août 1391.)

Bertrandus de Gaviarengis, decanus ecclesie sancti Petri Avinionensis, commissarius ad infrascripta a reverendissimo in Christo patre et domino domino Francisco, miseratione divina, archiepiscopo Tholosano, domini nostri pape camerario, specialiter deputatus, universis et singulis ecclesiarum rectoribus, prioribus, vicariis et capellanis, curatis et non curatis, notariisque seu tabellionibus publicis per civitates diocesum Avenionensis, Carpentoractensis et Cavellicensis ubilibet constitutis et eorum cuilibet, seu locatenentibus eorumdem ad quem seu quos nostre presentes littere pervenerint, salutem in Domino et nostris presentibus ymo dicti domini camerarii firmiter obedire mandatis.

Noveritis nos quamdam ipsius domini camerarii commissionem, sive supplicationis cedulam nos recepisse reverenter, prout decet, cujus tenor de verbo ad verbum sequitur et est talis :

Reverendissime pater, Cum bedale Sorgie fluentis per loca sancti Saturnini, Vedene ac Pontis Sorgie et civitatem Avinionensem et territoria eorumdem indigeat, de presenti, multis reparationibus, purgationibus et curatis necnon faciendis et indita sit talhia de quadraginta florenis auri currentis, pro quolibet trium locorum, scilicet sancti Saturnini et Vedene, pro uno, et Pontis Sorgie et de Gentilino pro alio, et Avinionis, pro tertio et sunt nonnulli domini molendinorum et candorum dictorum locorum rebelles, qui tenentur contribuere, pro parte ipsos contingente, solvere non curantes, dignetur Vestra Paternitas committere et mandare domino decano ecclesie sancti Petri Avinionensis quatinus omnes illos et singulos qui in premissis tenentur contribuere compellat, auctoritate vestra et compelli faciat per executionis sententiam et aliam quamlibet ecclesiasticam censuram ac pignorationem et distractionem pignorum et bonorum suorum et alia juris remedia, ad solvendum dictam talhiam, non obstante quam ipsorum aliqui sint de Comitatu Venaissino et aliqui familiares domini nostri pape et dominorum cardinalium.

Erant autem in eadem commissione seu supplicationis cedula, de manu propria dicti domini camerarii, ut prima facie apparebat, ista verba :

Faciat ipse decanus sancti Petri ut supplicatur. Camerarius.

Cum postmodum dicta talhia sit et fuerit debita modificatione, ad quadraginta florenos auri pro quolibet dictorum trium locorum reducta, pro parte nonnullorum dominorum dictorum molendinorum supradictorum fuimus instanter requisiti quatenus ad executionem nostre predicte commissionis et mandati dicti domini camerarii procedere curaremus, quare nos, virtute hujusmodi commissionis nostre....... vestrum cuilibet qui super hoc fueritis requisiti, in virtute sancte obedientie et sub pena excommunicationis, quam in vos et vestrum quemlibet ferre curabimus nisi feceritis quod mandamus, precipimus quatinus moneatis semel, secundo, tertio, canonice et peremptorie, omnes et singulos molendinorum batitorum seu candorum dicte Sorgie dominos et possessores quod, tenore presentium monemus, premisso modo, quatinus, infra quatuor dies, post hujusmodi monitionem eis, per vos factam seu intimatam, immediate..... eis et eorum cuilibet pro termino peremptorio et omnibus dilationibus, tenore presentium assignamus, solvant et realiter tradant provido et dicreto viro domino Francisco Vincenti presbitero, de Montiliis, Carpentoractensis diocesis, habitatori Avinionensi, ad hoc specialiter deputato, pecuniarum quantitates et summas eis et eorum cuilibet impositas et, ut infra continetur, dandas, ratione dicte talhie et, pro causis premissis ordinatas, per ipsum dominum Franciscum exponendas in et pro operibus necessariis dicte Sorgie et de quibus ipse tenebitur facere et reddere rationem et computum, sicut est fieri consuetum, et hoc sub pena excommunicationis, quam in eos et quemlibet ipsorum, ex nunc prout ex tunc, dicta monitione premissa, ferimus in hiis scriptis si vestris predictis monitionibus et mandatis parere contempserit, nisi tamen causam justam et rationabilem allegare voluerint, quare hoc facere minime teneantur, ad quam allegandam, proponendam et prosequendam compareant in judicio coram nobis, Avinione, in domo habitationis nostre, hora vesperorum, die quarta post dictam monitionem eis factam de qua et aliis que, in premissis duxerint exequendum, debite nos certificare curetis, remissis presentibus ipsarum latori fideliter exercentur.

Datum Avinione, sub nostro proprio impendenti sigillo, die XIX mensis augusti, anno a Nativitate Domini millesimo trecentesimo nonagesimo primo.

Nomina vero dictorum dominorum et pareriorum monendorum et pecuniarum quantitates et summe ac divisiones dicte talhie de quibus supra fit mentio sunt hec :

De Avinione VIII florenos currentes, inclusis expensis de quibus solvere debent illi qui secuntur ·

Et primo dominus prepositus Avinionensis pro molendino de Garriga, Henricus Colardi furnerius debet solvere pro eo, VI florenos.

Item domus realis panerii, ad sex florenos auri.

De quibus prefatus dominus prepositus pro una rota, debent solvere, pro eo Johannes de Genevo et Giraldus Joliveti, monerii, III florenos.

Item idem pro tertia parte rote dicti molendini, I florenum.

Item Bertrandus Laurentii a tertia parte dicte rote, I florenum.

Item Rostagnus de..... pro alia parte ejusdem rote, I florenum.

Domus candorum de..... sex florenos auri.

De quibus Bertrandus..... pro uno quartono cum dimidio debet II florenos.

Petrus Siffredus et..... Lartesuich pro uno alio quartono cum dimidio, debent II florenos.

Baudetus et Johannes..... Sadone, fratres, pro uno alio quartono debent I florenum.

Domus Villenove ad..... florenos auri.

De quibus dominus prepositus debet, pro una medietate, et Hugo de Sadone pro alia medietate, pro istis solvere debent relicta Johannis Robelini VI florenos.

Domus de Spica ad sex florenos auri quos solvere debet dictus dominus prepositus.

Domus Briensonis ad sex florenos auri.

De quibus dictus dominus prepositus debet pro medietate ipsius Petri Burgondionis, furnerii domini pape, solvere debent III florenos auri.

Item uxor et filia quondam domini Bernardi Rascatii debent, pro uno quartono, I florenum undecim solidos.

Et Hugo Raysaudi, pro alio quartono, debet I florenum et duodecim solidos.

Domus de Pertusio ad sex florenos auri.

De quibus dictus dominus prepositus debet, pro medietate ipsius, vel arrendator, III florenos auri.

Item Jacobus Rebolli, pro filia sua, debet, pro uno quartono, I florenum, duodecim solidos.

Item Pontius de Mazano debet pro alio quartono I floreno undecim solidos.

Illi de Ponte Sorgie et de Gentilino debent quadraginta duos florenos auri, inclusis expensis.

De quibus Bertrandus de Falcayrassio, castellanus Pontis Sorgie debet pro duabus rotis, XVI florenos, XIX solidos, duos denarios.

Dominus prior de Gentilino debet pro aliis duabus rotis, XVI florenos, XIX solidos, duos denarios.

Magister Jacobus Grassi, habitator Castrinovi debet, pro una rota, VIII florenos, IX solidos, VII denarios.

Illi de sancto Saturnino et de Vedena ad quadraginta duos florenos auri currentes, inclusis expensis.

De quibus Raymundus Burgondionis, pro duabus rotis molendini de Gromella, X florenos, duodecim solidos.

Item batitoria Petri Josant, pro duabus rotis, X florenos, duodecim solidos.

De quibus Garinotus et Guillelmus de Apcherio debent, pro uno quartono IX florenos, III solidos.

Item heredes Pauli Sicardi, pro uno alio quartono, debet IX, III solidos.

Item Guillelmus Johannis, pro uno alio quartono, debet IX, III solidos.

Item Pontius Feraudi et Hugo de Sadone debent pro uno alio quartono IX, III solidos.

Item Bernaudus Besse, pro una rota, debet V florenos, VI solidos.

Item domus molendini de Turre, pro una rota, V florenos, VI solidos quos solvere debet Guillelmus Calvi, mercator.

Item batitorii subtus pontem Vedene, pro duabus rotis ad X florenos, XII solidos.

De quibus Raymundus Soquerii debet pro duabus quartonibus, V florenos, VI solidos.

Item heredis Pauli Sicardi, pro medio quartono, debet XXXI solidos, VI denarios.

Item Rostagnus de Tharascone, pro alio medio quartono, debet XXXI solidos, VI denarios.

Item Jacobus Trasfortis, pro alio medio quartono, debet XXXI solidos, VI denarios.

Item Hugo de Sadone pro alio medio quartono debet XXX solidos, VI denarios.

(Original parchemin : Archiv. départément. de Vaucluse G. Fonds du Chap. métropol., G. 8, fol° 66.)

XLI

Concession par Pons de Sade, prévôt du chapitre métropolitain et par son mandataire à Ciprien Salvi, d'une prise d'eau sur la Sorgue, lieu dit à Vieneuve (Vianova), *pour arroser sa terre.*

(15 février 1446.)

In nomine Domini. Amen. Anno a Nativitate ejusdem millesimo quadringentesimo quadragesimo sexto, indictione nona, cum eodem anno sumpta et die decima quinta mensis februarii, pontificatus sanctissimi in Christo patris et domini domini Eugenii, divina providentia, pape quarti, anno quinto decimo. Noverint universi et singuli presentes pariter et futuri quod, in mei notarii publici et testium infrascriptorum, ad hec specialiter vocatorum et rogatorum presentia, existens et personaliter constitutus nobilis vir Cyprianus Salvi, mercator, civis et habitator Avinionis, de Florentia, gratis, bona fide et ex ejus certa scientia et spontanea voluntate, sineque vi, metu, dolo et fraude aliqua, per se et suos heredes et, in posterum, successores quoscumque, confessus fuit ac palam et publice recognovit reverendo patri et domini Pontio de Sadone, preposito ecclesie Avinionensis, decretorum doctori, licet absenti, nobili viro Georgio Sarrati, seniore, cive et habitatore Avinionensi, ejus procuratore et me notario publico infrascripto út communi et publica persona presentibus et, pro dicto domino preposito ejusque prepositure et successoribus suis in eadem, stipulantibus solemniter et recipientibus de eidem debere et, annis singulis et perpetuo, solvere teneri, pro pensione annua et perpetua seu redditu annuo, in festo beate Marie medii augusti, videlicet quatuor solidos turonenses parvorum turonensium antiquorum de Turone et hoc pro quadam prisia seu receptione aque in bedali Sorgie et quam prisiam aque, dictus Georgius Syrati, procuratorio nomine predicto eidem Cypriano, sub eadem predicta pensione annua quatuor solidorum turonensium, tradidit pro usu suo tantum ad rigandum quoddam suum pratum decem eminatarum prati vel circa, situm in territorio Avinionensi, loco dicto in clauso Vienove, confrontatum, ut dicitur, ab una parte, videlicet ab Oriente, cum traversia Vienove et terra heredum de Brisijon, a Borea, cum levata ripayrie Sorgie predicte seu dicto bedali, ab Occidente, cum vinea heredum Naudoni, speciatoris et a Meridie, cum prato quod fuit Petri Ruffi et cum suis aliis confrontationibus et designationibus, si que sint seu reperiantur istis veriores confrontationes. Quod quidem pratum preconfrontatum tenetur, ut dicitur, sub dominic directo et majoribus senhoriis videlicet in et super quatuor eminatis dicti prati venerabilis et religiosi viri domini Johannis Maurigii, decani administrantis ecclesie Avinionensis et sui decanatus et sub censu decem solidorum turonensium parvorum antiquorum de Turone et super aliis sex eminatis restantibus dicti prati venerabilium virorum dominorum decani, canonicorum et capituli ecclesie collegiate sancti Petri Avinionensis et sub censu annuo triginta octo solidorum similium predictorum annuatim solvendorum, in festo beate Marie medii mensis augusti.

Tradidit autem dictus procurator dictam prisiam seu aque receptionem dicti bedalis pro dicto usu suo videlicet: a singulis diebus sabbati, post vesperos, usque ad diem dominicam sequentem, post vesperos, solum et duntaxat, sine tamen ullo prejudicio atque dampno seu disturbio molendinorum dicte prepositure ac ipsius ripparie Sorgie,

Et fuit de pacto expresso inter eosdem procuratorem et Cyprianum, solemni et valida stipulatione vallato et firmato, quod ipse Cyprianus teneatur et debeat facere intratam prati sui, per quam recipiet dictam aquam in predicto bedali Sorgie, de lapide et taliter dictum passagium aque adaptare ut aqua dicti bedalis, de parte sui prati jamdicti, labere non possit, nec etiam ipse Cyprianus recipere nisi solum et duntaxat pro usu sui dicti prati et pro sua necessitate, diebus quibus supra ac sine impedimento ipsius ripparie Sorgie et molendinorum, ut premissum est.

Promisit idem procurator dicto Cypriano ibidem presenti et, ut supra, stipulanti et recipienti, dictam presiam seu aque receptionem, modo quo supra facere, habere et tenere perpetuo, sine aliqua contradictione et viceversa, dictus Cyprianus per se et suos predictos, promisit et convenit expresse eidem procuratori, stipulatione qua interveniente, annis singulis et perpetuo, in dicto termino, dictam pensionem annuam eidem domino preposito seu ejus procuratori solvere et realiter expedire sine ulla contradictione.

Promiserunt dicte partes contrahentes, stipulationibus predictis, huic inde intervenientibus, contra premissa omnia et singula et in presenti publico instrumento contenta et descripta minime facere, dicere nec venire, de jure nec de facto, per se vel alium seu alios, aliqua ratione vel causa excogitata vel, in posterum, excogitanda nec se aliquid dixisse nec fecisse in preteritum, dicere, seu facere in futurum quominus omnia universa et singula, in presenti publico instrumento contenta, minorem obtineant seu obtinere debeant perpetui roboris firmitatem ....

Acta fuerunt hec Avinione in apotheca discreti viri magistri Johannis de Cruce, civis Avinionensis, notarii publici, juxta ecclesiam collegiatam sancti Petri Avinionensis, presentibus ibidem discretis viris magistro Guidone Goy, clerico, Vapincensis, notario publico et Giraudino Gaviherii etiam clerico, habitatoribus Avinionensibus, testibus ad premissa vocatis specialiter et rogatis.

Et me Johanne Guichardi, clerico, Lugdunensis diocesis, habitatore Avinionensi, publico auctoritate imperiali notario.

(Original parchemin. Archiv. départem. de Vaucluse. G. Fonds du chap. métropolitain, G. 8, fol° 59.)

XLII

Concession par Pons de Sade, évêque de Vaison et prévôt du chapitre métropolitain à Neri Aymoreti d'un espacier sur la Sorgue, lieu dit à Vie neuve (Via nova) *pour arroser une terre.*

(22 octobre 1468.)

In nomine Domini. Amen. Universis et singulis presentibus et futuris presentis publici instrumenti seriem visuris, lecturis seu etiam audituris patefiat quod, anno a Nativitate ejusdem domini millesimo quadringintesimo sexagesimo octavo, indictione prima, cum eodem anno, more romane curie sumpto, die vero vicesima secunda mensis octobris, pontifficatus sanctissimi in Christo patris et domini nostri domini Pauli, divina providentia pape secundi, anno quinto, in mei notarii publici ac testium infrascriptorum ad hec specialiter vocatorum et rogatorum presentia, personaliter constitutus honorabilis vir Nerius de Aymoretis, campsor, civis et habitator Avinionensis, bona fide, gratis et sponte, sineque dolo, fraude extorsione, metu vel errore, per se et suos heredes ac in posterum successores quoscumque, promisit reverendissimo patri domino Pontio, Vasionensi episcopo ac ecclesie Avinionensis preposito ibidem presenti, stipulanti et recipienti pro se et suis in dicta prepositura in posterum successoribus univeris, annis singulis, et perpetuo solvere, per modum pensionis annue, in festo beate Marie medii augusti, sex solidos turonentium parvorum, pro usu aque Sorgie decurrentis per bedale pro rigando quoddam suum pratum situm in territorio Avinionensi loco dicto in clauso appellato Vie novo, confrontantem ab una parte..... et cum aliis confrontationibus, si que sint, predictis veriores et hoc cum pactis sequentibus :

Primo enim fuit actum quod dictus Nerius teneat et habeat spasserium per quod possit habere et habeat usum dicte aque ad dictum pratum rigandum, precario nomine, a dicto domino preposito taliter quod idem dominus prepositus possit dictum spasserium revocare totiens quotiens hujusmodi pacta non observarentur per dictum Nerium aut alias dicta spasseria cum usu dicte aque, esset dicto domino preposito nosciva et dampnosa molendinis ejusdem domini prepositi.

Item fuit actum quod dictus Nerius possit recipere aquam per dicta spasseria ad rigandum dictum pratum, videlicet : a singulis diebus sabbati post vesperos usque ad diem dominicam sequentem post vesperos solum et duntaxat, absque tamen prejudicio sive disturbio molendinorum dicte prepositure et riparie ipsius Sorgie.

Item quod dictus Nerius teneatur facere dicta spasseria de lapidibus vel bonis fustibus, latitudinis unius palmi cum dimidio ad plus per que deffluet aqua ad rigandum dictum suum pratum et faciet dicta spasseria taliter aptari quod dicta aqua dicti bedalis, de parte sui prati, bene teneat nec alibi fluere possit et etiam ipse non possit recipere aquam nisi pro usu sui prati et pro sua necessitate, diebus superius declaratis, et sine impedimento ipsius Sorgie et molendinorum predictorum.

Item fuit actum quod si contingeret quod dictus Nerius reciperet aquam dicte Sorgie ad rigandum dictum pratum, aliis diebus et horis superius declaratis, eo casu, pro qualibet vice, solvere debeat dicto domino preposito, quatuor grossos, absque quacumque contradictione, et si recusaret dictos quatuor grossos solvere, eo casu, precarium sit revocatum et dictus dominus prepositus dicta spasseria possit demoliri facere, sua propria auctoritate et absque aliqua judiciali interpellatione.

Item fuit actum quod si dictus Nerius non posset gaudere dicta aqua, prout supra, diebus superius assignatis, eo casu remaneat quictus a solutio supradictorum sex grossorum, prout supra solvi promissorum.

Quas quidem promissiones, conventiones et pacta omnia queque alia universa et singula supra et infrascripta, prefate partes ut earum quamlibet tangit, promiserunt et convenerunt se semper ratas habere et gratas ac rata et grata, nihilque fecisse vel dixisse in preteritum, dicere quoque nec facere seu fieri procurare in futurum, propter quod seu quo premissorum ac infrascriptorum aliqua rescendi vel retractari possint seu alias quomodolibet annulari aut irrita pronunciari, majoremque in aliquo obtineant pretii roboris firmitatem nec sub refectione, restitutione, solutione et esmenda omnium universorum et singulorum dampnorum, gravaminum, disturbiorum, interesse et expensarum per dictas partes seu earum alteram aut suos predictos, culpa et deffectu alterius earumdem aut suorum predictorum, in judicio et extra faciendarum et substinendarum et quovis modo.

Et ita omnia et singula supradicta tenere intendere, complere et inviolabiliter observare.

Acta fuerunt hec Avinione, in aula superiori domus habitationis dicti domini prepositi, presentibus ibidem dominis Petro Boneti presbitero, de Avinione et Johanne de Verna, Pictaviensis diocesis, testibus ad premissa vocatis specialiter et rogatis.

Et honorabili viro magistro Jacobo Girard, Aniciensis diocesis, habitatori Avinionensi, publico apostolica et imperiali auctoritatibus notario qui etc.

(Original parchemin. Archiv. départ. de Vaucluse. G. Fonds du chapitre métropolitain G. 8, fol• 57.)

XLIII

Reconnaissance par noble Annette, femme de Claude de Galiens à Pons de Sade, évêque de Vaison et prévôt du chapitre métropolitain, d'un moulin dit du Prévôt, lieu dit à la Garrigue.

(20 septembre 1469)

In nomine Domini. Amen. Universis et singulis presentibus et futuris presentis publici instrumenti seriem visuris, lecturis seu etiam audituris patefiat quod, anno a Nativitate Domino millesimo quadringentesimo sexagesimo nono, indictione secunda, cum eodem anno, more romane curie sumpta, die vero vicesima mensis septembris, pontifficatus sanctissimi in Christo patris et domini nostri domini Pauli, divina providentia pape secundi, anno quinto, in mei notarii publici et testium infrascriptorum, ad hec specialiter vocatorum et rogatorum, presentia, personaliter constitutus nobilis domina Annetta, uxor nobilis Glaudii Galiani, habitatrix Avinionensis, cum licentia et auctoritate dicti Claudii Galiani, viri sui, ibidem presentis quo ad infrascripta dantis, prebentis et concedentis, bona fide, gratis et sponte, sineque dolo, fraude, exceptione, metu vel errore, per se et suos heredes ac in posterum successores quoscumque, confessa fuit ac in veritate palam et publice recognovit reverendo patri Pontio de Sadone, miseratione divina, episcopo Vasionensi ac preposito ecclesie Avinionensi ibidem presenti stipulanti solemniter et recipienti ac pro se et suis in dicta prepositura in posterum successoribus universis, se ipsam nobilem dominam Annetam per se et suos predictos, sub ejusdem domini prepositi directo dominio et majori senhoria, tenere et possidere debere et velle ac ad et in emphiteosim perpetuam, subque censu seu canone annuo et perpetuo infrascripto, videlicet quoddam molendinum vocatum « Domini prepositi » situm in territorio Avinionensi, in Garriga supra bedale Sorgie que decurritur de Vedena, tendens apud Avinionem, confrontatum; ab Oriente, cum dicto bedali Sorgie, ab Occidente, cum itinere de Carpentoracte unacum pratis, terris ad ipsum molendinum pertinentibus, aliisque suis juribus et pertinentiis universis. Pro quo quidem molendino servit servireque vult, debet, tenetur et promisit dicta domina Anneta recognoscens per se et suos predictos prenominato domino preposito, annis singulis, et perpetuo, in festo sancti Michaelis archangeli, octo saumatas grossas annone, mensure Avinione currentis. Quod quidem molendinum superius confrontatum et designatum prefata nobilis domina Anneta recognoscens per se et suos predictos, dicto preposito presenti, ut supra, promisit et convenit meliorare et non deteriorare, illudque minime vendere donare, legare, permutare, pignori obligare, nec alio quocumque alienationis titulo, alienare sive transportare in milites, clericos religiosos seu ecclesiasticos nec in aliquas quacumque personas, sive loca et domos earumdem a jure prohibitas et exceptas, ac prohibita et excepta.

Et ita omnia universa et singula supradicta tenere, attendere, complere et non contra venire prefata nobilis domina Anneta promisit et convenit ac ad et super sancta Dei euvangelia, scripturis per ipsam sponte corporaliter tactis sacrosanctis, juravit, sub expressa ypotheca et obligatione ac cum et sub omni juris et facti renunciatione ad hec necessaria pariter et cautela.

De quibus omnibus, universis et singulis supradictis prefatus reverendus pater dominus episcopus ac prepositus predictus petiit et requisivit sibi et in dicta prepositura successoribus fieri unum et plura publica instrumenta per me notarium publicum infrascriptum.

Acta fuerunt hec Avinione in plater palatii apostolici, presentibus ibidem honorabilibus viris de Bruno et Michaele Caudi, habitatoribus Avinionensibus, testibus ad premissa vocatis specialiter et rogatis.

Et honorabili viro magistro Francisco Bonis, habitatori Avinionensi, publico apostolica et imperiali auctoritatibus qui...

(Original parchemin. Archiv. départ. de Vaucluse. G. Fonds du chapitre métropolitain G. 8, fol° 89.)

XLIV

Vente par Étienne de Simiane, seigneur de Chateauneuf, aux consuls d'Avignon de l'eau du fuyant du moulin dudit lieu.

(3 juin 1477.)

In nomine Domini. Amen. Universis et singulis presentibus et futuris seriem et tenorem presentis publici instrumenti inspecturis, visuris, lecturis ac etiam audituris, patefiat quod, anno a Nativitate ejusdem Domini millesïma quadringentesimo septuagesimo septimo, indictione decimo, cum eodem anno, more romane curie sumpta, die vero vicesima tertia mensis junii pontificatus sanctissimi in Christo patris et domini nostri domini Sixti, divina providentia, pape quarti, anno sexto, coram reverendo in Christo patre et domino, domino Angelo de Geraldinis, Dei et apostolice sedis gratia, episcopo Suessano, reverendissimi in Christo patre et domini, domini Juliani, miseratione divina, tituli sancti Petri ad Vincula, sacrosancte romane ecclesie presbyteri cardinalis, in civitate Avinionensi et Comitatu Venayssini et illis adjacentibus, sancte romane ecclesie terris, pro sanctissimo domino nostro papa et eadem ecclesia, in spiritualibus et temporalibus, vicarii generalis, et dicti Comitatus Venayssini rectoris, locumtenente et pro eodem, gubernatore necnon nobili et potente viro Ludovico Perussii, locumtenente nobilis et potentis viri Joannis de Damianis, domicelli, condomini locorum Priasme et Montisalti, viguerii presentis civitatis Avenionensis, in palatio apostolico et galeriis ejusdem, super quodam scanno fusteo, quoad actum hujusmodi preside et pro tribunali sedentibus, in mei notarii publici et testium infrascriptorum, ad hæc specialiter vocatorum et rogaturum, presentia, personaliter constitutus magnificus et potens vir Stephanus de Simiana, dominus castri et baronie de Castronovo, Cavallicensis diocesis bona fide, gratis, sineque dolo, fraude, exceptione, metu vel errore, per se et suos heredes, et in posterum, successores quoscumque, vendidit et titulo pure, perfecte, rateque et irrevocabilis venditionis, cessit et perpetuo remisit nobilibus viris Petro de Sadone, Antonio Simone de Damianis, Petro Ambergue, consulibus et domino Accursio Guilhoti, in legibus licentiato, assessoris presentis civitatis Avenionensis, necnon dominis Antonio Hueti, Petro Rollandi, legum doctoribus, Rodulpho Perussii et Bartholomeo Laurentii, consiliariis ac civibus et habitatoribus Avinionensibus, et ad actus infrascriptos, per dictos dominos consules et consilium Avinionense deputatis, ibidem presentibus, ementibus et stipulantibus et recipientibus, nomine et vice totius universitatis et singularium personarum dicto civitatis Avinionensis, videlicet totam fugidam aque Sorgie sive aqueductum bedalis molendini dicti domini Castrinovi, siti in territorio dici loci Castrinovi, conducendam, perpetuis temporibus, per terram et jurisdictionem dicti domini ad territorium Avinionense et deinde ad hanc civitatem Avinionensem, per loca per dictos dominos consules seu deputatos predictos designanda et hoc, pro pretio inter dictas partes convento, centum septuaginta quinque florenorum, monete Avinione currentis quos centum septuaginta quinque florenos monete predicte, dictus nobilis Stephanus de Simiana per se et suos predictos, confessus fuit habuisse et realiter recepisse ab eisdem dominis consulibus presentibus et stipulantibus, ut supra, sic et taliter quod dictus nobilis Stephanus de Simiana, per se et suos predictos se tenuit et reputavit pro bene contento et satisfacto et dictos dominos consules et assessorem et deputatos ac universitatem predictam, stipulationibus predictis intervenientibus, suasque predictas de eisdem centum septuaginta quinque florenis quictavit, liberavit ac penitus et perpetuo absolvit, cum pacto expresso, valido et solemni, de aliquid ulterius de eisdem non petendo, in solidum nec in parte, exceptioni vero dictorum centum septuaginta quinque florenorum non habitorum, non receptorum ac sibi non traditorum et non numeratorum ac spei future habitionis, receptionis et numerationis eorumdem, errorique calculi ac cuilibet alteri exceptione et juri renunciavit in premissis et quolibet eorumdem.

Vendidit, inquam, ac cessit et perpetuo remisit dictus dominus de Castronovo per se et suos predictos, predictis dominis consulibus et deputatis predictis, presentibus, ementibus et stipulantibus, ut supra, dictam fugidam aque sive aqueductum predicti bedalis molendini cum pactis et conventionibus sequentibus :

Et primo, fuit de pacto inter dictas partes convento, solemni et valida stipulatione firmato, quod dicta universitas Avinionensis possit et debeat ac teneatur perpetuo recipere dictam fugidam aque Sorgie sive aqueductum bedalis predicti molendini, subtus molendinum ipsum in parte et loco quibus dicte universitati seu deputatis, per dominos consules ejusdem universitatis pro nunc aut pro tempore existentes videbitur, sine tamen prejudicio dicti molendini et impedimento cursus aque bedalis predicti molendini.

Item fuit de pacto inter dictas partes convento et concordato, solemni et valida stipulatione firmato quod si dicta universitas non haberet sufficientiam aque, in dicta fugida sive aqueductu, quod, eo casu, eidem universitati liceat et licitum sit recipere, in prisia aque bedalis dicti molendini, et in loco ubi recipit et recipere consuevit dictus dominus Castrinovi tantam aquam, que dicta universitas seu deputandis per eam sufficere videbitur et dictam prisiam ampliam et augmentare pro suo libito voluntatis quotiens voluerit, pro faciendo et habendo suum cursum per bedale predicti molendini ad territorium et civitatem presentem Avinionensem, insequendo formam conventorum et concordatorum per dictum dominum de Castronovo cum domino et hominibus loci de Thoro, sine etiam prejudicio dicti molendini et territorii dicti loci Castrinovi.

Item fuit de pacto inter dictas partes convento et concordato, solemni et valida stipulatione firmato quod, in casum in quem dictum molendinum predicti domini Castrinovi, pro tempore futuro, non moleret, eo casu, dicta universitas Avinionensis seu deputandi per eam, possint et valeant et eis licitum sit recipere aquam in abundantia et tantum quantum voluerint, sine prejudicio dicti molendini et territorii dicti loci Castrinovi, in prisia aque Sorgie dicti domini Castrinovi supradictum molendinum, in loco predicto, ubi eamdem aquam recipere consuevit et illam aquam facere transire et cursum suum habere per bedale molendini predicti bedalis ipsum ampliando et augmentando, prout eidem universitati seu deputandis per eam videbitur, et deinde ipsam aquam ponere in bedali per dictam universitatem Avinionensem tunc facto et nunc fiendo pro conducendo aquam ipsam Sorgie, prout premittitur, ad presentem civitatem Avinionensem.

Item fuit actum et in pactum deductum, inter dictas partes, solemni et valida stipulatione vallatum, quod, casu quo dicta aqua transiret seu cursum suum haberet per terras aliquorum particularium, in eum casum, dicta universitas teneatur et debeat, prout dicti domini consules et deputati predicti, nominibus quibus supra promiserunt cum eisdem particularibus de transitu dicte aque convenire et concordare.

Item fuit actum et in pactum deductum, inter dictas partes, solemni et valida stipulatione firmatum, quod, casu quo in dicta aqua et extra, durante territorio et jurisdictione ipsius domini Castrinovi, aliquo, pro tempore futuro, perpetraretur delicta, in eum casum cognitio et punitio illorum, tantum quantum se extendit jurisdictio dicti domini Castrinovi et ejus territorium ad ipsum dominum Castrinovi et suos pertineat et perpetuo spectet

Item fuit actum et in pactum deductum, ut supra, quod dicta aqua Sorgie, transacto territorio dicti domini de Castronovo, dicatur et sit perpetuo dicte universitati Avinionis.

Item fuit actum et in pactum deductum, inter dictas partes, solemni et valida stipulatione firmatum, quod dictus dominus de Castronovo, neque sui, per se seu interpositam personam, quovis quesito colore, nullum impedimentum possint dare cursui dicte aque, nec illam retinere quovis pacto;

Item fuit actum et in pactam deductum, inter dictas partes, solemni et valida stipulatione firmatum, quod dictus dominus de Castronovo et homines sui Castrinovi possint et valeant, in locis ubi erunt adaquaria dicti bedalis Sorgie, durante territorio et jurisdictione ac limitibus pasturyagiorum ipsius domini de Castronovo adaquare quaecumque animalia sua, reparando ripas dicti bedalis, in partibus in quibus ipse dominus Castrinovi et homines sui propterea inferrent damnum.

Item fuit actum et in pactum deductum, inter dictas partes, solemni et valida stipulatione vallatum quod dicta universitas et singulares persone ejusdem non possint facere, seu construere aliqua molendina bladorum, dumtaxat a dicta prisia aque usque ad bedale Durensole, quod est inter bastitas nobilium Dominici Panice et Georgii de Fontanillis.

Item fuit actum, ut supra, initum et in pactum deductum, inter predictas partes solemni et valida stipulatione vallatum, quod nullus audeat seu presumat piscare seu piscari facere in dicto bedali Sorgie, durantibus territorio et jurisdictione dicti domini de Castronovo, nisi cum licentia dicti domini Castrinovi et suorum.

Item fuit actum, ut supra, initum et deductum inter partes jam dictas, quod dicta universitas Avinionis teneatur et debeat, prout predicti domini consules et deputati dicte universitatis Avinionensis nomine, promiserunt et convenerunt dicto domino Castrinovi presenti et stipulanti pro se et suis predictis, dictum bedale Sorgie aditum a fugida molendini citra bene et debite facere et manutenere, taliter quod non inferat damnum aliquod territorio predicto de Castronovo, neque molendino ipsius domini Castrinovi.

Item fuit actum et in pactum deductum, inter dictas partes, solemni et valida stipulatione firmatum quod dictus dominus de Castronovo teneatur et debeat, prout promisit, per se et suos predictos, dictam aquam modo et forma predictis recipiendam, dictis dominis consulibus et deputatis presentibus et stipulantibus, ut supra, insequendo formam dictorum appunctuatorum et concordatorum per dictum dominum Castrinovi cum domino et hominibus de Thoro, factorum, perpetuis temporibus, eidem universitati facere, habere, tenere amparareque et deffendere adversus et contra omnes et singulas personas tam ecclesiasticas quam seculares, lites seu questiones dicte universitati, pro tempore futuro, facientes volentes et intendentes, causamque et causas ac lites propterea movendas et sustinendas in se suscipere, illasque ducere et prosequi suis dictique domini Castrinovi et suorum propriis sumptibus et expensis, usque ad finem et decisionem cujuslibet de eisdem, remissa dictis consulibus et universitati, causam et causas hujusmodi dicto domino Castrinovi et suis predictis intimando et denunciando, ac super ea et ab eis provocanda et appellanda, etiam si sententia, de jure seu de facto, in adversum ferri contingerit.

Quas quidem venditionem, cessionem, remissionem, confessionem, recognitionem, quictantiam, pacta, promissiones, conventiones ac omnia universa et singula supra et infrascripta, partes predicte, predictis nominibus, ac per se et suos predictos, prout ipsas et earum quemlibet tangit et tangere potest seu poterit quomodolibet, nunc et in futurum, promiserunt et convenerunt inter se ac sibi ipsis, mutuo vicissim et ad invicem stipulantibus et recipientibus, ut supra, se semper ratas habere et gratas ac rata et grata et nihil fecisse vel dixisse, in preteritum, dicere quoque nec facere, seu fieri procurare in futurum, propter quod seu que premissorum aliqua rescindi seu retractare possint. . . . .

Acta fuerunt hec Avinione ubi supra, vide licet in palatio apostolico et in galeriis ejusdem, presentibus ibidem egregiis nobilibusque et honorabilibus viris dominis Christoforo Botini utriusque juris doctore, Guillelmo de Rochella, in legibus licentiato, Elziario de Plana alias Fornerii, habitatoris dicti loci Castrinovi, magistro Petro Lamberto et Antonio Aguilhacii, notariis publicis, civibus et habitatoribus Avenionensibus testibus ad premissa vocatis specialiter et rogatis.

(Orig. Archiv. départ. de Vaucluse. G. Fonds du chap. métropolitain. N° 33, Molendina et Sorgia Castrinovi, fol° 96.)

XLV

Extraits d'un mémoire du chapitre métropolitain sur la possession de la Sorgue et sur la Sorgue passant au moulin de Chateauneuf.

(1477.)

In primis ponit et dicit quod, a centum ducentum annis proxime preteritis continue citra et ultra, necnon per tantum et tale tempus quod memoria hominis in contrarium non existit, in presenti civitate Avinionensi fuit, esseque convenit et est, de presenti, quedam solemnis olim cathedralis, nunc autem metropolis ecclesia, sub vocabulo beate Marie de Dompnis instituta, habens archiepiscopum, pro tempore, tanquam caput, necnon prepositum et officiarios alios ac economicos sub religione beati Augustini et secundum illius regulam viventes, capitulum ex se facientes et reputantes, tanquam membra ac alia jura et insignia metropolitana, ecclesia faciëntes et demonstrantia palam et publice.

Item dicit quod dicta ecclesia, retroactis temporibus, fuit fundata et dotata in diversis et quam plurimis juribus, rebus, servitiis, domibus, molendinis et aquarum decursibus tam ex dono summorum pontificum quam elargitione principum et aliorum Christi fidelium et aliis justis et legitimis acquisitionibus pro supportatione seu sustentatione communis victus dictorum dominorum prepositi, personatuum, officiariorum, religiosorum canonicorum et aliorum servitorum dicte ecclesie Avinionensis, pro tempore existentium. Et ita fuit et est verum.

Item dicit quod, a dictis temporibus citra et per ipsa tempora, necnon per tantum et tale tempus quod memoria hominis in contrarium non existit, in Comitatu Venaissini et infra eumdem Comitatum fuit esseque consuevit et est quoddam flumen aque dulcis nuncupatum flumen Sorgie. Et ita fuit et est verum.

Item dixit quod dictum flumen Sorgie originem habet a quodam fonte vulgariter nuncupato de Vaucluse, Cavallicensis diocesis et deinde suum transitum seu decursum facit per Insulam Venaissini et locum de Thoro, dicte Cavallicensis diocesis, et quedam alia castra et territoria dicti Comitatus Venaissini se dividendo per diversos alveos. Et ita fuit et est verum.

Item dicit quod, inter alios alveos seu bedalia quos seu que facit dictum flumen Sorgie et se dividit, facit unum alveum seu bedale qui seu quod pretendit a quodam loco olim dicto Furce Abbatis, nunc autem appellato « La preza del Prevost » a parte territorii de Thoro, dicte Cavallicensis diocesis, usque ad dictam civitatem Avinionensem et Rhodanum inclusive per territoria dicti loci Castrinovi, Junqueriarum, Sancti Saturnini et Vedene, diocesis Avenionensis, usque ad batitoria olim ab aliquibus appellata batitoria seu molendina de Vedena et ab aliquibus de Turre, nunc autem Gallianorum, ubi aqua dividitur et per medium divisa, una pars dirigitur ad locum Pontissorgie, diocesis Avenionensis, alia vero pars, ad dictam civitatem Avinionensem, et successive ad Rhodanum, ut supra deductum fuit. Et ita fuit et est verum.

Item dixit quod, inter alia molendina constructa et edificata supra dictum bedale et per discursum illius, a dictis temporibus citra et per ipsa tempora, fuerunt et esse consueverunt et sunt, de presenti, edificata et constructa, in territorio et civitate Avinionensi, nonnulla molendina, videlicet molendinum nuncupatum de Garriga, molendinum Realis panerii, molendinum seu paratorium pannorum, molendinum de Briansone. Et ita fuit et est verum.

Item dicit quod, a dictis temporibus citra et per ipsa tempora, molendina predicta pertinuerunt et spectaverunt, pertinent et spectant ad supranominatos dominos prepositum, canonicos et capitulum, videlicet : molendinum de Garriga quoad dominium directum, molendinum Realis panerii, quoad dominium directum et quoad utile pro quinque partibus paratorium pannorum quoad dominum directum, molendinum Novum et molendinum de Spiga quoad dominium directum et utile, molendinum vero de Briansone etiam quoad dominium directum et utile pro medietate tamen indivisa. Et ita fuit et est verum.

Item dicit quod, a predictis temporibus citra et per ipsa tempora, aquaducti bedalis divisione, aque predicte et de qua supra ad Pontem Sorgie et usu illius pro molendinis sive batitoriis constructis, supradictum bedale, in territorio loci Vedene, salvis de qua supra, fluxit et fluere consuevit et continue fluit ad molendina predicta dictorum dominorum prepositi et canonicorum, ut premittitur, sita in territorio et civitate Avenionensi ac ad usum, opus et utilitatem ipsorum molendinorum.

Item dixit quod, a predictis tempotibus citra et per ea, prepositus et canonici dicte ecclesie Avinionensi, pro tempore, existentes, fuerunt et esse consueverunt et sunt moderni prepositus et canonici, nomine dicte ecclesie, tam ex justis et legitimis titulis quam de usu, more et legitime prescriptis, veri domini et possessores seu quasi, alvei sive bedalis predicti et aque per ipsum bedale fluentis a dicta presia sic nuncupata « La presa del Prevost » usque ad civitatem Avinionensem et Rhodanum, ipseque alveus, cum ejus solo et aqua in eo discurrens et ripis continentibus, eidem bedali adjacentibus, etiam pro purgationibus et curationibus seu mundificationibus dicti bedali necessariis pro aqua ipsa ducenda, fuerunt et esse consueverunt in dominio et proprietate preposituré et ecclesie predictarum Et ita fuit et est verum.

Item dicit quod parum de dicto majori flumine Sorgie

recipit aliud bedale dicte aque Sorgie juxta et prope dictum locum de Thoro et in territorio ejusdem et defluit per tenementum seu territorium supradicti loci Castrinovi domini Giraudi Amici et per molendina ejusdem loci et deinde de currit per territorium dicti loci Junqueriarum et ultimo, per territorium dicti loci sancti Saturnini ubi acumulative cadit et subintrat per dictum aliud bedale suprascriptorum dominorum prepositi et canonicorum, alterum alveum antiquum dicti fluminis Sorgie. Et ita fuit et est verum.

Item dixit quod a dictis temporibus ultra et per ipsa tempora, aqua dicti bedalis proxime dicti, a prisia et successive a dictis molendinis Castrinovi continue fluxit et fluere consuevit, libere et integre, ad predictum aliud bedale dictorum dominorum prepositi et canonicorum et alterum alveum antiquum dicti fluminis Sorgie et in illo acumulative cadit et subintrat ac subintrare consuevit et debet ad opus, usum et juridictionem molendinorum prepositi et canonicorum et ecclesie et non alias, aliter, nec alia de causa, quodque alias, aliter seu alia de causa subintret in dictum bedale per expressum negat.

Item dixit quod tam ex justis et legitimis titulis, de usu, more, observantia et antiquata posessione tentis, servatisque et legitime prescriptis a dictis temporibus citra et per ipsa tempora, alveus seu aqueductus proxime designatus, sicut dictum est desupra, pro alio alveo fuit et esse consuevit et est in dominio et proprietate dicte ecclesie et prepositure, prepositorumque et canonicorum predictorum respective et pro aquaducenda ad eorum molendina et, a dictis temporibus citra et per ipsa tempora, ut premittitur, tenta, servata et legitime prescripta, predicti prepositus et canonici fuerunt, esseque consueverunt et sunt in possessione, seu quasi, pacifica et quieta juris et potestatis seu facultatis habendi, tenendi per se, alium vel alios eorum, nomine, vice et mandato, absque alicujus persone contradictione seu obstaculo, aqueductum predicti bedalis a prisia usque ad conjunctionem aque supradicte alterius bedalis et aquam ipsam in illo habendi, tenendi ducendi et illam acumulandi in jamdicto eorum alio alveo, ad opus, usus, et in adjutorium eorum molendinorum predictorum, salva turba presenti.

Item et ad plus demonstrandum quod alvei superius designati, necnon et aqua in illis deflues fuerunt et esse consueverunt et sunt de rebus, bonis, juribus et pertinentiis prepositure et ecclesie predictarum, dixit quod, a dictis temporibus citra et per ipsa tempora, prepositi et canonici dicte ecclesie, pro tempore, existentes, nomine et vice prepositure et ecclesie predictarum quousque fuerunt domini directi et utiles et in possessione seu quasi illorum. Et ita fuit et est verum.

Item dixit quod, de anno Domini millesimo ducentesimo trigesimo septimo, nona februarii, dominus Bertrandus Rostagni, prepositus dicte ecclesie Avinionensis, pro utilitate dicte ecclesie, cum consensu et voluntate capituli dicte ecclesie Avinionensi, ad hec specialiter congregati, diligenti tractatu ac deliberatione prehabitis, dederunt ad novum accapitum et emphiteosim perpetuam, per se et suos successores, Bertrando Esperandieu et Johanni, fratribus, pro quarta parte et Reymundo Begoni et Pontio Pregatori pro alia quarte parte, habitatoribus Avinionensibus presentibus et recipientibus, pro se et suis heredibus, molendina seu batitoria infrascripta videlicet : de Villanova alias Via nova, d'Espiga, de Roquilha et medietatem indivisam molendini de Pertusio sita tam infra quam extra civitatem Avinionensem et aquam Sorgie et alveum et cursum ipsius aque que tendit versus Avinionem, a loco qui dicitur Furca Abbatis usque ad Rhodanum contenta cum aqua defluente per dictum tenementum et molendina Castrinovi domini Giraudi Amici et declaratione seu designatione locorum per que transit et transire debet aqua ipsa et discurrit ad supradictum maternum alveum antiquum, videlicet per ortum Stephani de Carnone juxta ortum Guillelmi Monerii et discurrit libere in antiquum alveum qui transit per Angladam et per tenementum Junqueriarum et sancti Saturnini et postea cadit in alveum predictum Vedene, Pontis Sorgie et Avinionis, tenendo sub dominio directo prepositure et ecclesie predictarum et censu annuo. Quodque supradicti emphiteot molendina predicta et aquam Sorgie predictam et alveo predictos tenuerunt et possederunt per se, alium vel alio et eorum heredes, a predictis dominis preposito et canonicis, seu prepositura et ecclesia pro dictis per tempus e tempora. De quibus visum fuit. Et ita fuit et est verum.

Item dixit quod tam emphiteote superius nominat quam sui heredes ac alii ab eis causam habentes, molendina predicta necnon aquam predictam Sorgie et alveo predictos prepositure et ecclesie predictis, seu preposito e canonicis, nomine et vice prepositure et ecclesie predictorum, successive dimiserunt et desampararunt, ob quo utile dominium cum directo eorumdem consolidatum fuit Et ita fuit et est verum.

Item dixit quod, post desamparationes et remissiones ut premittitur, succive factas per emphiteotas predictos e consolidationes utilis domini cum directo et ex tunc, prepositus et canonici, pro tempore existentes, et moderni prepositure et ecclesie predictarum fuerunt et esse consueverunt et sunt veri domini et possessores seu quasi non solum aqueductus superius in proximo loco designat sed etiam queductus, ut premittitur, transeuntis per tenementum et molendina dicti loci Castrinovi respective a pro aqua ducenda ad eorum molendina et ex illo, seu pe illum, aquam acumulandi in eorum alio alveo antiquo a opus, nsum et in adjutorium eorum molendinorum Et dictis temporibus citra et per ipsa tempora, ut premittitur prepositi et canonici fuerunt et sunt in possessione, se quasi, pacifica et quieta juris et potestatis seu facultatis habendi, tenendi per se vel alium, vel alias, eorum nomin et vice et mandato, absque alicujus persone contradiction seu obstaculo etiam aqueductum predicti bedalis, ut premittitur, transeuntis per tenementum et molendina dicti loci Castrinovi a prisia et locis predesignatis usque ad conjunctionem aque supradicte alterius bedalis dictorum dominorum prepositi et canonicorum, et aquam de ipso flumine Sorgie etiam in illo ducendi et illam acumulandi in jam dicto alio alveo, ad opus et in adjutorium molendinorum predictorum salva turba presenti. Et ita fuit et est verum.

Item et veniendo ad materiam principalem et de qua agitur, dicit quod, premissis sic veris existentibus et illis non obstantibus, de anno proxime lapso currente millesimo quadringentesimo septuagesimo septimo et de mense junii, supradicti domini consules et consilium dicte civitatis Avinionensis prenominatos dominos prepositum, canonicos et capitulum in possessione et jure aqueductus predicti bedalis, ut premittitur, transeuntis per molendina dicti loci Castrinovi, nulla subsistente causa saltim legitima aut valida, turbare et impedire temptaverunt et fuerunt conati temptare et dietim conantur quominus ipsi libere et pacifice uti et gaudere possint aut valeant, prout perprius utebantur et gaudebant, turbando et impediendo, in territorio dicti loci Castrinovi subtus molendina ipsius loci et in casura seu fugita aque, ripas dicti bedalis fregerunt seu fregi fecerunt et procuraverunt et mandarunt et fractiones dicti bedalis, eorum nomine, factas, ratas et gratas habuerunt et, facta exclusa seu resclausa per quem pretensum alveum, noviter ibidem in choatum per eos seu eorum deputatos, eorum nomine et mandato, aquam sic defluentem per dictum bedale, ad opus et in adjutorium molendinorum dictorum dominorum prepositi et canonicorum deviarunt seu nisi sunt deviare a suo cursu consueto et in dicto pretenso alveo novo aquam ipsam immittere. Et ita fuit et est verum.

Item dixit quod quia aqua predicti bedalis, a dictis temporibus citra et per ipsa tempora continue parata et deputata fuit, paratur et deputatur ad usum molendinorum dictorum dominorum prepositi et canonicorum et aliorum molendinorum constructorum supra dictam ripam, ut plene superius deductum fuit, non debebat, prout nec debet, minusque potest deviari in prejudicium molendinorum ecclesie predicte Avinionensis et aliorum quorum interest.

(Orig : Archiv. départ. de Vaucluse. G. Fonds du chap. métropolitain. C. n° 29 — Sorgue, tom. I, fol° 17.)

XLVI

Transaction entre le chapitre métropolitain et les consuls d'Avignon au sujet du canal du moulin de Châteauneuf.

(21 mars 1489.)

In nomine Domini. Amen. Noverint universi et singuli presentes pariter et futuri quod, cum, pro communi utilitate et territorii civitatis Avenionensis majori fertilitate ac immunditiis ejusdem civitatis purgandis, jamdudum, per magnificos et spectabiles viros dominos consules et consilium dictae civitatis fuerit excogitatum et adinventum partem aque fluminis Sorgie, perennis et nitidi, ex prima prisia territorii Thori et ex molendino Castrinovi domini Giraudi Amici, Cavallicensis diocesis, cadentis et ad molendina venerabilium virorum dominorum prepositi, canonicorum et capituli sancte metropolitane Avenionensis ecclesie et alia loca consueta defluentis, fore et esse ad territorium et civitatem Avenionemsem hujusmodi, pro terris, pratis et aliis possessionibus rigandis et predictis immunditiis purgandis, necessario derivandam, dictique domini consules tunc existentes aquam predictam ad predicta et alias utiles et fructuosos effectus, per territorium et civitatem hujusmodi derivari et haberi desiderarent, eam ob rem, quemdam alveum novum certe altitudis et profunditatis fieri fecerunt, et, eo facto, in illum partem aque dicti fluminis Sorgie immiserunt, aquamque predictam per alveum et meatus novos predictos derivari fecerunt. Verum cum exinde derivatio seu donatio aque predicte ad notitiam dicti domini prepositi pervenissent, inseque dominus prepositus aquam predictam in dicto alveo antiquo ecclesie incontinenti reponi fecisset, ita quod aqua predicta in alveo predicte ecclesie discurrebat, prout discurrere consueverat a ducentis annis circa et ultra ac per tantum et tale tempus quod memoria hominis in contrarium non existit et, postea, continue discurrit ad molendina dictorum dominorum prepositi et capituli, ut prius, salva concessione ob reverentia domini in Christo patris et domini domini Constantini, episcopi Spoletani, gubernatoris civitatis Avenionensis, superioribus diebus, de gratia speciali, dictos dominos prepositum et capitulum facta, velitque propterea quod aqua hujusmodi tota continue defluat et derivetur ad et per alveum antiquum et molendina predictorum dominorum prepositi et capituli, seu eorum ecclesie et alia loca consueta et non alibi, et quod ipsi domini prepositus et capitulum aqua predicta pro dictis eorum molendinis fuerint et sunt soliti uti pacifice et quiete, per tempora predicta et absque aliquo onere, custu vel expensa et propterea dubitet quod si pars aque predicte subtrahatur, substractio ipsa predictis eorum molendinis et mense capitulari ac reipublice Avenionensi cedere posset in maximum prejudicium, damnum et incommodum, ex eo quia alia prisia aque Sorgie etiam site in dicto territorio Castrinovi nuncupata « La prese del Prevost » ex qua etiam molendina predicta molere consueverunt, non est, nec esse potest sufficiens pro receptione aque necessarie pro dictis molendinis et aliis constructis supra dictum alveum antiquum et facienda divisione aque fiere solita in domo bastitoriorum nuncupatorum Gallienorum, nisi in predicta prisia fieret, annis singulis, expensa magna et fieri non solita, pro manutentione dicte prisie et totius antiqui alvei, a dicta prisia usque ad conjunctionem dictarum duarum aquarum et propterea eisdem dominis consulibus et consiliariis aut aliis quibuscunque, aquam predictam in ipsum alveum immittere non licuisse, neque licere prenominatis magnificis dominis consulibus et consilio contrarium asserentibus, eo maxime quia civitas ipsa jampridem totam fugidam aque dicti fluminis Sorgie cadentem ex molendinis domini Castrinovi domini Giraudi Amici ab illius loci domino moderno magnifico viro Stephano de Simiana acquisiverat et propterea ad communitatem ipsius civitatis pertinere et non ad ipsos prepositum et capitulum. Ad quod dictus dominus prepositus replicando, respondebat quod dictus dominus Castrinovi recipit et recipere consuevit dictam aquam Sorgie in resclausa sita in territorio de Thoro, pro usu sui molendini et non ad aliam causam, et quod propterea de aqua ipsa nullam venditionem facere potuit sive de aqua prisie de Thoro, sive de aqua cadente a dicto suo molendino. Nam quia predicti domini prepositus et capitulum a temporibus predictis sunt et in possessione recipiendi et habendi aquam, pro usu eorum molendinorum, a magno flumine Sorgie et inferiori parte illius, dictus dominus Castrinovi non maluit habere aquam a dicto flumine in superiori parte dicti fluminis, nisi vocato preposito tunc existente. Et verum est quod tunc prepositus, in concedenda aqua dicto domino Castrinovi, pro usu molendinorum, et recipienda a dicto magno flumine Sorgie, in dicto territorio de Thoro, et sic, in superiori parte non contradixit, eo quia aqua predicta reversura erat ad suum predictum alveum antiquum dictorum dominorum prepositi et capituli, propter quod non licuit domino Castrinovi aquam predictam vendere, nec eam derivare aut derivari facere per quempiam, a suo cursu consueto et antiquato, in prejudicium molendinorum dictorum dominorum prepositi et capituli.

Super quibus, inter ipsos dominum prepositum et capitulum, ex una, et dictos dominos consules et consilium, partibus, ex altera, coram bone memorie, domino Anthonio Maria, Avenionensis episcopo et istius civitatis tunc gubernatore questionis et litis materia exorta est. Qua pendente, post varias altercationes, collocutiones, conferentias, tractatus, consilia et deliberationes ultro citroque factas et habitas, facta et habita, tandem premissis, per Reverendissimum dominum Constantinum, Dei et apostolice sedis gratia, episcopum Spoletanum, Reverendissimi in Christo patris et domini domini Juliani, miseratione divina, episcopi Ostiensis, S. R. ecclesie cardinalis sancti Petri ad Vincula nuncupati, in presenti civitate Avenionensis et aliis provinciis atque terris, de Latere sedis apostolice vicarii et legati, locumtenentis, generalem dicte civitatis dignissimum gubernatorem sepissime, tam ex presentium predictarum assertione, quam consoliis et colloquis, coram eo, et super premissis habitis et intellectis, ipse dominus gubernator dictarum hinc inde partium quieti et paci invigilans, persuasit eisdem dominis preposito et capitulo et etiam consulibus et consiliariis ne quelibet partium illarum ex sua parte, alteri parti et alterp alteri complaceret, quod omnes erant et sunt de corpore universitatis dicte civitatis, eisdemque dominis consulibus et 'consiliariis etiam persuasit ut, pro incommodo ex expensis, quas ipsi dominus prepositus et capitulum, ex permissionne habitionis ipsius aque, pro manutentione dicte eorum prisie et alias sustinerent, compensationem debitam darent sic quod ipsa ecclesia, propter suam libertatem non lederetur aut damnum pateretur et dicta civitas ad predicta et alios utiles usus hujusmodi aqua uti possit, prout partes predicte premisse omnia et singula asseruerunt esse vera.

Hinc propterea et est quod, anno a Nativitate Domini millesimo quadragintesimo octuagesimo nono, indictione septima, cum eodem anno, more romane curie sumpta, et continuata, die vero vigesima prima mensis martii, pontificatus sanctissimi in Christo patris et domini nostri domini Innocentii, divina providentia, pape octavi, anno quinto, coram prefato Reverendissimo in Christo patre et domino Constantino, Dei et apostolice sedis gratia, episcopo Spoletano, supradicti Reverendissimi legati locumtenente et dicte civitatis Avenionensis gubernatore generali, in nostrorum notariorum publicorum testium infrascriptorum, ad hec specialiter vocatorum et rogatorum presentia, personaliter constituti reverendus pater dominus Alberti, decretorum doctor, prepositus, necnon venerabiles et egregii viri domini Armandus de Flagiaco, decanus et Petrus Guichardi, sacre pagine et utriusque juris doctor, canonici dicte ecclesie Avenionensis tam suis nominibus quam aliorum dominorum canonicorum et capituli dicte ecclesie, per quos et eorum quemlibet, de rato habendo ac omnia et singula infrascripta ratificari faciendo promiserunt, infra unum mensem, a die Pascalis contractus computandum, sub juramentis et obligationibus infrascriptis, cupientes, ut asserebant, dictis dominis consulibus et consiliariis ipsius civitatis et illius reipublice complacere, et ne captio et derivatio aque predicte ulterius differatur, ex una et magnifici et spectabiles viri nobiles Joannes de Faretis, Joannes de Freno, Balthazar Gerente, consules dicte civitatis Avenionensis, necnon egregius et nobitis vir dominus Joannes de Garronis, juris licentiatus, ipsius civitatis assessor, Antonius Galian, Petrus Baroncelli, Bartholomeus Laurentis, Franciscus de Sobiras, et Joannes Petiti, ad infrascripta peragenda per consilium ejusdem civitatis deputati et commissi, juxta potestatem eis attributam et concessam, tam nominibus suis quam consilii et consiliariorum ejusdem civitatis, per quos etiam de rato habendo ac omnia et singula infrascripta ratificari faciendo, promiserunt et convenerunt infra tempus predicti unius mensis et interim sub juramentis et obligationibus infrascriptis, ut dixerunt, desiderantes quod prisia predicta « del Prevost » nuncupata, cum suo alveo perpetuo manuteneatur et jura dicte Avenionensis ecclesie potius augeantur quam minuantur partibus, ex altera, ne predicti prepositus et capitulum, propter subtractionem et receptionem partis aque supradicte, aliquod damnum, sive aliquam jacturam patiantur, et ut civitas prefata et illius particulares, propter aque predicte receptionem et derivationem, per ipsum alveum novum, ut speratur, commodum et utilitatem, consequantur, de et super premissis omnibus et singulis suisque incidentibus, dependentibus, annexis et connexis, ad transactionem per dictum Reverendissimi domini, locumtenentem et gubernatorem, amicabiliter convenerunt et concordarunt in hunc qui sequitur modum :

In primis enim convenerunt et concordarunt predicte partes quod dicti domini consules et consiliarii moderni dicte civitatis Avenionensis dabunt, tradent et realiter expedient, seu dari, tradi et realiter expediri facient et procurabunt dictis dominis preposito et capitulo, summam videlicet quadragintorum florenorum, monete in Avenione cursum habentis, quolibet floreno pro viginti quatuor solidis ejusdem monete computato, de quibus quidem quadringentis florenis, dominus prepositus et capitulum possint et valeant manutere, seu manuteri facere, singulis annis, predictam aliam eorum prisiam aque nuncupatam « La preze del Prevost » cum alveo suo et bedali usque ad conjunctionem dictarum aquarum pro sufficientiori quantitate aque habenda et recipienda in dicta prisia, dum et quando expedierit et erit necesse, prout ibidem dicti consules et consiliarii conventionem hujusmodi insequendo, summam predictam quadringentorum florenorum, monete et valoris predicti, dictis domini preposito et canonicis dicte ecclesie Avenionensis presentibus realiter tradiderunt et expediverunt in diversis petiis auri et monete albe currentis ibidem exhibitis. Quam quidem summam quadringentorum, florenorum dicti domini prepositus et canonici, nominibus quibus supra, per et suos successores, nomine capituli ejusdem ecclesie Avenionensis, confessi fuerunt habuisse et realiter recepisse...

Item quod quia supradicta summa quadringentorum florenorum, ut supra, fuit soluta et realiter expedita supradictis dominis preposito et canonicis capituli ecclesie, pro manutentione dicte prisie nuncupate « del Prevost » et commoditate ac perpetuitate dicti alvei novi, ne, in futurum, ob defectum reparationis dicte prisie « del Prevost » ipsia prisia carere possit aqua, ita quod, deffectu aque prisie predicte « del Prevost », recurrendum esset per dictos dominos prepositum et capitulum ad predictam aquam, ut premittitur, cadentem ex dicto molendino Castrinovi, fuit de pacto expresso, ut supra, quod dicti domini prepositus, canonici et capitulum teneantur et debeant et ad hoc, per se et suos successores, sint adstricti per in perpetuum, toties quoties necessitas occurret, reparare et manutenere prisiam predictam « del Prevost » cum suo alveo, secundum quod fluxus aque requirit, ita et taliter quod, ob deffectum purgandi, reparandi, manutenendi, dictam prisiam « del Prevost » cursus aque illius prejudicium alvei novi et dicte civitatis Avinionensis, ex deffectu totalis aque, vel diversione et derivatione aque ipsius fluminis ad alia loca.

Item fuit de pacto per et inter partes supradictas inito et concordato, solemni et valida stipulatione hinc inde interveniente ac juramentis infrascriptis roborato, quod si, aliquo unquam casu, contigerit aquam predictam prisie predicte dominorum prepositi et capituli defficere vel prejudicialiter minorari, propter injuriam et negligentiam dictorum dominorum prepositi et capituli, ut, in proximo capitulo, quod dicti consules et consiliarii moderni, per se et suos successores predictos, voluerunt et consentierunt ac presentis publici instrumenti tenore, volunt et consentiunt quod dicti domini prepositus et capitulum aquam predictam Sorgie, ex dicto molendino dicti loci Castrinovi, ut premittutur, cadentem, possint et valeant, authoritate propria, per se et suos predictos, libere recipere et ducere pro usu dictorum suorum molendinorum, sicuti faciunt et hactenus facere consueverunt, impedimento, contradictione et resistentia quibuscumque nonobstantibus.

Item fuit de pacto, ut supra, per et inter partes supradictas, inito et concordato et valida stipulatione hinc inde repetita ac juramentis infrascriptis roborato, quod quotiescunque contigerit, aquam predictam ex molendino predicti loci Castrinovi cadentem per dictum alveum novum, ad territorium et civitatem Avenionensem, defectu purgationis, reparationis et manutentionis dicti alvei novi aut alias quomodocunque dictus alveus novus redderetur inutilis ad recipiendum seu derivandum aquam predictam. Quod etiam, casibus predictis, dominus prepositus et capitulum similiter aquam predictam libere accipere et habere possint et valeant, sicuti proxime dictum est, sic quod aqua ipsa decurrat per dictum antiquum alveum et antiquitus consuevit, et civitas ipsa, hoc casu, illam aquam, in dictum alveum antiquum immittere possit libere et sine contradictione.

Item fuit de pacto, ut supra habito, convento et debita stipulatione interveniente et juramentis infrascriptis roboratis quod, adveniente alio ex casibus predictis, videlicet quod aqua prisie predicte del Prevost nuncupate, modis premissis defficeret vel prejudicialiter minoraretur, vel, ut dictum est, in proximo capitulo predicto, alveus novus dicte civitatis redderetur inutilis, ad recepiendam et derivandum dictam aquam, sic et valiter quod esset necesse quod dicti domini prepositus et capitulum recuperaret aquam predictam quod ex tunc dicti domini prepositus et capitulum predictam summam quadringentorum florenonorum predictis dominis consulibus et consiliaribus, pro tempore, existentibus, nomine communitatis dicte civitatis Avenionensis, reddere et restituere debeant et teneantur ad primam, solam et simplicem dictorum dominorum consulum et consiliariorum, pro tempore, existentium, requisitionem, prout et illam, casibus predictis reddere et restituere promiserunt et convenerunt.

Item fuit de pacto, ut supra, inito et concordato ac solemni et valida stipulatione, hinc inde, interveniente ac furamentis infrancripstis roborato quod predictorum quod ringentorum summa per dictos dominos prepositum et capitulum dictis dominis *consulibus et consiliariis, nomine* dicte communitatis restituta si, aliquo unquam tempore, dicti domini consules et *consiliarii aut alii particulares* dicte communitatis Avenionensis, iterum dictam aquam recuperare et per alveum novum predictum vel *alium* derivari facere noluerint, similem summam quadringentorum florenorum monete et valoris predicte, dictis dominis preposito, canonicis et capitulo realiter tradere et expedire debeant et teneantur, alias dictam aquam minime possint habere seu recuperare.

Item quia, pro aqua predicta per dictos dominos consules et consiliarios recipienda in dicto territorio Castrinovi et post casuram aque dicti molendini et in eorum alveo novo immittenda, dicti domini consules et consiliarii necessario facere habent, ex parte alvei dictorum dominorum prepositi et capituli, unam resclausam, fuit de pacto per et inter partes supradictas habito, convento ac solemni et valida stipulatione interveniente et juramentis infrascriptis roborato, quod dicti domini consules et consiliarii fieri faciant, in dicta resclausa, unum spasserium de lapidibus bonum et sufficiens ad recipiendum integraliter aquam predictam, ex dicto molendino predicti loci Castrinovi, ut premittitur, cadentem, pro bono et utilitate ac conservatione juris utriusque partis.

Item fuit de pacto, ut supra, habito, convento ac stipulatione et juramentis predictis roborato, quod si, in futurum, quomodocumque predictus alveus novus dicte communitatis indigeat purgatione, curatione seu alia reparatione tali quod oporteat aquam predictam ab eodem alveo novo removeri quod dicti domini consules et consiliarii non faciant, neque per se, neque per alium, aquam predictam alibi derivari preter quam per dictum alveum antiquum dictorum dominorum prepositi et capituli, sicut hactenus derivari et fluere consuevit ad molendina predicta et alia loca consueta et similiter quod civitas, hoc casu, aquam ipsam in eumdem alveum libere immittere possit et quod tunc etiam antequam aqua dicti alvei novi reponatur in alveo antiquo ecclesie, quod dicti domini consules, per suos commissos et deputatos, ad removendam aquam predictam a dicto alveo novo teneantur et debeant hoc intimari facere dictis dominis preposito et capitulo vel eorum moneriis, ad fines et effectus ut, dum opus fuerit, quod aqua predicta in dicto alveo antiquo reponatur prius et ante omnia, dicti dominus prepositus et capitulum possint et valeant facere alemari aquam que discurrit in alio eorum alveo antiquo et eligere locum in quo alemari poterit scire damno et prejudicio alicujus, sumptibus tamen et expensis dictorum dominorum consulum, consiliariorum et civitatis.

Item fuit etiam de pacto, per et inter partes supradictas inito, convento et concordato ac debita stipulatione interveniente, ac juramentis infrascriptis roborato, quod in dicto alveo novo et toto discursu illius, durante, infra tamen territorium civitatis Avenionensis, non fient seu non edificabuntur aut construentur per quempiam, aliqua nova molendina ad granum, prout alias dictum est et conclusum fuit, salvo jure molendini antiqui nuncupati « de la Folia ».

Hujusmodi autem transactionem, pacta, concordiam et conventiones, etc. . . . .

Pro quibus omnibus universis et singulis. . . . . .

Acta fuerunt hec omnia Avenione, in palatio apostolico et in parvis galeriis ejusdem, presentibus ibidem honorabilibus et discretis viris Bartholomeo Noverini, de Avinione, magistro Hectore de Fronte, notario Taurinensi et Antonio Bonamanus Verdunensis diocesis, ipsius R. D. Gubernatoris familiaribus, testibus ad premissa vocatis specialiter et rogatis et nobis Petro Lamberti, Joanne Chaillon et Pedro de Ambianis notariis publicis.

(Orig. Archiv. départ. de Vaucluse. G. Fonds du chap. métropolitain. G. 33, Molendina et Sorgia Castrinovi, fol° 90.) — Archiv. munic. d'Avignon, série D, Durensole. Reg coté 765. Bibliothèque d'Avignon, ms. n° 2480, fol. 144.)

XLVII

Concession par Étienne de Simiane, seigneur de Châteauneuf, à Baptiste de Ponte et autres pour l'établissement d'un moulin à paroir sur la Sorgue de Châteauneuf.

(5 mars 1491.)

In nomine Domini. Amen. Noverint universi et singuli seriem et tenorem hujus veri publici instrumenti visuri, lecturi ac etiam audituri quod, anno a Nativitate Domini millesimo quadringentesimo nonagesimo primo, indictione nona, die vero quinta mensis martii, pontificatus sanctissimi in Christo patris et domini nostri domini Innocentii, divina providentia pape octavi, anno septimo, in nostrum notariorum publicorum, testiumque infrascriptorum, ad hec specialiter vocatorum et rogatorum presentia, existens et personaliter constitutus nobilis et egregius vir Stephanus de Symiana, dominus loci Castrinovi domini Giraudi Amici, Cavallicensis diocesis, bona fide, gratis et sponte, sineque dolo, metu et fraude, deceptione vel errore, per se et suos heredes ac, in posterum successores quoscumque, dedit, donavit cessit, remisit, transtulit ac penitus et perpetuo desamparavit seu quasi, nobili ac honorabilibus viris Baptiste de Ponte, de Janua, civi et habitatori Avinionensi ac Jacobo Malivert, Ymberto Regis et Johanni Tonduti, mercatoribus burgi in Bressia, Lugdunensis diocesis, licet absentibus, nobili viro Francisco de Auria, de Janua, cive Avinionensi ejusdem Baptiste sororis procuratore, prout de ejus mandato constat instrumento publico sumpto atque recepto per Franciscum Morini, clericum, notarium publicum infrascriptum, sub anno predicto millesimo quadringentesimo nonagesimo primo et die quarta supradicti mensis martii, cujus quidem mandati procurationis tenorem inferius, in fine presentis publici instrumenti est insertus, et honesto viro Philiberto Erimiere, factore et institutore dictorum Imberti et Johannis ac ipsorum asserto procuratore, nobisque etiam notariis publicis infrascriptis presentibus, stipulantibus solempniter et recipientibus, vice et nomine et ad opus supradictorum Baptiste et Jacobi Ymberti et Johannis et suorum heredum et, in posterum, successorum quorumcunque ad novum accapitum et in emphiteosim perpetuam, videlicet quemdam locum vulgariter dictum La Copiera, in quo loco fuit antiquitus molendinum paratorium ad aptandum et parandum pannos laneos. Qui quidem locus est in descensu cujusdam bedalis fluminis Sorgie, descendendo a flumine Sorgie versus Sanctum Saturninum, derivati a matrice fluminis Sorgie et procedendo a matrice in medio fluminis, inter terminos territoriorum Castrinovi et de Thoro, descendo per dictum territorium Sancti Saturnini, cum duabus eminatis terre vel circa, pro constructione sive edifficatione unius molendini ad usum telarum dealbandarum cujuscunque generis existentium, salvo tamen censu et servitio annuo et pertuo, pro dicto molendino construendo et edifficando ac duabus eminatis terre, duodecim grossorum monete currentis in Comitatu Venayssini, annis singulis, in festo sancti Michaelis Archangeli solvendorum . . . . . .

Item plus fuit de pacto, ut supra, convento et concordato ac juramento infrascripto roborato, quod si dicte emphiteote indigeant passagio pro dicto molendino, inter possessiones dicti domini Castrinovi, vulgariter dictas Langlade, ex terris Sacristie, ecclesie Avinionensis per fossatum sive vallatum ibidem existens quod dicti emphiteote possint recipere de terra supradicti domini de Castronovo ad usum aque decurrentis per dictum bedale vulgariter dictum : « Le Coup perdu. »

Item plus fuit de pacto, ut supra, convento et concordato quod supradictus dominus de Castronovo teneatur eisdem emphiteoticis de omni et quacunque evictione, totali et particulari supradictarum terrarum ac possessionum, ipsasque necnon derivationem sive ffuxum dicte aque facere habere et tenere, absque tamen pro vicinis alternis prejudicio, ita quod aqua dicti bedalis revertatur ad aquam matricem, et hoc tam pro dicto molendino telarum quam etiam pro praderiis sive pratis necessariis ad dealbandum dictas telas contra omnes et quoscumque volentes turbare, molestare vel impedire dictos emphiteotas quominus possint habere et tenere terras et possessiones preconfrontatas ac etiam in derivatione seu fluxu supradicte aque . . . .

Pro quibus omnibus universis et singulis, etc.

De quibus omnibus et singulis, etc.

Acta fuerunt hec in predicto loco Castrinovi, in castro ejusdem et in aula dicti castri, presentibus ibidem discretis et providis viris Marco Crevilhoni, civitatis Avinionensis, Johanne Hugheti, laboratore dicti loci Castrinovi, Jacobo Meyssoneri, habitatore loci de Cavismontibus, Cavallicensis diocesis, et Michaele Peyret, mercatore predicte civitatis Avinionensis testibus ad premissa vocatis specialiter et rogatis.

(Orig. Archives de Vaucluse. G. Fonds du Chapitre métropolitain. G. 29. Sorgue, tom. I, fol° 4.)

XLVIII

Arrentement par le procureur et le prévôt du chapitre des moulins Neuf, de l'Espigue, de Réalpanier et Brianson, situés sur la Sorgue.

(16 novembre 1502.)

In nomine Domini. Amen. Universis et singulis tam presentibus quam futuris seriem et tenorem hujus veri et publici instrumenti visuris, lecturis ac etiam audituris patefiat et sit notum quod, anno a Nativitate Domini millesimo quingentesimo secundo, indictione quinta, cum eodem anno, more romane curie sumpta et continuata, die vero decima sexta mensis novembris, pontificatus sanctissimi in Christo patris et domini nostri domini Alexandri, divina providentia, pape sexti, anno undecimo, in mei notarii publici et testium infrascriptorum, ad hec specialiter vocatorum et rogatorum presentia, personaliter constitutus venerabilis et egregius vir dominus Glaudius Patris, canonicus sancte ecclesie metropolitane Avinionensis, procurator et administrator capituli prefate ecclesie Avinionensis, cum assistentia tamen reverendi in Christo patris et domini Manaldi de Aura, Dei et apostolice sedis gratia, Tarinensis episcopi, prepositi dicte ecclesie Avinionensis, ibidem presentis, gratis, ejus certa scientia et spontanea voluntate, sine dolo, fraude, metu vel errore, quibus melioribus modo et forma quibus potuit, arrendavit et titulo arrendamenti tradidit et concessit seu quasi, provido viro Johanni Baudeti, monerio, habitatori Avinionensi ibidem presenti ac, pro se et suis heredibus, et in posterum successoribus quibuscumque stipulanti solemniter et recipienti, videlicet fructus, proventus et emolumenta molendinorum dicti capituli, videlicet : Novi, de Spica, Realis Pannier et de Brianssone, et hoc ad et per tempus trium annorum, die lune proxime effluxa, inceptorum et simili die, dictis tribus annis completis et revolutis finiendorum, pretio et nomine pretii, pro quolibet anno, dictorum trium annorum nonaginta duarum saumatarum bladi, mensure Avinionensis et alias sub similibus pretio, modo et forma solvendi ac sub pactis, conventionibus et conditionibus in nota seu instrumento arrendamenti de dictis molendinis, alias, per dictum capitulum quondam Johanni Clavelli, fusterio, habitatori Avinionensi, factis, contentis et expressis, cui quidem arrendamento partes ipse stare voluerunt et promiserunt. Et si hujusmodi fructus, proventus et emolumenta dictorum molendinorum plus valeant de presenti aut ipsos, durante tempore, dictorum trium annorum plus valere contigerit pretio supradicto totum illud plus valens quotcumque et quantumcunque sit vel fuerit, prefatus dominus Glaudius Patris, procurator et administrator, dicto Johanni Baudeti presenti ac pro se et suis predictis, ut supra, stipulanti, dedit, donavit cessit, remisit et hoc, donatione pura, mera, rata, grata, firma, simplici et irrevocabili que fit et fieri dicitur inter vivos, viris insinuationis judicialis et cujuslibet alterius habente et perpetuo habitura nullo unquam casu, causa seu tempore revocanda sed perpetuo valitura eam insinuando cum hoc vero et publico instrumento, quod habere voluit viris, vicem et efficaciam et cujuslibet alternis perpetui roboris obtinere firmitatem.

De quibus quidem, etc..

Acta fuerunt hec Avinione, in domo prepositure dicte ecclesie Avinionensis, presentibus ibidem nobili Urtica Urtice de Avinone et Glaudio Charpini, clerico, diocesis

Claramontis, habitatori Avinionensi, testibus ad premissa vocatis specialiter et rogatis.

(Original parchemin. Archiv. départ. de Vaucluse. G. Fonds du chapitre métropolitain G. n° 8, fol° 97.)

XLIX

Ordonnance de Galeotti du Roure, vice-légat, à l'instance du chapitre métropolitain, prescrivant à ceux ayant fait des arrêts dans la Sorgue de les enlever.

(14 décembre 1503.)

In nomine Domini. Amen. Universis et singulis tam presentibus quam futuris seriem et tenorem hujus veri et publici instrumenti inspecturis, visuris, lecturis et etiam audituris patefiat et sit notum quod, anno a Nativitate Domini millesimo quingentesimo tertio, indictione sexta, cum eodem anno, more romane curie sumpto et continuato, die vero quintadecima mensis decembris, pontificatus sanctissimi in Christo patris et domini nostri domini Julii, divina providentia, papae secundi, anno proximo, in mei notarii publici testiumque infrascriptorum, ad hec specialiter vocatorum et rogatorum presentia, conspectui et reverendissimi et in Christo patris et domini domini Galeoti de Ruvere, episcopi Lucensis, cardinalis sancti Petri ad Vincula nuncupati, sanctissimi domini nostri pape Julii, in hiis partibus Avinionensibus et aliis, apostolice sedis locumtenentis, vice-legati et gubernatoris Avinionis, totiusque Comitatus Venayssimi rectoris, se humiliter presentavit venerabilis vir dominus Petrus Beloti, canonicus et administrator venerabilis capituli sancte ecclesie Avinionis qui eidem reverendissimo domino locumtenenti, vice-legato et gubernatori atque rectori exposuit qualiter ad ipsius capituli et illius administratoris seu yconomi noticiam pervenerat quod, hiis superioribus diebus, videlicet de anno precedenti aut alias, sua reverendissima dominatio, ad nonnullorum forsitan dicte ecclesie emulorum importunam instantiam, absque aliqua causa saltim legitima, tenore petitionis ex conventione, ipsi ecclesie per nonnullos mollentes supra aut secus flumen Sorgie jubentes, occasione rotarum dictorum molendinorum vel purgationis Sorgie predicte debite arresturi, mandaverant capitulo dicte ecclesie et in illius juriumque prefate ecclecie prejudicium evidens et detrimentum.

Quapropter eidem reverendissimo domino locumtenenti, vice-legato et gubernatori atque rectori Comitatus premissis et aliis que suam reverendissimam dominationem movere possent attentis, humiliter supplicavit et eumdem requisivit quathenus dictum arrestum, tanquam dicto capitulo dampnosum et a quo nullatenus est incipiendum, tollere et amovere, dictique arresti sublatione in et evictione inthimari precipi omnibus et singulis molendina in flumine Sorgie habentibus ut predicto arresto se non... quinymo ut hactenus consueverunt et tenentur... dicte ecclesie, occasione rotarum seu purgationis dicte Sorgie debita et debitas sine cavillatione, administratori seu yconomo illius exsolvere haberent mandare dignaretur, quibuscumque subterfugiis non obstantibus et hoc, sub pena, arbitrio ipsius reverendissimi domini locumtenentis, vice-legati et gubernatoris imponenda et alias sibi de remedio providere opportuno, officium ejusdem reverendissimi humiliter implorando.

Quibus quidem expositione, supplicatione et requisitione benigne auditis et intellectis, attendens et considerans prefatus reverendissimus dominus locumtenens, vice-legatus et gubernator, requisitionem hujusmodi fore justam et rationi consonam, quodque justus petentibus non est denegandus assensus, ex certis etiam, causis, animum suum, ut dixit, juste moventibus, attento etiam quod de juribus ecclesie sancte predicte in honorem beate Marie

Virginis de Donis fundate agebatur, dictum arrestum abstulit et amovit, proque sublato et amoto haberi voluit, nichilominusque omnibus et singulis qui molendina supra flumen Sorgie, aut circa illud, habent, et qui ex conventione, consuetudine aut alias dicte ecclesie, occasione rotarum seu purgationis Sorgie... pro superioribus annis liberavit, per certum sanctissimi domini nostri pape cursorem inthimari voluit dictam sublationem et arresti amotionem, illisque precipi, sub censuris et penis excommunicationis et pecuniarie viginti quinque marcharum argenti, quathenus dicto capitulo aut alias yconomo satisfaciant, perinde ac si dictum arrestum fuisset factum, eosdem debitores et ipsorum quemlibet exhortando ut ipsam ecclesiam sanctam ob honorem beate Virginis Marie de Donis, cujus vocabulo fulcitur, manuteneant, tuentur et in suis juribus, ut tenentur et debent tanquam veri orthodoxi defendant.

De quibus omnibus et singulis premissis prefatus dominus Petrus Beloti, canonicus et administrator prefatus gratias egit predicto reverendissimo domino locumtenenti, vice-legato et gubernatori, instrumentumque et instrumenta, unum et plura, totiens quotiens opus erit sibi, dicto nomine, et ipsi capitulo expediri per me notarium publicum infrascriptum petiit et requisivit, illaque sic fieri et expediri obtinuit.

Acta fuerunt hec Avinione, in parqueto ante palatium apostolicum, presentibus ibidem nobilibus viris Christoforo Camoti, viguerio civitatis Avinionis et Francisco Ensilini de Avinione, testibus ad premissa vocatis specialiter et rogatis.

(Original : Archiv. département. de Vaucluse. G. Fonds du Chap. métropol., G. 8, fol° 82.)

L

Concession par le chapitre métropolitain à Laurent du Roure et à sa femme pour la construction de trois espaciers, au clos de la Sacristie pour l'arrosage de leurs prés.

(17 avril 1506.)

In nomine Domini. Amen. Universis presentibus et futuris presentis publici instrumenti seriem et tenorem inspecturis, visuris, lecturis, ac etiam audituris patefiat et sit notum quod, anno Nativitatis ejusdem Domini millesimo quingentesimo sexto, indictione nona, cum eodem anno, more romano sumpta, die vero decima septima mensis aprilis, pontificatus sanctissimi in Christo patris et domini nostri Domini Julii, divina providentia, pape secundi, anno tertio, in mei notarii publici et testium infrascriptorum, ad hoc specialiter vocatorum et rogatorum, presentia, existens, et constitutus personaliter venerabilis et egregius vir dominus Petrus Bolleti, canonicus, procuratorque et administrator, sive yconomus generalis, sancte metropolitane Avenionensis ecclesie, prout, de sua procuratoria potestate, constat, in instrumento publico, per honorabilem virum magistrum Johannem Lorini, notarium publicum et dicti capituli secretarium, et in ipsis substitutum, ut dixit, sumpto et recepto, sub anno et die in eodem contentis, quod, de consensu ac cum licentia, sibi ad infranscripta, ut dixit, per egregios viros et venerabiles viros dominos Ludovicum Sextoris, precentorem, Johannem de Ronhaco, Johannem de Avenis, Joachinum

Rollandi, Vincentium Botoneti, Carolum Valserre, Anthonium de Bisqueriis, canonicos dicte metropolitane ecclesie Avinionensis, in capitulo suo, in loco eorum capitulari solito, die presenti, eorum dictum capitulum tenendo, eidem domino Petro Bolleti... data et concessa, nomineque ipsius ecclesie et capituli, gratis et sponte, ex certa scientia, et cum bono ac deliberato proposito et consilio dictorum dominorum canonicorum et capituli, dedit, tradidit et concessit venerabili et egregio viro domino Laurentio de Ruvere, in medicina doctori, et domine Anne, conjugibus, et suis tantum, dicto domino Laurentio presenti, dicta vero domina Anna, ejus uxore, absente, ipso domino Laurentio, una mecum notario infrascripto, ut communi et publia persona, pro ipsa domina Anna et suis predictis, presentibus et stipulantibus, videlicet licentiam, potestatem et facultatem faciendi et construendi, seu construi et fieri faciendi, de et super alveo sive bedali aque Sorgialis, molendinorum ipsius ecclesie et capituli Avinionensis, tria spaceria, in quodam eorumdem conjugum prato, sito in territorio Avinionensis, in clauso Sacrisdotie, quod, ut dixerunt, tenetur et movetur sub directo dominio et senhoria canonicorum et capituli ecclesie Avinionensis, confrontato, ab Oriente, cum prato Balif, peissonerio, et, ab Occidente, cum vinea...... a Borea, recto, cum itinere publico tendente de civitate Avenionis ad locum sancti Saturnini, diocesis Avinionensis, a Meridie, cum ipso bedali sive Sorgia ipsius capituli, sive ecclesie Avinionensis, et cum suis aliis justis et legitimis confrontationibus, si que sint premissis verioribus. Per que quidem tria spaceria fluat et fluere debeat aqua predicta Sorgialis molendinorum ipsius ecclesie Avinionensis et eidem capitulo pertinens et spectans a modo inanthea, ex nunc et in perpetuum, per se et suos prefatos tantum, et hoc videlicet, singulis diebus sabbativis, tempore tamen estivo et non alio tempore, videlicet : a vesperis cujuslibet diei sabbatavi usque ad meridiem diei dominice: tunc proxime sequentis, pro irrigatione predicti prati ipsorum conjugum, superius confrontati, solum et duntaxat, salvo tamen semper et retento, prefatis capitulo et ecclesie Avinionensis et suis in eisdem successoribus quibuscumque, jure directi dominii et majoris senhorie, ac censu et servitio annuo et perpetuo super dicta aqua Sorgiali et quolibet spacerio, decem grossorum monete currentis in Avinione, qui sunt, in universo, triginta grossi, quolibet grosso pro viginti quatuor denarios, dicte monete computato, solvendorum per dictos conjuges aut suos jamdictos tantum dictis dominis canonicis ecclesie et capitulo, seu eorum legitimo procuratori et exhactori, annis singulis, in quolibet festo beate Marie medii mensis augusti.

Dedit, inquam, tradidit et concessit dictus dominus Petrus Belloti, canonicus et procurator, dictis conjugibus stipulantibus, quibus supra intervenientibus, predictam licentiam, authorisationem et facultatem predicta tria spaceria faciendi et construendi, seu fieri et construi faciendi, ut supra dictum est, pretio et nomine pretii quatuor polletorum seu pullorum, quos dictus dominus Petrus Belloti, nomine predicto, a dictis conjugibus, quibus supra stipulantibus et intervenientibus, confessus fuit habuisse et realiter recepisse, sic et taliter quod, de eisdem, nomine predicto, se tenuit contentum et satisfactum, eosdem dominum Laurentium de Ruvere et Annam, conjuges et suos prefatos quictavit, liberavit et penitus perpetuo absolvit, cum pacto perpetuo et irrevocabili de non aliquid ulterius de eisdem petendo.

Et quia contractus ex pactis et conventionibus legem accipiunt, ideo fuit de pacto expresso, inter partes predictas, nominibus quibus supra, sollempni et valida stipulatione ac juramento infrascripto, vallato et corroborato ac convento et concordato, quod dicti dominus Laurentius et Anna conjuges et sui prefati teneantur et debeant et debebunt facere et construere, seu construi et fieri facere et procurare predicta tria spaceria, in rippa dicte Sorgie, de lapide aut lignis, in meliori forma latitudinis tamen et altitudinis, cujuslibet spacerii, unius palmi et non ultra, ita quod aqua predicta sorgialis non fluat, nec fluere debeat inter ipsa spaceria, nisi duntaxat tempore ac diebus superius expressis et designatis.

Item ulterius fuit de pacto, inter predictas partes, habito, convento et concordato ac juramento infrascripto roborato, quod dicti domini Laurentius de Ruvere et Anna, conjuges et sui jamdicti tenebuntur et debebunt, in dictis tribus spaceriis et quolibet ipsorum, facere ceras et claves, pro illa claudendo, illaque clausa tenere, nisi temporibus jamdictis.

Item ulterius fuit de pacto, inter predictas partes, habito, convento et concordato, quod, ut supra, quod qualibet die dominica, post diem quamlibet sabbati sequentem, hora meridiei dicte diei dominice, dicti conjuges et sui predicti, teneantur et debeant tria spaceria, prout superius dictum est, claudere et claudi facere omnino cum dictis cera et clave, sic et taliter quod aqua predicta sorgialis, nec aliquid ex ea, quavis pacto, fluat per illa, usque ad vesperas cujuslibet diei sabbativi, et hoc sub pena viginti quinque solidorum turonensium, pro qualibet vice, ipso capitulo et ecclesie applicandorum, quos seu quem ex nunc, prout ex tunc, et e converso, in casum in quem reperiatur, in futurum, ipsa aqua per ipsa tria spaceria seu aliquod eorum fluere, nisi diebus, horis et tempore superius expressis, prefatus dominus Laurentius de Ruvere per se et suos prefatos et, tam nomine suo quam dicte domine Anne, ejus uxoris, pro qualibet vice, eo ipso, voluit et vult incurrere et incurrisse, nullaque alia declaratione per aliquem judicem nec presidem super his facta nec spectata, quinymo penam ipsam vigenti quinque solidorum turonensium, ipsis ecclesie et capituto voluit et vult adjudicari et adjudicata esse, sub obligationibus et juramentis infrascriptis.

Item pariter fuit de pacto, inter partes predictas, quibus supra nominibus, habito, convento et concordato, ut supra, quod dicti domini Laurentius de Ruvere et Anna, conjuges et sui prefati, tenebuntur et debebunt et ad hoc astricti erunt ac compellandi, facere tales rivulos, sive bedalia, in dicto eorum preconfrontato prato, quod aqua predicta, que ex dicta Sorgia procedet pro illius irrigatione, non possit, nec debeat limites et confrontationes predicti prati, seu extra predictum pratum, fluere et non alibi quam in dicto prato pro aliorum vicinorum prediis rigandis, nec propter ea, liceat et licitum sit ipsis conjugibus nec suis predictis, de dicto eorum prato mittere et facere fluere, ullo modo, per alia predia predicta dictorum vicinorum, aquam predictam Sorgie. Et in casum contravenientium hoc est quod contrarium aliquorum premissorum reperiretur et reperiatur in futurum, quod predicta hujusmodi licentia, facultas, concessio et potestas, ipso jure, sint inefficaces nulliusque valoris et efficacie seu momenti, quinymo habeantur pro non datis et factis.

Item plus fuit de pacto sollemni et, valida stipulatione, vallato, inter partes predictas, et juramento infrascripto corroborato et firmato, quod predicta tria spaceria construendo et postquam constructa erunt et fuerunt, non sint ad fundum Sorgie constructa, sed supra fundum per unum palmum cum dimidio edificato, habito respectu ad locum seu canale, per quod inferius incipiet aqua predicta fluere.

Item magis fuit de pacto quod predicta spaceria sint et debeant cera et clave teneri, per dictos conjuges aut suos predictos, alias et aliter, ut supra dictum est, nulla sit hec concessio sive licentia, ipso jure, absque aliqua alia declaratione et a dictis spaceriis illico privari possint.

Item ultimo, fuit de pacto expresso, sollempni et valida stipulatione vallato, inter predictas partes, quod instrumentum hujusmodi concessionis et facultatis per me notarium publicum infrascriptum conficiendum et extrahendum in forma probante, extrahetur pro parte dictorum ecclesie et capituli, sumptibus ipsorum conjugum, pretiumque illius solvent dicto capitulo seu illius procuratori, administratori et yconomo expedietur, ad fines illud in archivis dicti capituli reponendum, prout dictus Laurentius de Ruvere ita facere promisit.

De quibus, etc.

Acta fuerunt hec omnia premissa Avinione, in introhitu porte domus dicti domini Laurentii de Ruvere, site ante Puteum Bovum, presentibus ibidem providis viris Marcino Martini, Petro Orjoleto, rybeyreriis, Glaudio Crevilhon ac magistro Gabriele Bertoteti, fusteriis, habitatoribus Avinionensibus testibus ad premissa vocatis specialiter et rogatis.

(Original parchemin. Archiv. départem. de Vaucluse. G. Fonds du chap. métropolitain, G. 8, fol° 74.)

LI

Concession par le chapitre métropolitain à Nicolas Gaspard, du droit de construire un espacier pour l'arrosage de son pré, au terroir d'Avignon, lieu dit à La Sacristie Vieille.

(2 mars 1511.)

In nomine Domini. Amen. Noverint universi et singuli presentes pariter et futuri seriem et tenorem hujus veri et publici instrumenti visuri, lecturi et audituri quod, anno a Nativitate domini millesimo quingentesimo undecimo, indictione quarta decima, cum eodem anno more romane curie sumpta et continuata, die vero secunda mensis martii, pontificatus sanctissimi in Christo patris et domini nostri domini Julii, divina providentia, pape secundi, anno octavo, in mei notarii publici, testiumque infrascriptorum, ad hec specialiter vocatorum et rogatorum presentia existentes personaliter egregii et nobiles viri dominus Johannes Rollandi, canonicus et Honoratus de Costa, etiam canonicus et administrator capituli sancte metropolitane ecclesie Avinionensis, ambo simul, nomine et ex commissione capituli dicte ecclesie Avinionensis, prout asseruerunt et per quod quidem capitulum omnia universa et infrascripta ut in presenti publico instrumento contenta et descripta ratificari facere sub obligationibus, promissionibus et obligationibus infrascriptis..... infrascriptorum solam et simplicem requisitionem, bona fide, gratis et sponte, nomineque ipsius ecclesie et capituli ejusdem, dederunt donaverunt, tradiderunt, cesserunt ac penitus et per in perpetuum desamparaverunt discreto viro Nicolao Gaspardi, mercatori, civi et habitatori Avinionensi presenti ibidem stipulanti sollempniter et recipienti, pro se et suis heredibus et successoribus quibusdam, licentiam, potestatem, auctoritatem et facultatem faciendi et construendi seu fieri et construi faciendi de et super alveo ac bedali aque Sorgie molendinorum ipsorum ecclesie et capituli Avinionensis seu verius littore ejusdem bedalis seu alvei, unum spasserium latitudinis et longitudinis unius manus aperte tantum et hoc pro irrigando quodam ipsius Nicolay Gaspardi prato, scito in territorio Avinionensi loco vulgo dicto « La Sacristia vielha » confrontato : a solis ortu, cum orto domini Dalmassii Augerii, a solis occasu, cum prato nobilis Francisci Baroncelli, a meridie, cum vineis dicti Baroncelli et domini de Vedena et a borea, cum alveo ejusdem Sorgie et cum suis aliis confrontatis premissis verioribus si que sint. Ita quod per dictum spasserium fluat et derivetur et fluere debeat aqua molendinorum predicti alvei sive bedalis Sorgie ad dictum capitulum pertinens, a modo inanthea, nunc et in futurum per in perpetuum, ad usum et utile dicti prati duntaxat rigandi jure directi domini et majoris senhorie ac censu et servitio annuo et perpetuo sexdecim solidorum turonensium per dictum Nicolaum Gaspardi ac suos predictos eisdem dominis preposito, canonicis et capitulo vel eorum legitimo procuratori et receptori, annis singulis, per in perpetuum, in quolibet festo beate Marie medii mensis augusti solvendorum.

Et quia contractus ex pactis et conventionibus legem accipiunt, fuit de pacto expresso inter dictas partes, quibus supra nominibus, hinc inde contrahentes inhito, solemnique et valida hinc inde stipulatione partium predictarum et earum cujuslibet interventione roborato et confirmato, quod dictus Nicolaus Gaspardi teneatur et debeat dictum spasserium sumptibus suis facere et construere, seu fieri et construi facere in capite dicti prati et alveo Sorgie predicte seu ripa illius..... duabus cannis franchis et liberis dicti prati supra caput dicti alvei providendo et descendendo in longitudine rippe ejusdem alvei, de lapidibus et constructum manutenere cum cera et clave latitudinis et longitudinis sive aperture predicte.

Item fuit de pacto inter dictas partes, convento et concordato, ut supra, stipulatione predicta roborato, quod dictus Nicolaus et sui predicti recipere poterunt et derivari facere aquam alvei sive bedalis dicte Sorgie molendinorum per dictum spasserium, pro rigando dictum pratum, singulis diebus sabbati et hora vesperorum ejusdem diei sabbati, usque ad horam meridiei diei dominice tunc proxime et immediate sequentis et non alias, aliter nec alio modo. Et casu quo alias, aliter aut alio modo, quandocumque ipse Nicolaus aut sui predicti, per se vel per alium seu alios, aquam predictam per dictum spasserium derivari facerent, incurrat et sui predicti incurrant penam solidorum quadraginta turonensium, pro dimidia fisco sanctissimi domini nostri pape et alia dimidia, predicto capitulo, stipulatione legitima interveniente, applicanda; que quidem pena semel vel pluries incursa, eo ipso facto, possit exigi et recuperari, more fiscalium debitorum irremissibiliter, nullius judicis seu prethoris super hoc petita nec etiam obtenta licentia.

Item fuit de pacto inter dictas partes, quibus supra nominibus, convento et concordato quod dictus Nicolaus non possit neque sui possint dictum preconfrontatum pratum ex aqua dicti alvei seu bedalis Sorgie ad dictum capitulum et ecclesiam Avinionensem pertinente rigari seu rigari facere, nisi per predictum spasserium tantum, et casu quo ipse Nicolaus aut sui predicti abuterentur hujusmodi spasserio, nisi solum et duntaxat tempore dicti prati rigationis opportuno et pro eodem tantum vel illud spasserium ampliarent per se vel alium seu alias, ex tunc pro nunc et ex nunc pro tunc, liceat dictis dominis canonicis et capitulo dictum spasserium claudere, frangere, rumpere et ad primum statum reducere seu reduci facere.

Item finaliter fuit de pacto inter dictas partes quibus supra nominibus, convento et concordato quod casu quo dictus Nicolaus vellet aut sui predicti vellent claudere dictum spasserium et illud in modum et formam pristinos reducere, quod id sibi et suis predictis licitum sit et existat et tunc cessare debeat dictum censum sexdecim solidorum turonensium annualium et ad illius solutionem, predicto casu adveniente, idem Nicolaus et sui predicti non teneantur nec astringi possent quoquomodo.

Ita quod, etc. Pro quibus omnibus, etc.

Acta fuerunt hec omnia capitulariter, in loco capitulari dicte ecclesie consueto, presentibus ibidem honorabilibus et discretis viris magistris Anthonio Bernardi et Guilhelmo Polmerii, notariis publicis, civibus et habitatoribus Avenionensibus, testibus ad premissa vocatis specialiter et rogatis.

(Original parchemin : Archiv. départ. de Vaucluse. Série G. Fonds du chap. métropol. G. 8, fol° 67.)

LII

Extrait d'un mémoire du chapitre métropolitain aux consuls d'Avignon contenant l'énumération des moulins et espaciers établis sur la Sorgue.

(1556)

Cest sont les memoyres que messieurs les prevost, chanoynes et chappitre d'Avignon donnent à vous, messieurs les conseulz et deputez de la dicte ville sur les faictz de la Sorgue et moullins.

Et premièrement, disent que la rivière de la Sorgue, despuys la prinse qu'on appelle du Prevost, jusques au Rosne est et appartien au dict chappitre ainsi qu'il vous apparois par bons documents. . . . .

Les proffitz que la dicte rivière rend au dict chappitre sont ce que s'ensuyvent :

Premièrement, ledict chappitre a, toutes les années, de rente pour rayson des spassiés et des moullins, la somme de fr. 93, sol 5, contenus en une parcelle que le chappitre donne aus dis sieurs de la maison de ville et que sera cy apprès escrite.

Oultre la susdicte somme, le dict chappitre a sus la dicte rivière, le moullin de bley dedans la dicte ville d'Avignon, duquel il en a de rente, toutes les années, trente saumées grosses et dyuit emynes de bon blé. Plus a le moullin de L'Espigue duquel il a de rente, toutes les années, trente saumées grosses et sept emynes de bon blé.

Plus a le moullin Neuf duquel il en a de rente, toutes les années, trente saumées grosses et sept emynes de bon blé.

Plus a le moullin de Reaupanier duquel M. Bernardins Laurans en est coseigneur pour la sisième partie et se arrante seze saumées grosses de blez, desquelles levée la dicte sixiesme partie pour le dict Laurans, en demeure aus dis chappitre treze saumées. . . . .

S'ensuit les noms de ceula qui sont tenus de payer rente au dict chappitre, tant pour raison des spassiers que des roues de moullins :

Les heretiers de M. Andici, pour ung espacié, sol. 1.

Les heretiers de noble Gallian, seigneur des Issars, pour les roddes du moullin. . . . . fl. 10.

Les heretiers de M. d'Aguilhes, pour roddes du moullin.. . . . . fl. 7, gr. 6.

M. le docteur Berardi, pour ung espacié. fl. 1, gr. 3.

Les heretiers de B. Moreti, pour les roddes du moullin Parradou. . . . . fl. 2. gr. 6.

Noble Pierre de Cocillis, alias Agaffin, pour les roddes du mollin de Pont de Sorgue. . . . . . . fl. 8.

Pierre Lauze, pour les roddes du moullin de Pont de Sorgue. . . . . fl. 7, gr. 6.

François de Peres, pour ung espacié. . . . fl. 1.

Les heretiers de Jehan Cappi, pour ung espacié. fl. 1.

Nicolas Buz, pour les roddes de son moullin. fl. 7, gr. 6.

Anthoine Beau, pour les roddes du moullin du Pont de Sorgue. . . . . fl. 7, gr. 6.

Les heretiers de Marreau Pere, pour ung espacié. fl. 1.

Les heretiers de M. de Fargues, pour ung espacié. fl. 1.

Les heretiers de Catherine du Perrisard, aultrement du Chesne, pour ses espaciers. . . . . . fl. 1, gr. 9.

Les heretiers de Glaude Blanchiés, pour ung espacié.. . . . . fl. 1, gr. 4.

François de Janue de Nicolay, pour ung espacié. fl. 1.

Jehan Veranda, pour ung espacié. . . . . fl. 1.

Les heretiers de Pierre Joly, pour ung espacié. fl. 1.
Plus les roddes du moullin de la Garrigo. . fl. 5.
Marc de Peres, pour ung espacié. . . . . . fl. 1.
Les heretiers de François Benet, alias Verdeleing, pour ung espacié. . . . . fl. 1.
M. le docteur Fogasse, pour deux espaciers. . fl. 6.
Sire Anthoyne du Pont, pour son moullin . . fl 12.
Les Selestins du Pont de Sorgue, deux roddes du moullin. . . . . fl. 5.
Les heretiers de seigneur Jehan Joques, pour les roddes du moullin dans la ville. . . . . . fl. 2, gr. 6.
Plus ung espacié. . . . . fl. 1.
Monsieur le docteur de Francia, pour ung espacié. . . . . fl. 0, gr. 8.
Jehan de Roddes, pour ung espacié . . . . fl. 1.
Dame Catherine Rousse, pour deux espacié. fl. 1, gr. 4.
Sire Michau Croustet, pour ung espacié. fl. 0, gr. 8.
Monsieur le prevost de Panisse, pour ung espacié. . . . . fl. 0, gr. 8.
Les Fortias. . . . . fl. 2, gr. 6.
Le seigneur de Ezsars et de Vedene, pour cinq espaciers à 5 gros la piesse. . . . . fl. 2.
Barthomieu Belou, pour ung espacié. . . . fl. 1.
Gauchier de Maresis, pour ung espacié. fl. 0, gr. 8.
Jan Pusque, pour deux espacié. . . . fl. 0, gr. 1.
Jerosme Gardini, pour deux espacié. . . . . fl. 1.
Les heretiers de Valentin, pour ung espacié.. . . . . fl. 1, gr. 10.
Jan Chaumar, de Villeneuve, pour ung espacié . . . . fl. 2, gr. 6.
Bernardin Laurens, pour quatre spaciers fl. 7, gr. 8.
Jean Forlie, pour ung espacié. . . . fl. 0, gr. 6.

(Orig. Archives départ. de Vaucluse, Série G. Fonds du chap. métropolitain, G. 29, Sorgue, tom. 1, fol• 2.)

LIII

Concession par le chapitre metropolitain à Jean de Joly, évêque de Saint-Paul-Trois-Châteaux, de cinq espaciers sur la Sorgue, lieu dit à Cassagnes.

(13 octobre 1558.)

In nomine Domini. Amen. Universis et singulis presentibus et futuris pateat et sit notum quod, cum lis et querimonia suborta fuerit coram bone memorie Alexandro Campegio, episcopo Bononiensi, dudum prolegato, locumtenente et gubernatore generali Avinionis et coram aliis qui ab eo fuerunt prolegatis continuata, pendeatque adhuc indecisa coram reverendissimo domino Jacobo Maria Salla, Dei et apostolice sedis gratia, episcopo Vivariensi moderno, in civitate et legatione Avenionensi prolegato, locumtenente et gubernatore generali, inter reverendos dominos prepositum, canonicos et capitulum sancte metropolitane Avinionensis ecclesie agentes, ex una, et nobilem Franciscum de Joly, dominum de Clerano primum et successive reverendum in Christo patrem et dominum Joannem de Joly, episcopi sancti Pauli Tricastrini, uti privatum, reos et se defendentes, partibus, ex altera, super eo quod dicti domini capitulum dicerent et pretenderent aquam fluminis Sorgie quod a fonte Valliscluse oritur et in flumen Rhodani fluit ejusque alveum totum ad se pleno jure pertinuisse et spectasse pertinereque et spectare, idque ab eo loco territorii loci Castrinovi domini Giraudi Amici qui dicitur « La prise du Prevost », usque in dictum Rhodanum et, ob id, nemini licuisse aut licere, sine eorum expressa licentia, aqueductus aut meatus aliquas seu spasseria et rigolas, a dicto loco seu prisia usque dictum flumen Rhodani facere et habere, per quos aqua dicte Sorgie hauriatur, subripiatur et alio dirivetur; Et cum dictus nobilis quondam Franciscus Joly, possessor ruris tenementi et affaris de Cassaneis siti in territorio Avenionensi, inter dictam prisiam et flumen Rhodani contigui seu herentis dicto alveo Sorgie, a parte meridiei certos meatus seu spasseria et rigolas in ripa dicti alvei juxta dictum tenementum de Cassaneis, in suis ipsis dominis de capitulo seu invitis fecerit seu haberet, per que aqua ejusdem Sorgie, in prata, hortos, et predia alia dicti tenementi perfluit atque rigat et ita ut propterea molendina dicti capituli, in dicto alvea constructa, quam sepissime molere cessent tales meatus seu spasseria et rigolas claudi obturari et repleri debere, et ad id dictum quondam dominum de Cleranis seu dictum reverendum dominum Tricastrinensem episcopum, ruris predicti modernum possessorem, viis juris et remediis opportunis cogi et compelli; parte vero dictorum dominorum de Cleranis et episcopi pretenderetur se fuisse et esse tam eorum medio quam aucthorum suorum, a quibus jus et causam habuerint et habent, in possessione immemoriali et recenti faciendi et habendi, in alveo dicte Sorgie, juxta dictum tenementum de Cassaneis meatus, aqueductus, rigolas et sparseria et per ea, aquam in eorum prato, hortos et predia ducendi ipsaque predia rigandi a qua possessione turbari aut molestari minime debere, potissimum cum in una alia causa inter dictum capitulum et aucthores seu antecessores suos dictorum sparseriorum occasione ventilata, lata fuerit sententia super possessorio, in favorem dictorum antecessorum et alias, ut in actis seu processu dicte novissime cause, per magistrum Joannem de Ruffo, notarium et coram dicto reverendissimo vice-legato, scribam seu ejus substitutum sumptis, prout premisse partes infrascripte vera esse asseruerunt.

Hinc est quod, anno a Nativitate domini millesimo quingentesimo quinquagesimo octavo, indictione prima, die vero tertia decima mensis octobris, pontificatus sanctissimi in Christo patris et domini nostri domini Pauli, divina providentia, pape quarti, anno quarto, in mei notarii publici et testium infrascriptorum presentia personaliter constituti et capitulariter, ut moris est, pro actu infrascripto congregati reverendi domini Antonius Laurentii, archidiaconus secundus, Pontius Felicis, precentor, Claudius Upaissy, Sebastianus Finelli, Spiritus Blegerii, Lazarus Corvesy, Josephus de Panissiis, Gaspar de Ponte, Jacobus Cornilhe, Joannes Nicolay, Petrus Pellidentis, Petrus de sancto Laurentio, et Joannes Boullay, canonici predicte metropolitane Avinionensis ecclesie, capitulantes, majoremque et saniorem partem capituli dicte ecclesie facientes et representantes et, tam nominibus suis quam revendorum dominorum prepositi et canonicorum aliorum absentium, totiusque capituli dicte ecclesie, ex una, et predictus reverendus dominus Johannes de Joly, episcopus Tricastrinensis, uti privatus, partibus, ex altera, que quidem partes, gratis et sponte, certa scientia et spontanea voluntate, per se et suos successores quoscumque, cupientes litis anfractus et majores expensas evictare, ad bonamque pacem et concordiam devenire, de et super predicta lite et prisiis aliis quotquot fuerunt inter eos suosque predecessores ventilate et suis incidentibus dependentibus, emergentibus, annexis et connexis, mutuis et reciprocis, hinc inde meique notarii, ut communis et publice persone, vice, nomine et ad opus dictarum partium, aliorumque omnium et singulorum, quorum interest aut interesse potest, vel potuit, stipulantibus, intervenientibus, convenerunt, transegerunt, pepigerunt et accordaverunt ut sequitur :

Primo quod dicti domini, capitulum, domini dicte Sorgie dabunt et concedent, prout et dederunt et concesserunt predicto domini Joanni Joly, episcopo, uti privato, presenti et pro se, suisque heredibus et in posterum juris et rei successoribus quibuscumque acceptanti, stipulanti et recipienti in precariam et precario nomine, licentiam et auctoritatem, potestatem et facultatem faciendi et construendi, seu habendi et tenendi in dicto alveo seu bedali Sorgie, juxta dictum tenementum, seu territorium de Cassaneis, quinque spasseria per que defluat et deffluere possit aqua sorgialis ad irrigandum ortum et prata que dictus dominus habet, de presenti, in dicto tenemento de Cassaneis, hoc autem singulis tantum diebus sabbativis, a vesperis uniuscujusque diei sabbati usque ad meridiem sequentis diei dominice et alias, juxta consuetudinem aliorum spaseriorum in dicto alveo et formam eis datam, ita tamen quod non liceat dicto domino episcopo, neque successoribus suis, aquam sorgialem, in dicta sua predia ducere et derivare quam per dicta spasseria, tempore predicto, propter quod tenebitur ipse et sui majora seu reliqua si que sunt spasseria et rigolas seu meatus aque predicte claudere et obturare, quod libetque dictorum sparseriorum que manebunt, clavi et sera claudere et clausa tenere, ita quod aqua sorgialis per ea quoquomodo non perfluat, neque ille aut sui possint spaseria hujusmodi apperire et aperta tenere, nisi tempore et horis predictis, neque dicta aqua quomodolibet abuti poterunt tamen irrigare ortum quem habet in dicto tenemento ab uno dictorum sparseriorum, per unam horam cujuslibet diei, ortum, usquam, quatuor eyminatorum aut circa, contineatque quod libet dictorum quinque sparseriorum unum tantum palmum in altitudine et in latitudine tantumdem et non sint dicta sparseria majoris forme.

Item transegerunt et fuit de pacto quod aqua sorgialis per dicta sparseria defluens, non possit ultra limites territorii seu tenementi dicti ruri de Cassaneis protendere, seu aliena predia quoquomodo irrigare.

Item fuit de pacto quod teneatur dictus dominus episcopus et sui, annis singulis, et perpetuo, in quolibet festo

Assumptionis beate Marie Virginis quod in medio mense augusto celebratur, pendere solvereque, tradere et expedire predicto capitulo, pro quolibet dictorum sparseriorum census quinque solidorum turonensium sic in summa pro quinque sparseriis viginti quinque solidos turonenses.

Item fuit de pacto inter dictas partes convento et concordato quod casu quo predictus dominus episcopus aut sui abuterentur premissa licentia et premissis aut alicui premissorum contravenirent, possint dicti domini de capitulo et sui predicti precarium revocare, sitque, eo casu, hujusmodi licentie concessio nulla et inefficax proque non facta perinde ac si facta nunquam fuisset.

Item transegerunt et convenerunt predicte partes quod, mediantibus premissis, sit, inter eas, pax et litium finis, teneanturque renunciare, prout et renunciaverunt litibus et causis prenarratis, expensis autem in talibus et causis hujusmodi factis et compensatis.

Hujusmodi autem transactionem et accordum concessionem, pacta, promissiones ac omnia universa et singula premissa, etc. .

Pro quibus etc.

Acta fuerunt hec premissa Avinione, in loco capitulari predicte ecclesie, presentibus ibidem venerabili nobili et discretis viris domino Melchione Tarennas, canonico ecclesie cathedralis sancti Pauli Tricastrini, Bernardino Laurentii, burgense et magistro Johanne de Ruffo, notario, civibus et habitatoribus dicte civitatis Avenionis, testibus ad premissa vocatis et rogatis.

(Original parchemin. Archiv. départ. de Vaucluse. G. Fonds du chap. métropolitain. G 8, fol° 80.)

LIV

Sentence du juge d'Avignon condamnant les Célestins de Gentilly à Sorgues, Antoine Beau et autres à contribuer au curage et au repurgement de la Sorgue.

(20 mai 1561.)

Laurentius Arnulphus, decretorum doctor, auditor domesticus reverendissimi in Christo patris et domini Alexandri Guidicioni, etc... Dudum mota lite et controversia coram reverendissimo domino Antonio de Trivultiis, electo Tholonensi, dicti reverendissimi et illustrissimi domini Alexandri, miseratione divina, tituli sancti Laurentii in Damaso diaconi cardinalis de Farnesio vulgariter nuncupati, sancte romane ecclesie vice cancellarii, in civitate Avinionensi et Comitatu Venaissini ac aliis partibus de Latere legati, locumtenenti et vice-legato, per et inter reverendos patres venerabilesque et egregios viros dominos prepositum, canonicos et capitulum ecclesie metropolitane Avinionensis agentes et petentes, ex una, et venerabiles et religiosos viros dominos priorem et fratres conventus fratrum Gentillinorum extra et prope locum Pontissorgie, Antonium Belli, Ludovicum, Petrum, Guilhermum et Hieronimum Lauzam ejusdem civitatis Avinionensis, de et super curatione alvei Sorgie solutioneque juris rotarum reos et se deffendentes partibus ex altera, in dicta causa etc...

Cujus quidem sententie tenor sequitur et est talis :

Christi nomine invocato et solum Deum pre oculis habentes, Nos Petrus Isnardus, decretorum doctor, vicegerens curie Camere apostolice Avinionensis, judex et commissarius specialiter deputatus in causa mota et agitata coram nobis, inter reverendos patres dominos canonicos et capitulum ecclesii metropolitane beate Marie de Domnis agentes et petentes, ex una, et devotos et religiosos fratres conventus monasterii Celestinorum sive Gentillinorum Pontissorgie et nobiles viros Antonium Belli, Ludovicicum, Petrum, Jacobum, Guilhermum et Hieronymum Lauze, cives Avinionenses, reos et se deffendentes, partibus, ex altera, viso processu, actis et attestationibus utriusque productis et presertim quodam publico donationis instrumento, de anno millesimo centesimo primo, quo constat dominium aque Sorgie, a loco Vedene usque ad Rhodanum, titulo donationis, ad ipsos dominos canonicos et capitulum beate Marie de Domnis pertinere ac spectare et alio instrumento de anno millesimo ducentesimo quarto, signato per Stephanum, notarium et exemplato per quondam Johannem Guirantani, ex quo constat tertiam partem expensarum omnium que fiunt a molendinis Vedene usque ad resclausam Furche Abbatis, tam in ducenda aqua quam fossatis curandis et resclausis faciendis vel reficiendis... solvi... ab illis de Ponte Sorgie, aliam vero tertiam ab illis de Vedena;

Item et litteris contributoriis pro curata dicte aqua... a commissariis reverendissimi domini sanctissimi domini pape camerarii deputato de anno Domini millesimo trecentesimo nonagesimo primo et die decima nona augusti, quibus illi de Ponte Sorgie et alii coacti fuerunt ad contribuendum pro dicta curata et purgatione alvei Sorgie, singuli pro tertia parte, expensis omnibus; diligenter et mature considerantes, et quia, crescentibus expensis in dicta purgatione alvei Sorgie debet quoque crescere contributio, ea hiis et aliis, ex actis hujusmodi resultantibus, animum nostrum juste moventibus, per hanc nostram deffinitivam sententiam, quam de peritorum consilio et maxime domini accessoris infrascripti pro tribunali sedentis, in hiis serimus scriptis, dicimus, decernimus, pronunciamus et declaramus dictos religiosos et illorum monasterium, necnon dictos Belli et Lauzeni hujusmodi causa reos, teneri et condemnaturos esse et quod hac nostra sententia condemnamus ad solvendum et contribuendum, pro rata, curatione et purgatione dicti alvei Sorgie, eos tanquam pretextu suorum molendinorum, juxta formam et tenorem instrumentorum supra mentionatorum, quotienscunque opus fuerit et legitime requisiti fuerint, una cum omnibus arreragiis et expensis in dicta purgatione et curatione Sorgie factis, eos tangentibus, que quidem arreyragia et expensae tenebantur exsolvere usque in presentem diem, ad rationem triginta solidorum pro singula rota, etc.

Datum Avinione, sub sigillo nostro proprio quo utimur, die trigesima mensis maii, anno a Nativitate Domini millesimo quingentesimo sexagesimo primo, pontifficatus sanctissimi in Christo patris et domini nostri domini Pii, divina providentia pape quarti, anno secundo.

(Orig. parchemin. Archives de Vaucluse. G. Fonds du Chapitre métropolitain. G. N° 8, fol° 58.)

LV

Supplique du chapitre métropolitain à l'auditeur général d'Avignon pour défendre de prendre l'eau de la Sorgue pour les arrosages, autres jours que le samedi et le dimanche soir, et pour interdire de modifier les espaciers et d'en créer de nouveaux.

(Avril 1576.)

A Monseigneur Reverendissime evesque de Tollon, lieutenant et auditeur général de Monseigneur Illustrissime cardinal d'Armagnac, collegat en la légation d'Avignon, supplient humblement les prevost et chanoines de l'esglise de Nostre Dame de Doms, metropolitaine dudict Avignon, qu'en l'année mil cent et trente, longtemps auparavant que le domaine temporel de la ville d'Avignon appartint au Sainct Siège apostolic, les Comtes, lors seigneurs et princes souverains d'icelle ville, donnarent audict chappitre, toute la regalle de la rivière appelée la Grand Sorgue, laquelle entre dans Avignon au dessus de la porte Limbert et prent son yssue au dessoubz du couvent des Jacopvins, de sorte que, par moyen de la dicte donnation, le dict chapitre a jouy pleinement et paisiblement de l'eaue de la dicte Sorgue, sens qu'il feust permys à aulcung particulier fere deriver l'eaue de son cours, hors le consentement des suppliantz.

Sur ce advint que plusieurs particuliers ayants de près abordantz la dicte rivière, priarent les suppliantz ou leurs predecesseurs de les accommoder de l'eaue pour l'arrosage de leurs dictz près, de sorte que les suppliantz, sens leur prejudice, volantz accommoder chascung, feurent contentz que les diz voysins heussent permision de prendre l'eaue, le sabmedy après disner jusques au dimenche ensuyvant, par tout le jour, en fesant une bonde sive espacier de largeur especiée audict accord, aux fins que le chapitre ne feut interessé par la derivation de la dicte eaue, à cause dez molins qu'il a sur la dicte rivière.

Et par ce que aulcungz personnaiges qui ne sont guères zelateurs de l'estat ecclesiasticque, ayant seulement leur proffict particulier en recommendation, contravenantz au dict accord et non recordables de la grâce que ledict chapitre leur a faict (car il est certain de droit que l'eau ne peult estre dérivée du cours de la dicte rivière sens le consentement du dict chapitre tenantz en ce lieu du prince), ont prins et prenent jornelement l'eaue d'icelle Sorgue, à tous les jours et heures, comme bon leur semble, et d'avantage font fere les bondes si grandes et larges, ensemble des rigolles et espaciers, que bientost toute l'eaue sort de sa maire.

Sur quoy, par mandement de mon dict seigneur Illustrissime cardinal et, à la requeste des dictz suppliantz, sont esté faictes criées, à son de trompe, et encores inhibitions particulières au capitaine Lapis et à la vefve de M. Joseph Fabri, medecin, de prendre l'eaue de la dicte rivière, ormys que les dicts jours de sabmedy, semblablement de ne fere les bondes plus larges que de coustume. A quoy personne n'a digné d'obéyr, ains, au mespris des dictes inhibitions, sont passés oultre a fere comme bon leur a semblé. Que revient à très grand prejudice du dict chapitre; car, par moyen de cella, ilz ne trouvent point de rentiers ou bien à moindre pris, la moytié, qu'il ne feroyt si les choses que dessus estoient observées, sens ce que l'auctorité de mon dict seigneur le cardinal et vostre en est mesprisée, que porte une très mauvaise conséquence, mesme que chacung aujourdhuy se licencie de deshobéir aux supérieurs, comme des dictes inhibitions et contraventions il appert par les exploits y attachés

Vous plaira donc, Monseigneur, commettre à tel personnage que bon vous semblera de se transporter sur les lieux contentieux, avec l'assistence de M. l'advocat de Nostre Sainct Père le Pappe, en ceste légation d'Avignon et illec, sur les mesmes lieux, sens forme ny figure de procès, ayant seulement esgard à la veritté du faict, face abattre les bondes sive espaciers qui se treuveront de plus grande largeur que de celle que s'appartient, suyvant l'accord, faisant inhibitions et deffences aus dis contravenantz et aultres qu'il appartiendra de faire aulcunes rigolles, ny espaciers, ny aultres empeschemens pour garder le cours de la dicte Sorgue, parlant à leur personne ou de leurs domesticqs, de tourner, fere et remectre les dictes bondes en aultre estat et ne prendre l'eaue de la dicte rivière aultre jour que le sabmedy après disner, a peyne de vingt cinq marcs d'argent, sens aultre déclaration, attandu le cas dont il s'agist, prejudiciable non seulement au dict chapitre, mais à tout le public de la dicte ville. Car s'il estoyt question que les particuliers en usas ent de telle façon, le chapitre ne vouldroyt despendre mil ou douze cens florins pour le curage de la dicte Sorgue et ne venant l'eaue, la ville s'infecteroyt, sens les aultres incommodités. Avec pouvoir de declarer les peynes aux contrevenantz non obstantz oppositions et appellations et sens préjudice d'icelles. Sy ferez bien et justice.

(Orig. : Archiv. départ. de Vaucluse. G. Fo ds du chap. métropolitain. G. n° 29. — Sorgue, tom. II, fol° 9.)

LVI

Criée faite par l'ordre du cardinal d'Armagnac, collegat d'Avignon, au sujet des espaciers établis sur la Sorgue et concédés par le chapitre métropolitain.

(1er mai 1576.)

Du mandement de Monseigneur Illustrissime et Reverendissime cardinal de Bourbon, legat d'Avignon et par expres commandement de Monseigneur Illme et Rmo cardinal d'Armagnac, son collègue en la dicte legation, à l'instance de messieurs les prevost, chanoines et chapitre de Nostre Dame de Domps, de la presente citté d'Avignon, seigneurs de l'eau de la grande Sorgue que passe par la présente citté d'Avignon, joinct à eulx M. l'advocat et procureur général de Nostre Sainct Père, en la dicte présente citté et legation d'Avignon, pour l'interest de la Chambre apostolique, on faict assavoyr à tous ceula qui auront aucuns espaciers, ou faculté d'en faire, sur la dicte Sorgue du dict chapitre, pour y prenant de l'eau, arrouser leurs possessions ou aultrement s'en servir ou les auront faicts plus grands que la mesure qui leur a esté ordonnée, les ayent à reduire à la forme convenue, conforme à leur bail et licence, dans six jours, à conter du jour de la publication des presentes, et ce, sur la peyne de dicz marcz d'argent fin, pour chascune fois, et pour chascun que contreviendra, aplicable à moytié à la Chambre apostolicque et l'autre moytié au dict chapitre, dès maintenant comme pour lors, sans en faire aultre declaration, et de privation des droitz qu'ilz ont aux dictz spaciers, de manière qu'à l'advenir, ne s'en ayderont d'iceula, et si pour cela ne seront exemptz du paiement de la cense qu'ilz font.

Davantage on fait assavoyr que tous ceula qui auroyent spaciers, rigolles, coùps perdus et aultres conduictz d'eaue, sans licence et permission du dict chapitre, vrais seigneurs d'icelle Sorgue, les ayent à fermer, dans six jours prochains biens et deuement, de manière qu'ilz ne puissent prendre de la dicte eau et ne leur soit loysible, pour l'avenir, les ouvrir, sur la peyne applicable comme dessus.

Pareillement est prohibé et deffandu à tous ceulx qui ont, par licence du dict chappitre, spaciers legitimement faictz ou permission d'en faire, de prendre de la dicte eau, pour arrouser ou aultrement, sinon aux jours et heures à eulx concédées, contenues en leur bail et licence, et ce, sur la dicte peyne, comme dessus appliquée.

Ne sera loysible à aulcuns des dictz personaiges permettre que aulcune personne ayantz prez ou aultres possessions joignantz celle de qui ont licence, de prendre la dicte eau pour arrouser s'aydant de la dicte eau, sinon pour leurs propres possessions et non aultres, sur les mesmes peynes aplicables comme dessus.

Declarant que, advenant le cas que les dictz spaciers ou aultres conduictz d'eaue se trouvent ouverts les jours et heures non concédées et le malfaiteur se puisse trouver, le mestre des spaciers et propriétés en sera tenu, et auquel la dicte eau servira, lequel sera teneu à la dicte peyne, sauf et réservé son action contre le malfaiteur si vraiment le demonstre avec telz indices qu'on puisse procéder contre luy, selon la forme et teneur de la presente, pour vertu de laquelle y sera teneu à la dicte peyne comme principal. Et, en cas qu'il n'ayt de quoi paier, sera mis au collier publicquement, par deux heures ou vraiment aura du fouet et, à la relation d'iceluy que sera deputé par le dict chapitre et advisé par mon dict seigneur Ill^{me} collegat pour garder la dicte Sorgue, sera creu a son seul serment sans appeller autre tesmoinq et ne pourra ledict sieur procureur fiscal de la dicte Chambre faire accord avec la partie delinquante sans appeller le sindic dudict chappitre.

Donné en Avignon, au Palais apostolicque, le premier jour de may 1576.

G., cardinal, collegat, SIFFREDY, notaire.

(Orig. : Archiv. de Vaucluse, G. Fonds du chap. métropolitain. G. n° 29, fol. 10.)

LVII

Ordonnance du cardinal d'Armagnac, collegat d'Avignon, pour faire fermer les ouvertures faites aux bords de la Sorgue, à Saint-Saturnin.

(28 mars 1580.)

Du mandement de Monseigneur Illustrissime cardinal d'Armagnac, collegat d'Avignon, et à l'instance de messieurs les prevost chanoynes et chappitre de l'église métropolitaine d'Avignon, provoyant à leur plainte cejourdhuy faicte, contenant que l'on auroyt rompu au Pareduatoir, au Ria'et et en plusieurs aultres endroicts, le béal de la Sorgue, pour raison de ce que les scindicz et habitantz du dict Sainct Savornin n'auroyent reparé le pont, suyvant l'ordonnance contre eulx faicte, au grand préjudice des molins du dict chappitre qui n'ont l'eaue qu'ilz debvroient avoyr venant à se perdre par les dictz endroictz rompus;

A ceste cause par le premier prebstre cler notere, sergent ou corrier de Nostre Sainct Père le Pape sur ce requis, soyt inhibé et defendu aus dictz syndicz, particuliers et habitantz du dict Sainct Savornin, de ne rompre ny faire rompre, directement ou indirectement, le dict béal et neaulmoings, leur soyt commandé de reparer et mettre a son deub ce qui est rompu dudict béal et ce, dans deux jours prochains, sous la peyne de vingt cinq marcs d'argent au fisc, toute opposition cessant. Et a ce que personne ne prethendit ignorance de ce dessus, est commis et enjoinct au curé de l'esglise du dict lieu de Sainct Savornin faire la dicte inhibition au prosne d'icelle esglise.

Donné en Avignon, le vingt huictiesme jour de mars mil cinq centz huictante.

G., cardinal, collegat. TACHE.

(Origine : Archiv. de Vaucluse. G. Fonds du chap. métropolitain. G. 29. Sorgue. Tom. II, fol. 35.)

LVIII

Ordonnance du cardinal d'Armagnac, collégat d'Avignon, interdisant d'ouvrir de nouveaux espaciers sur la Sorgue et, pour les concessionnaires, de prendre l'eau à d'autres jours et heures que celles fixées par leurs concessions.

(14 juin 1581.)

Du mandement de Monseigneur Illustrissime et Reverendissime cardinal d'Armagnac, collegat en la légation, et à l'instance et requeste de messieurs les prevost, chanoines et chapitre de l'église métropolitaine d'Avignon, joinct M. l'advocat et procureur général de Nostre Saint Père, en la dicte citté et légation d'Avignon, il est tres expressement prohibé et deffendu à toutes personnes ayantz prez et aultres possessions, le long et près la grand Sorgue de la dicte eglise, de prendre l'eaue d'icelle, pour arroser les dictes possessions ou aultrement, se ce n'est les jours et heures ordonnées, de tout temps, sur la peyne de vingt cinq marcs d'argent, applicables, pour la moytié, au fisc de Nostre Saint Père, et pour l'aultre moytié, au dict chapitre et la peyne des desfaillantz de nuict, sera doublée et sera creu au seul rapport qui en sera faict, moyennant serment, par l'officier sur ce depputé, ainsy qu'est porté par les ordonnances et precedentes lettres sur ce faictes, de l'autorité de mon dict seigneur.

Aussy est prohibé et deffendu à toutes personnes, de quel estat et qualité qu'ils soyent, de fere aulcunes rigolles, coups perdus, ny nouveaulx espaciers, le long de la dicte rivière pour prendre l'eaue d'icelle, sens avoyr permission du dict chapitre, sur la dicte peyne.

Et a ce que aulcung ne puisse alleguer d'avoyr ouvert les espaciers estantz le long de la dicte rivière, tant de jour que de nuict, ormys les jours et heures ordonnées pour prendre la dicte eaue, est enjoinct et commandé aux mestres propriétaires ou rentiers des dictes possessions, de mectre et tenir à leurs espaciers de bons cadenatz fermantz à clefz, qu'on ne les puisse ouvrir, sens leur sceu et consentement, sur la peyne qu'ilz en seront tenus et punys des dictes peynes ou bien remectront les malzfaiteurs ez mains de la justice, sur les peynes et tout ainsy qu'il est porté par les precedentes criées sur ce faictes.

Donne au couvent de Gentiliis lez Pont-de-Sorgues, le quatorziesme de juin mil cinq cens quatre vingt et cinq.

G., cardinal, collegat. — SIFFREDY.

(Origine : Archiv. de Vaucluse, G. Fonds du chap. métropolitain. G. 29. Sorgue, tom. II, fol° 23.)

LIX

Ordonnance de Guillaume du Blanc, évêque de Toulon, lieutenant du cardinal d'Armagnac, collegat, prescrivant à la veuve de Pierre Pusco et à ses héritiers, d'enlever les travaux faits par eux dans la Sorgue.

(13 août 1582.)

Du mandement de Monseigneur Illustrissime-cardinal d'Armagnac, collegat d'Avignon, et a l'instance de messieurs les prevost, chanoynes et chappitre de l'église métropolitaine d'Avignon, par le premier prebstre, clerc, sergent ou courrier de Nostre Sainct Père le Pape sur ce requis, soyt commandé à la vefve et heoirs de feu M. Pierre Pusco, chirurgien, quand vivoit, dudict Avignon, de abbatre, tout le jour de l'exploit, l'advancement qu'ilz ont fait et usurpé dans la Sorgue, estant le dict advancement de cinq pans de chasque costé du pont de boys, par lequel on entre en la grange d'iceulx heoirs, pour le grand dommaige que le dict advancement apporte aus dictz sieurs instantz et à leurs mollins, comme a esté rapporté par mestres experts, et ce, sur la peyne de vingt cinq marcz d'argent au fisc.

Donné ens Avignon, le treizième jour d'aoust mil cinq centz huictante deux.

G, episcopus Tholonensis, locumtenens.

(Orig. : Archiv. de Vaucluse. G. Fonds du chap. métropolitain. G. 29. Sorgue, tom. I, fol° 28.)

LX

Sentence arbitrale au sujet des réparations à la prise du Prévôt, du curage de la Sorgue et des moulins de M. de Ponte sur la Sorgue de Châteauneuf.

(1582.)

Christi nomine invocato et solum Deum preoculis habentes, nos Franciscus Meruli et Johannes de Aguto, canonicus et thesaurarius ecclesie Avinionensis, jurium doctores, arbitri, arbitratores, pacifique amicabiles compositores litum, questionum et controversiarum jam motarum et que, in futurum, moveri possent inter venerabile capitulum ecclesie Avinonensis, ex una, et nobilem Melchionem de Symiana, dominum loci Castrinovi Domini Giraudi, Cavallicensis diocesis, necnon nobiles Balthesarem, Anthonium et Petrum de Ponte, fratres et, tam conjunctim quam divisim, partibus ex altera, de et super loco et situatione cepte seu prisie que vulgo appellatur seu dicitur Prisia prepositi, necnon super purgatione seu curatione alvei aque Sorgie que de rivatur a dicta prisia, primo ad molendina dictorum fratrum vulgariter dicta de la Vacalha et de Blanchiflor que sunt in tenemento et territorio dicti Castrinovi et sub directo dominio ipsius domini Castrinovi et deinde ad alia molendina, usque ad flumen Rhodani existente.

Visis omnibus hinc inde allegatis et deductis sententiamus et ordinamus, perpetuis futuris temporibus, prefatis dominis et capitulo, usum dicti alvei prorsus habentibus eis impune licere et facultatem omnem habere eorum tamen sumptibus, purgationem seu curationem dicte Sorgie, a dicta prisia vulgo dicta : « Prisia prepositi » usque ad molendina dictorum de Ponte, fratrum, facere seu fieri facere et a dictis, si bonum et utile videatur, usque ad civitatem Avinionis, demptis tamen Les Fugides dictorum molendinorum de La Vacalha et de Blanchiflor quas ipsi de Ponte, eorum sumptibus et expensis, curare debent seu purgare tenebuntur, prout ceteri habentes dicta molendina in et super dicta Sorgia, usque ad Rhodanum, faciunt, seu fieri facere consueverunt.

Tenebuntur quoque ipsi de Ponte aut quilibet eorum, in solidum, ratione dicte purgationis, quotiens continget, per dictum capitulum, illa fieri facere, ad plus semel in anno, pro dictis molendinis de La Vacalha et de Blanchiflor, dare et realiter expedire prefatis dominis de capitulo et singulis vicibus quibus fiet dicta purgatio, summam duodecim florenorum, monete currentis in Avinione solvendorum statim dicta purgatione facta seu peracta ad eo quod uno solvente, alii liberentur, hoc tamen et insuper salvo quod non licebit dictis dominis de capitulo neque cuipiam eorum, favore, nominibusque aut alia parti ipsorum quovismodo, ipsis scientibus aut consentientibus, directe vel indirecte, tacite vel expresse, ullo unquam tempore divertire aquam dicte Sorgie que libere fluat et derivetur, tempore purgationis excepto, a dicta Prisia prepositi ad molendina dictorum de Ponte et prout ipsa Sorgia hactenus suum consuevit usque ad Rhodanum habere cursum, licebitque ipsis dominis, quotiens ipsa prisia aperietur seu demolietur, in toto vel in parte, ut melius, utilius atque facilius dicta purgatio fieri possit se juvare et capere in terra et jurisdictione dicti domini Castrinovi, libere et sine quacumque contradictione et in loco seu locis consuetis et dicte Sorgie proximis, de terra et gazonis quantum erit necesse pro refectione seu reparatione dicte prisie et pariter per Les Bastardels, pro tali et tanto opere necessariis. Non intendentes ullo pacto, ratione premissorum, in aliquo prejudiciare directo dominio seu censui perpetuo et emphiteocario quod prefatus dominus Castrinovi habet in et super dictis molendinis, jurique laudandi et investiendi, atque, jure prelationis retinendi, sed illis et aliis quibuscunque juribus sibi debite competentibus salvis et aliis quibuscunque juribus sibi debite competentibus, salvis et illesis remamentibus.

Item ordinamus quod, hiis mediantibus, sit pax, amor et concordia dictas inter partes, quodque quelibet pars suas solvat expensas ita quod, ratione purgationum pretentiationi nichil pati possit.

Item quod dicte partes et quelibet illarum hujusmodi nostram sententiam ratificare, emologare et approbare habeant, infra tres dies, a tempore illius notitie, sub pena in compromisso contenta.

Item pro nostris sportulis retinemus nobis sex capones.

Ita pronunciavimus nos prefati arbitri et arbitratores, ut in precedenti folio continetur.

In quorum fidem, nos hic propriis manibus subscripsimus. Ita est Franciscus Meruli, manu propria. Ita est Johannes de Agato, manu propria.

(Orig. : Archiv. de Vaucluse. G. Fonds du chap métropolitain. G. 29. Sorgue, tom. II, fol° 47.)

Traductions et Analyses

I

Restitution par Landric, évêque d'Avignon, aux chanoines de Saint-Étienne et de Sainte-Marie, de certaines possessions dont il s'était emparé entre autres de deux moulins, lieu dit à Cadaraque, et de deux maisons joignant l'église Sainte-Marie-Majeure.

(1er avril 976)

C'est la charte de Cadaraque et des deux moulins.

Au nom de la sainte et indivisible Trinité, Landric, par la grâce de Dieu, évêque, songeant à la fragilité de notre vie, pour le repos de mon âme, restitue et remets entièrement aux chanoines de Saint-Étienne, de ce siège, certains biens qui de droit leurs reviennent et dont je reconnais n'avoir point eu jusqu'ici la propriété. Ce sont deux moulins près Cadaraque, et tout ce que j'ai usurpé injustement dans le diocèse en vignes, en champs ou en dîmes.

En outre, je cède aux susdits chanoines de Sainte-Marie et de Saint-Étienne, deux maisons que j'ai fait construire pour qu'ils les possèdent à perpétuité.

Ces deux maisons sont situées proche de l'église de Sainte-Marie-Majeure.

S'il advenait, ce que je ne crois aucunement, que quelqu'un de mes successeurs, soit quelqu'autre personne tente de violer cette charte, qu'il n'obtienne point ce qu'il aura tenté de commettre, mais qu'il s'attire la colère et la malédiction de Dieu tout puissant et qu'il soit condamné à l'enfer avec le traître Judas, et qu'il soit avec lui perpétuellement anathématisé.

Fait cette charte à Avignon, le jour des Calendes d'avril, l'an de l'Incarnation de Notre-Seigneur, mil neuf cent soixante-seize.

Vaschalde, évêque de la sainte église de Cavaillon, qui l'a confirmé de sa propre main. Silvestre, évêque, confirma, Guillaume, comte, confirma, Rotbald, comte, confirma.

Sceau de Landric, évêque, qui ordonna de rédiger cette charte et pria les témoins de la confirmer, et qui la confirma de sa propre main, Bermond, vicomte, confirma, Eldebert, confirma, Adalelme, confirma, Leutfroy fut présent, Ridfroy, confirma, Isnard fut présent, de même autre Isnard, Vernérius, humble évêque d'Avignon, fut présent, Durand, prêtre, écrivit cette charte.

II

Donation par Rostaing, prévôt du chapitre, aux chanoines de terres qu'il possède à Vedènes, lui venant de son père, avec le marais desséché ou à dessécher.

(Février 1099.)

Charte de donation de Rostaing, prévôt.

L'autorité ecclésiastique ordonne et la loi romaine prescrit que celui qui aura voulu transmettre son bien à autrui, le constate par testament, afin qu'au temps à venir, ce soit chose sûre et tranquille.

C'est pourquoi, je Rostaing, touché de l'amour divin, donne à Dieu et à la bienheureuse Marie, et aux chanoines vivant régulièrement dans le cloître, quelque chose de mes biens, la propriété entière que j'avais au château de Vedènes, qui m'est advenue de mon père, c'est-à-dire les maisons au dessous du château, avec la cour et son issue, les terres cultivées et incultes avec le marais desséché ou à dessécher et aussi les jardins. Je donne encore le manse qui appartint à Laugier Bérenger, qùe j'ai acquis de Raymond, doyen, avec les maisons, terres cultivées et incultes, prés et jardins. Je donne aussi, au pont, le tiers des maisons venant de mon père avec le tiers de la leyde des dites maisons. Et au même pont, le huitain que j'ai acquis du seigneur Bérenger, évêque de Fréjus, qui fit partie de l'ancienne leyde. Je donne, en outre, la montée d'une barque d'Avignon ou du pont.

Et s'il y avait quelque trouble, nous pourrons changer et accepter le don de ce qu'ils voudront des autres biens.

Et je donne tous ces biens à la susdite église et aux susdits chanoines qui sont maintenant et à leurs successeurs. Et que les susdits chanoines aient pouvoir de faire de tout ce que dessus, l'usage qu'ils voudront, c'est à savoir de conserver, vendre, donner ou échanger. Et je fais cette donation du conseil et approbation de Bérenger, évêque, Raymond et Pierre.

Si quelqu'un de mes héritiers ou quelqu'autre voulait enfreindre cette donation, qu'il n'ait point le pouvoir de revendiquer ce qu'il demande, et qu'il encoure la colère de Dieu tout puissant, de la bienheureuse Vierge et de tous les Saints.

Cette charte a été faite, en la cité d'Avignon, au mois de février, l'an de l'Incarnation, mil quatre-vingt-dix-neuf, indiction sept.

III

Donation par Rostaing Berenger, sa femme Ermessende et ses fils Bérenger, évêque de Fréjus, Geoffroy, vicomte, Bertrand, Raymond et Pierre Bérenger, au chapitre métropolitain de leurs droits sur les moulins sis au lieu de Molnatas et de ceux qu'ils possèdent sur la Sorgue, depuis Vedènes jusqu'au Rhône.

(Juin 1101)

Il est prescrit par la loi romaine que lorsque quelqu'un fait une donation, il doit l'inscrire dans un instrument afin que cet instrument subsiste, comme un témoignage, au profit de ceux à qui la donation a été faite. L'ancienneté de cet instrument, loin d'amoindrir sa force et son autorité, l'accroît, au contraire, et la confirme. Cela étant, je Rostaing Bérenger et mon epouse Hermessende, et mes fils Bérenger, évêque de Fréjus, le vicomte Geoffroy et Bertrand, Raymond et Pierre Bérenger, donnons tous à Dieu et à sa glorieuse mère toujours Vierge, et aux frères chanoines qui sont établis dans l'église majeure de la ville d'Avignon, et à leurs successeurs, par la présente donation, les droits, domaines et pouvoir que nous possédons sur tous les moulins construits et à construire dans le lieu de Molnatas. Nous leur donnons aussi le droit et le domaine que nous avons sur l'eau de la Sorgue qui coule dans le même lieu, afin qu'ils possèdent eux-mêmes le domaine de cette eau, depuis le lieu dit Vedène jusqu'au Rhône et jusque dans la ville d'Avignon.

C'est pour que, usant de notre donation, il leur soit facultatif de conduire cette eau à travers toutes les terres et à travers tous les chemins publics, ou par tous autres lieux, comme bon leur semblera, et qu'ils aient la possibilite de faire de cette eau, dans les limites que nous avons déterminées tout à l'heure, tout ce qui leur sera avantageux.

Si cependant quelqu'un tentait de rompre et d'infirmer notre présente donation, nous aiderions fidèlement les donataires contre lui, voulant qu'une telle personnne soit excommuniée et damnée avec le traître Judas, précipitée et foulée dans les noirs et fétides régions de l'enfer, là où ni le ver rongeur ne meurt, ni le feu ne l'éteint

Faite la présente charte dans la cité d'Avignon, au mois de juin, l'an onze cent un, indiction neuvième, épacte dix-huit et concurrent premier, Pierre Guillaume, de Roquemaure, Pierre Guillaume, de Mornas, Guillaume-Pierre Christofore, Raymond Guillaume, de Cucuron, Pierre Rainier, d'Avignon, a dicté et écrit cet instrument, Robert.

IV

Donation par Giraud l'Ami et sa femme Ayalina, de l'eau de la Sorgue, depuis Vedène jusqu'à Avignon et jusqu'au Rhône.

(Juin 1101.)

Il est prescrit par la loi romaine que si quelqu'un fait une donation, elle soit consignée en un instrument, que cet instrument soit confirmé par ceux qui ont vu faire cette donation, duquel instrument l'antiquité augmente et confirme plutôt la valeur que l'infirmer.

Étant ainsi, je Giraud Ami et mon épouse Ayalina, nous donnons à Dieu et à la bienheureuse Marie, sa mère, et aux chanoines vivant dans le cloître, constitués ou à constituer, pour faire des moulins et pour construire des foulons, l'eau de la Sorgue, depuis le lieu vulgairemen dit Vedènes, jusqu'à la cité d'Avignon et jusqu'au Rhône Je donne encore le droit et la juridiction et tout ce qu j'ai sur les chemins ou terres ou autres lieux. Et cepen dant je retiens la huitième partie, excepté la sixième et l prébende dite mouture, et la redevance des foulons qu le gardien doit avoir, et je mets la dite huitième partie e gage, afin que, après que les moulins auront pu moudr et les foulons battre pendant un an, ils la possèdent, et j ne pourrai en aucun cas la donner ou l'engager à d'au tres, s'ils veulent l'accepter ou la retenir. Et je dois fair approuver cette donation à mes frères et à ma belle-mère et s'ils ne veulent point l'approuver et s'ils en réclamen le prix, je mets le dit prix en gage.

V

Donation par Rostaing, évêque d'Avignon, au chapitre mé tropolitain, de tous les droits qu'il possède sur les mou lins appelés Molnatas et sur les pêcheries, ainsi que d la part de Pierre Ami.

(Vers 1101.)

L'autorité ecclésiastique ordonne et la loi romaine pres ctit que celui qui aura voulu transmettre sa propriété e d'autres mains, le fasse constater par testament, afin qu'e temps à venir, ce soit chose sûre et tranquille.

C'est pourquoi je Rostaing, susdit évêque d'Avignon donne à Dieu et à Sainte Marie, et aux chanoines vivan en commun, tous les moulins appelés Molnatas et toute les pêcheries et toutes leurs appartenances, ma part e celle de Pierre Ami, et la part de ceux qui sont établi sur l'église de Saint-Michel, pour le rachat de mon âme et de celles de mes parents, afin que les chanoines pratiquent les aumônes.

De quoi sont témoins l'évêque de Sisteron, la comtesse Adalax, Pierre Rostaing, sacriste Isiliars, chanoine, Guillaume, Pierre Boson, de Céreste, Lambert, de Joucas, et Pons Amalfredus.

VI

Donation par Léodegarius Raiambaldi, sa femme et ses fils au chapitre métropolitain, de tous les droits qu'ils possèdent sur les moulins et sur l'eau que le chapitre reçoit lieu dit à Cadaraque.

(5 juillet 1105.)

C'est une coutume humaine et la loi romaine prescrit que quiconque veut transmettre sa propriété à d'autres, le fasse par testament, afin que, aux temps à venir, cette transmission soit sûre et tranquille.

C'est pourquoi je Léodegarius Raiambaldi et mon épouse et mes fils, pour le repos de notre âme et de celles de nos parents, nous donnons et nous garantissons à l'église de la bienheureuse Marie, du siège d'Avignon et aux chanoines y servant et devant y servir Dieu, tous les droits que nous pouvons réclamer sur les moulins de la dite église et sur l'eau que les susdits chanoines reçoivent à Cadaraque, de manière que, dans la suite, ni nous, ni aucune personne opposée, publique ou privée, puisse inquiéter ou troubler la dite église de notre conseil ou de notre assentiment ou pour raison de la dite eau, et, de plus, nous leur donnons et nous leur reconnaissons, autant que nous le pouvons, l'eau qu'ils reçoivent à Cadaraque et qu'ils cevaient antérieurement.

Fait en la cité d'Avignon, aux nones de juillet, l'an c l'Incarnation de Notre-Seigneur mil cent cinq, indi tion XIII.

De laquelle charte sont témoins et approbateurs, Arber évêque, et Rostaing Guillaume.

VII

Donation par Pons Rainoardi, Bermond, son frère, B'an che, sa femme, et Rostaing Geoffroy, et Imbert, ses fil au chapitre métropolitain, des marais de Vedènes jusqu' Gromelle, et depuis le moulin appelé Cadaraque jusqu'au moulins appelés Molnatas, à condition de dessécher le dits marais.

(19 juin 1105.)

Charte de Vedènes.

Nous savons que quiconque voulant conclure une con vention, une location, un achat ou quelqu'autre pacte d même genre, la loi romaine prescrit que cet acte soit con firmé par charte véridique. Aussi, avons-nous rédigé cett charte afin que nul téméraire n'ose l'enfreindre par se réclamations.

C'est pourquoi Pons Rainoardi et Bermond, son frère et encore Blanche, sa femme, et tous ses fils, Rostaing Geoffroy et Imbert, ont donné et ont approuvé ferme ment la donation à l'église de Sainte-Marie d'Avignon e aux chanoines existant actuellement et à leurs successeurs assavoir les marais sis au dessous du château de Vedène qu'ils tiennent dudit château, jusqu'au lieu appelé Gro melle et ceux d'au-dessus, qu'ils tiennent du moulin appelé Cadaraque jusqu'aux moulins appelés Molnatas, à la condition que les susdits chanoines les dessèchent et qu'ils en aient la moitié avec toutes les dîmes.

Ils approuvèrent aussi qu'aucun d'eux ne puisse faire des pêcheries sur les bords de ces marais, si ce n'est du consentement des dits chanoines. Pour laquelle location, les susdits loueurs reçurent 26 sous, que les chanoines donnèrent et ils acceptèrent la susdite location devant témoins, assavoir, Arbert, évêque, et Raymond Gironculi et Bérenger Boziani.

Fait en la cité d'Avignon, au mois d'avril, le XIII des calendes de mai, lune 11, l'an de l'Incarnation de Notre-Seigneur mil cent cinq, indiction XIII.

VIII

Vente par Rainaud Contraria, sa femme Astrus et ses fils, au chapitre métropolitain, d'un canal sis dans leurs terres et des terrains nécessaires pour assurer le cours des eaux.

(Vers 1105.)

Il est prescrit par autorité de la loi et des canons, que celui qui aura voulu transmettre sa propriété à un autre, le fasse par un témoignage écrit, afin que, au temps à venir, la chose vendue soit sans conteste pour l'acheteur.

C'est pourquoi je Rainaud Contraria et mon épouse Astrus, et mes fils Hugues, Guillaume et Bertrand, nous vendons aux chanoines de Sainte-Marie, vivant maintenant dans le cloître et à leurs successeurs, à perpétuité, un aqueduc dans la terre que nous possédons près de celle de Gibelin, de façon à ce que, sur notre terre et le long de notre terre, ils aient le cours de l'eau, et sur chaque rive autant de terrain qu'il en sera nécessaire pour le libre cours de l'eau. Pourquoi nous avons reçu d'eux une pièce de vigne et sept sous de monnaie de St-Gilles, lesquelles choses nous avons reçues. Et que les chanoines de la dite église qui sont maintenant et seront à l'avenir, possèdent entièrement, sur notre dite terre, tout ce que dessus est dit, sans nul empêchement de nos successeurs ou héritiers et pendant l'infinie suite des temps.

Je Rainaud qui ait fait cette vente et l'ai fait inscrire, l'ai confirmé de ma propre main, et aussi Astrus, mon épouse, et Bertrand et mes filles Rapuca et Élie, la confirmèrent de leur propre main, Pons Guillaume, Pierre Retranni, Raimond Gironculus.

IX

Donation par Pons Rainoardi et Blanche, sa femme, et Rostaing, Geoffroy et Imbert, ses fils, au chapitre métropolitain, de l'eau de la Sorgue, autant qu'ils voudront en recevoir, avec pouvoir de la conduire jusqu'au Rhône, pour faire des moulins, des foulons et des pêcheries et aussi des marais appartenant au château de Vedènes, pour les dessécher, avec rése ve que le chapitre possèdera moitié des terrains desséchés.

(Août 1109.)

Nous savons qu'il est prescrit par la loi que, quiconque veut faire une donation, une convention, un achat, un échange, il le consacre par l'écriture, afin qu'il ne tombe point dans l'oubli.

Par le présent écrit, nous voulons donc montrer que le seigneur Pons Rainoardi et son épouse Blanche, ses fils Rostaing, Geoffroy et Imbert, ont donné à l'église de la Vierge Marie, du siège d'Avignon, et à Rostaing, prevôt, et aux autres chanoines, tant présents qu'à venir, l'eau de la Sorgue, autant qu'ils voudront en recevoir et la conduire jusqu'au Rhône pour faire des moulins, des foulons ou des pêcheries, et aussi les terres suffisantes appartenant au château nommé Vedènes, pour le cours de l'eau ou pour faire ce que nous avons dit ci-dessus. Et s'il a été fait quelque moulin, quelque foulon, ou quelque pêcherie sur le territoire de Vedènes, ils en retiennent le quart avec leurs parents.

De même ils donnèrent tous les marais appartenant au château appelé Vedènes, pour les dessécher, à condition que de tout ce qu'ils pourront dessécher, les dits chanoines, en auront, après le dessèchement, la moitié, sans aucun conteste, de même qu'ils eurent de Rostaing, prévôt, son oncle, copartageant et héritier de cet honneur et des autres chanoines, 75 sous, monnaie de St-Gilles.

Fait en la cité d'Avignon, au mois d'août, l'an de l'Incarnation de Notre-Seigneur mil cent neuf, indiction seconde.

Pour Rainoardi et son épouse et frère Rostaing Rainoardi, Geoffroy et Imbert, sont témoins, Raymond Gironculi, Pons, Silvestre, Rostaing, Gontard.

X

Convention passée entre Guillaume Mataron, ses frères le chapitre métropolitain, sous les auspices du comte Gibert, par laquelle ils abandonnent toutes prétentions su la Sorgue et sur les moulins.

(Juin 1109.)

Bref de l'accord passé entre les chanoines de Sainte Marie, du siège d'Avignon, et Guillaume Materon et se frères.

Une contestation s'étant longtemps élevée et ayant ét jugée entre les chanoines de Sainte-Marie et les susdit chevaliers, en dernier lieu, elle fut portée au jugement d comte Gibert. Lequel s'aidant des conseils de très sage hommes, dans l'ordre judiciaire, mît fin à la contestatio longtemps soulevée à propos des moulins. C'est pourquoi je Guillaume Mataron et mes frères, nous abandonnon et reconnaissons la possession de l'eau de laquelle il étai procès et les moulins appartenir à Dieu et à l'église Sainte Marie et aux chanoines qui y sont maintenant et à leur successeurs, à perpétuité, de façon que jamais plus nou n'inquiétions la dite église, à cause de cette contestation

Sceau de Guillaume Mataron, de Geoffroy, son fils, e de ses frères, qui reconnurent cette concession et cette fin et confirmèrent tous cette charte, de leur propre main Gibert, puissant comte et son épouse illustre, témoins Guilbert, témoin, Guillaume de Boulbon, témoin, Raymond Jugerii et Bertrand, son frère, témoins.

Fait en la cité d'Avignon, au mois de juin, l'an de l'Incarnation de Notre-Seigneur mil cent dix.

XI

Permission par Trimond, de Vedènes, et par ses frères Raymond et Hugues, et aussi par Geoffroy Rainoard, de faire un valat dans la terre, depuis le moulin de Vedènes jusqu'au moulin de Cadaraque.

(1129.)

Au nom de Jésus-Christ, je Trémond, de Vedènes, et mes frères Raymond et Hugues, nous donnons à l'église de Sainte Marie d'Avignon et aux chanoines y demeurant, à Amblard, prévôt, et aux autres frères et à leurs successeurs, la permission de faire un valat, depuis notre moulin de Vedènes, jusqu'à leur moulin de Cadaraque; de plus, nous leur concédons l'eau de notre moulin après qu'elle en sera sortie, de même l'eau de nos foulons, et pour cette cession, ils nous ont donné 15 sous melguriens et à moi seulement et à Raymond, mon frère, 14 sous de même monnaie, afin que nous gardions et défendions de toute atteinte, la susdite eau pour les besoins de leurs moulins, de même que nous la gardons et défendons pour nous-mêmes. De quoi sont témoins Desalbergatus et Guillaume, de Saint-Saturnin, et Rostaing Rose, Raymond Castelli et Rainoard, son frère, et Pons Raynaud, meunier, et Rostaing Ado.

Cette donation a été faite l'an de l'Incarnation de Notre-Seigneur mil cent vingt-neuf, indiction septième.

Je Geoffroy Rainoard, donne à l'église de Sainte-Marie d'Avignon et aux chanoines y demeurant, à Amblard, prévôt, et aux autres frères et à leurs successeurs, permission de faire un vallat, dans ma terre, depuis notre moulin de Vedènes jusqu'à leur moulin de Cadaraque.

De plus, je leur concède ma part d'eau du moulin de V
dènes et aussi des battants pour les besoins de leurs mo
lins, et à cette cause, ils me donnent 15 sous merguriens
Sont témoins, Trimond et ses frères, Raymond, de Vedènes, et Hugues, Rostaing Ado et Pons Raynaud, meunie

Cette donation a été faite l'an de l'Incarnation de Notre Seigneur mil vingt-neuf, indiction septième.

XII — XIII

Sentence arbitrale sur la division des eaux de la Sorgu

(Juillet 1204.)

La traduction française suit l'acte latin sous le nº XII pag. 27-35.

XIV

Donation par le chapitre, à nouveau bail, des moulins de Villeneuve, de l'Espigue, de Roquille, de Briançon et de Pertuis et du lit de la Sorgue.

(5 février 1257.)

Le moulin de Villeneuve est donné à nouveau bail, pa le prévôt et le chapitre, à Bertrand et à Jean Spérandie pour un quart, à Vitalis et à Hugues de la Porte Ferruc pour un autre quart, à Bertrand Capellin et à Isnar Morre, pour un autre quart, à Raimond Begon et à Pon pour un autre quart.

Les moulins de l'Espigue, de Roquille, de Briançon, avec leurs appartenances, sont donnés, à nouveau bail, aux mêmes. Le moulin de Briançon, avec ses maisons et foulons, sont indivis entre le chapitre et la ville d'Avignon.

La moitié du moulin de Pertuis est donné, à nouveau bail, aux mêmes. Ce moulin, avec ses maisons, moulin et foulons, est également indivis entre le chapitre et la ville d'Avignon.

Le chapitre concède, de même, l'eau et le cours de la Sorgue coulant vers Avignon, depuis le lieu dit : « La Fourche de l'Abbé » jusqu'au Rhône. Cette concession est faite aux conditions suivantes :

Les concessionnaires du moulin de Roquille seront tenus de réparer la maison d'habitation et la vieille roue et d'en faire une nouvelle, à leurs frais, jusqu'à ce que les deux roues soient battantes et moulantes.

De même, les concessionnaires sont tenus de réparer l'habitation du moulin Roquille, de réparer la vieille roue, d'en installer une nouvelle à leurs frais, jusqu'à ce que les deux roues soient battantes et moulantes.

De même, les concessionnaires sont tenus de faire, au moulin de Briançon, une ou deux roues, à leurs propres frais, si le chapitre le juge bon, jusqu'à ce qu'elles soient battantes et moulantes.

Ils sont tenus aux mêmes obligations pour l'habitation du moulin de Pertuis.

Ils sont encore tenus de construire une nouvelle habitation, avec une ou plusieurs roues, sur les rives de la Sorgue, à l'endroit ou eux ou le chapitre le jugeront convenable, à leurs propres frais, et jusqu'à ce qu'elles soient battantes et moulantes.

Toutes ces habitations et toutes ces roues devront être bien établies, solides et utiles, d'après l'examen d'hommes experts.

De même, s'il paraît aux concessionnaires ou au chapitre, utile de construire de nouveaux moulins ou de nouveaux foulons, sur les rives de la Sorgue, le chapitre sera tenu d'acheter, de son propre, le lieu ou les lieux où les dits moulins ou foulons seront construits et les concessionnaires ou leurs successeurs seront tenus de construire les habitations et de placer les roues et de faire toutes autres dépenses, jusqu'à ce que les roues placées aux dits lieux soient battantes et moulantes.

De même, les concessionnaires sont tenus de creuser et d'augmenter suffisamment et d'aménager, de nouveau, le lit de la Sorgue, à leurs dépens, de manière que l'eau puisse couler librement et sans empêchement, jusqu'aux fossés de la ville. Le chapitre ne sera pas tenu d'acheter, de ses propres deniers, la terre ou les terres pour l'élargissement, depuis le lieu où l'eau sera prise, jusqu'aux fossés de la ville, si l'ancien lit n'était suffisant et où il serait insuffisant.

De même, le chapitre promet aux concessionnaires qu'il tiendra à ce qu'ils puissent jouir, librement et sans empêchement, de l'eau coulant à travers le tènement de Châteauneuf et par tout le territoire de Giraud l'Ami, laquelle eau fait mouvoir les moulins et foulons dudit Giraud l'Ami, et il promet de la leur garantir à eux et à leurs successeurs.

De même, il est spécifié et convenu, entre les parties, que, après que les tenants des foulons et des moulins auront été réparés, les habitations couvertes et qu'ils seront battants et moulants, toutes les dépenses qu'il sera nécessaire d'y effectuer, pour n'importe quelle cause, se feront en commun, de manière qu'à la Saint-Michel de chaque année, la sixième partie des fruits et revenus puisse être partagée. S'il reste un surplus de cette sixième partie, les frais déduits, le chapitre et les concessionnaires la partageront par moitié.

Les autres conventions sont relatives au paiement des cens dûs par les concessionnaires.

XV

Accord entre le chapitre métropolitain et le clavaire de la cour temporelle d'Avignon portant que la largeur du canal de la Sorgue, depuis la porte Imbert jusqu'à la porte de Pertuis, devra être de quatre cannes.

(11 août 1272.)

Sachent tous que, l'an du Seigneur mille deux cent soixante-douze, le 3 des Ides d'août, étant seigneurs de la ville d'Avignon, Philippe, par la grâce de Dieu, roi de France, et Charles, par la même grâce, comte et marquis de Provence et comte de Forcalquier.

Comme la cour d'Avignon avait donné à nouveau bail, le vallat, tel qui s'étend du Portail Imbert jusqu'au Portail de Pertuis, exceptés les moulins de Pertuis, de quatre cannes, le long des murs des Lices, pour conduire l'eau au moulin de Notre-Dame d'Avignon, qui en possède la moitié, comme les parties ci-dessous désignées en ont convenu, l'autre moitié des dits moulins étant possédée par la cour d'Avignon, messire Cavallerii, chanoine et prévôt de la dite église, R. Ami, sacriste, Pons de Saint-Marcel, doyen, Gilles Rosier, infirmier, Pierre Mauvoisin, Rostaing de Alvernegue, Isnard Mauvoisin, Geoffroy de Boulbon, Rostaing d'Aramon, Eléasar d'Aramon, chanoines de la dite église d'Avignon, prévoyant, pour l'avenir et pour l'utilité de la dite église, ont voulu, promis et convenu, Bertrand Rancurel, clavaire de la cour d'Avignon, présent et recevant, au nom des dits seigneurs d'Avignon et de leur cour, que le dit vallat puisse être donné à nouveau bail, toutes les fois qu'il plaira à la dite cour, retenues toujours, pour les dits moulins, quatre cannes de largeur, en mesurant et en comptant du pied du

mur des Lices, pour conduire l'eau aux dits moulins. Sa
et réservé que tous ceux ayant ou qui auront des posse
sions entre les dits portails, bornant le cours de la di
eau devront établir, dans les quatre années prochaine
chacun pour sa possession, un mur en pierres, de la hau
teur dudit pied du mur des Lices Et ils ne viendron
jamais à l'encontre des choses susdites ou quelqu'une d'e
les, en droit ou en fait, et ils promettent de bonne foi, pa
stipulation et sous l'obligation des biens de la dite églis
le dit clavaire acceptant, au nom des dits seigneurs d'Av
gnon et de leur cour.

Et, d'autre part, ledit clavaire, jugeant toutes les su
dites choses, être utiles aux susdits seigneurs d'Avignon
à leur cour, a voulu, concédé, promis et convenu, au no
des dits seigneurs d'Avignon, le susdit seigneur prévôt
les autres chanoines susdits acceptant, au nom de la di
église, que le dit vallat soit maintenu d'une largeur de qua
tre cannes, comme il a été dit ci-dessus, pour condui
l'eau aux moulins susdits et que tous ceux qui ont ou q
auront, à l'avenir, quelques possessions sur ledit vall
bornant le cours de la dite eau, établissent et soient ten
d'établir, dans les quatre années prochaines, un mur e
pierres, de la hauteur du mur des Lices, au devant de le
possession, bornant le cours de la dite eau, et que la di
cour d'Avignon ne viendra à l'encontre, ni en droit, ni e
fait, ce qu'elle a promis, de bonne foi, par stipulation
sous l'obligation de tous les biens des dits seigneurs,
cour, aux dits chanoines recevant, au nom de la dite églis

Ce fut fait dans le cloître de l'église de Sainte-Mar
d'Avignon, devant le parloir. Témoins présents et in
tervenants, messire Raymond, prévôt de l'église d'O
range, messire Audigarius, juriste, Raimond Malira
G. de Mauran, sous-viguier, Guillaume, peintre, Rostain
Magistri, notaire, et moi, Isnard, notaire d'Avignon, q
ai écrit et signé cet acte.

Ce fut fait en la salle basse du palais royal d'Avignon

témoins présents, messire Hugues, de Morières, Guillaume, d'Aix, juriste, Pierre Retranni, Bertrand des Fours, Pierre Christol, Guillaume Petri, courrier, Raimond Amancii, notaire d'Avignon, et moi, Jean Dulcis, notaire public de la ville d'Avignon et notaire royal constitué en tous les comtés de Provence et de Forcalquier, présent à tout ce que dessus, et qui requis, comme dessus, ai redigé cet instrument, l'ai signé de mon seing accoutumé et l'ai scellé.

XVI

Donation à nouveau bail par le chapitre métropolitain à divers, parmi lesquels Guillaume de Porte Aurose, Raimond, de Cavaillon, et Guillaume de Sade, de quatre éminées de terre pour construire un moulin et un pont en pierre à Réalpanier.

(1er avril 1296.)

Soit notoire à tous que l'an du Seigneur mille deux cent quatre-vingt-seize, aux calendes d'avril, étant seigneur de la ville d'Avignon, illustrissime seigneur Charles deuxième, par la grâce de Dieu, roi de Jérusalem et de Sicile, comte de Provence et de Forcalquier, Jacques Triasfatii, Guillaume Roardi, Pierre Ricavi, Guillaume Bayle et Guillaume de Porte Aurouse, Raymond, de Cavaillon, et Guillaume de Sade, citoyens et habitants de la ville d'Avignon, en leur nom et pour leur profit, ont demandé à religieux homme Bertrand Aimini, prévôt de l'église d'Avignon, que lui et le chapitre de l'église d'Avignon dont les noms des chanoines suivent ci-dessous, leur concédassent le pouvoir de faire, sous leur autorité et licence, un moulin à foulon sur le cours de la Sorgue, en certain lieu vulgairement appelé « Rialapannier ». Promettant et s'engageant, par pacte exprès, que si ce lieu leur était concédé en emphitéose perpétuelle, ils construiraient un pont en pierre au dit lieu et le maintiendraient et l'entretiendraient, à leurs propres frais, toutes les fois que des réparations y seraient nécessaires, de façon à ce que sur le dit pont, les piétons, les cavaliers et les conducteurs de bestiaux puissent traverser librement, aller et venir, selon leurs convenances. Et le dit pont devrait avoir une largeur de quatre à cinq palmes. Toutefois, les charrettes ne devraient point y passer. De même, ils ont promis et chacun d'eux, tant pour lui que pour ses successeurs, qu'ils bâtiront et feront bâtir, à leurs propres dépens, d'ici à la Nativité prochaine, une habitation ou des habitations, pour l'usage du dit foulon qu'ils ont le projet d'établir sur le cours de la Sorgue, au lieu ci-dessus désigné. Laquelle construction devra coûter soixante ou quatre-vingts livres couronnées de Provence, de leurs propres biens ; elle devra être élevée sur le sol appartenant à la prévôté de l'église d'Avignon. Pour laquelle construction, destinée seulement au dit foulon, le dit seigneur prévôt et le chapitre susdit, ont concédé aux susdits et ci-dessus désignés, quatre éminées de terre du même hermas, lequel appartient à la prévôté susdite, à laquelle ils reconnaissent et confessent vouloir tenir et devoir tenir d'elle, tant le susdit pont que le susdit foulon et la susdite construction, et, en surplus, les dites quatre éminées de terre et d'hermas susdits.

De même, ils ont promis et ils se sont obligés, en leur nom et en celui de leurs successeurs, à supporter les frais du dit mou in à foulon, comme les supportent les autres moulins, soumis au dit seigneur prévôt et à la prévôté de la susdite église d'Avignon, tant pour les repurgements que pour les autres frais à faire dans le présent ou dans l'avenir.

Et, pour la garantie d'observer et de remplir invariablement toutes les obligations susdites, ils engagèrent expressément tous leurs biens présents et futurs, avec toute renonciation et garantie, et ils voulurent qu'ils soient engagés avec le meilleur mode qu'ils puissent être engagés de droit ou d'hypothèque.

Ces conditions de la donation à nouveau bail, sont suivies de clauses concernant les cens à payer par les emphitéotes, et le chapitre concède la construction du moulin à ces conditions.

Et le dit prévôt et les dits chanoines concédèrent toutes les choses susdites, avec cette condition, que si le dit foulon portait, en quelque cas, préjudice aux moulins de la dite prévôté ou aux possessions de la sacristie de la susdite église d'Avignon, de manière, que le cours de l'eau soit empêché et qu'il n'arrivât pas librement aux dits moulins et aux autres foulons soumis au dit seigneur prévôt, les concessionnaires devront faire disparaître cet empêchement le plus tôt qu'ils pourront, à la demande du dit seigneur prévôt et de ses successeurs.....

Fait à Avignon, dans le cloître de Notre-Dame des Doms, par devant le chapitre.

Les témoins furent Guillaume Négrali, chapelain, André Aimini, chevalier, Petrusmillas, Bertrand, Gordine, Raimond, Ricard.

L'évêque d'Avignon, André de Languisel, confirme la donation faite par le chapitre.

XVII

Concession par le prévôt du chapitre à Jacques Massani et autres, d'une terre de 55 éminées, lieu dit à Réalpanier, pour y établir des blanchisseries.

(23 avril 1296.)

Soit notoire à tous, que, l'an du Seigneur mille deux cent quatre-vingt-seize et le 9 des calendes de mai, étant seigneur de la ville d'Avignon, illustrissime Charles, par la grâce de Dieu, roi de Jérusalem et de Sicile et comte de Provence et de Forcalquier, nous Bertrand Aimini, chanoine de l'église de Notre-Dame des Doms d'Avignon et prévôt de la dite église, au nom de la dite prévôté et pour son utilité et nécessité et son évident profit, nous donnons à nouvel achat soit emphitéose perpétuelle, tansmettons et concédons à vous, Jacques Massan, Pierre Ricavi, Guillaume Bayle, le jeune, Guillaume de Porte Aurouse, Raymond, de Cavaillon, viguier, et Guillaume de Sade, fustier, présents et acceptants, à perpétuité, cinquante-cinq éminées, dans la terre et hermas de la dite prévòté, plus ou moins, pour y établir des blanchisseries ou autre chose à leur convenance. De manière cependant que le cours de la Sorgue ne reçoive aucune entrave, à cause des dites blanchisseries et par laquelle les moulins de la dite prévôté, situés sur le dit béal de la Sorgue, pourraient subir quelqu'empêchement; auquel cas, vous feriez disparaître complètement les dites blanchisseries. Laquelle terre et lequel hermas sont situés au lieu dit Rialpanier, près du lieu à vous par nous concédé, pour construire un foulon ou moulin à paroir.

La suite de l'acte contient les clauses pour la cession de la concession et le paiement des cens.

XVIII

Concession par le chapitre métropolitain à Raimond Daurini, de Bagnols, du droit de prendre de l'eau de la Sorgue pour une blanchisserie, à condition de ne point construire de moulin, de rendre les eaux perdues à la branche mère et de ne point nuire aux moulins du chapitre.

(3 mai 1300.)

Soit notoire à tous que, l'an du Seigneur, mil trois cents, aux Nones de mai, étant seigneur de la ville d'Avignon, illustrissime Charles, deuxième par la grâce de Dieu, roi de Jérusalem et de Sicile et comte de Provence et de Forcalquier. Comme Raimond Daurini, de Bagnols, habitant d'Avignon, possédait certaine terre, en face de la terre de la prévôté d'Avignon, et voulait et désirait avoir une prise pour la dite terre, du lit de la Sorgue, pour y faire une blanchisserie, il proposa à vénérable et discret homme Bertrand Aimini, prévôt de l'église d'Avignon et au nom de la prévôté, 10 sous de petits tournois garantis sur tous ses biens, payables, chaque année, à la Saint-Michel, et pour redevance de la dite eau, deux gallines.

Et le dit seigneur prévôt, recevant les choses susdites, au nom que dessus, pour le bien et avantage de la dite prévôté, a concédé, moyennant le cens susdit de 10 sous, au dit Raimond et à ses successeurs, le droit de prendre l'eau de la Sorgue pour sa blanchisserie, de manière que l'eau qu'il aura reçue devra revenir à la dite Sorgue, qu'il sera tenu de repurger la dite Sorgue, dans l'étendue bornée par sa propriété, et qu'il ne pourra au moyen de la dite eau, faire, dans sa terre, ni moulin, ni foulon, et qu'il fera toutes les choses susdites, sans préjudice pour les foulons et les moulins de la dite prévôté et des autres biens de l'église d'Avignon.

Et le dit Raimond Daurini, recevant la dite eau et dite prise, aux conditions ci-dessus, a promis au seigne prévôt susdit, stipulant et recevant, au nom et place de dite prévôté, que l'eau qu'il recevra, dans sa terre, de la di Sorgue, sera rendue, par lui, à travers la dite terre, au c canal, qu'il servira et paiera, chaque année, à la dite pr vôté, le dit cens, au terme susdit, sous l'obligation de to ses biens.

Ce fut fait à Avignon dans la chambre de la prévôté.

Étant témoins, Jourdan Berbiguier, Raimond Rastisir Guillaume, Pierre de Morières.

Et je Bernard Guillaume, notaire public d'Avignon du seigneur roi de France, ai été présent et de la volon des dites parties, ai écrit et signé la présente charte.

XIX

Ordonnance du clavaire de la cour temporelle d'Avignon, la requête du procureur du prévôt du chapitre metrop litain, pour le curage de la Sorgue et accord entre le a chapitre et la cour temporelle, reconnaissant que le bé de la Sorgue est au chapitre, qu'il doit avoir quatre ca nes et que les particuliers doivent curer et barder le a béal.

(12 avril 1312.)

Sachent tous que, l'an du Seigneur mil trois cent douz le douzième jour d'avril, étant seigneur de la ville d'Av gnon, illustrissime Robert, par la grâce de Dieu, roi c Jérusalem et de Sicile et comte de Provence et de Fo calquier, présents, Bertrand de Farnis, Pierre Grass notaire, et Pierre du Parc, témoins appelés et requis pou les choses souscrites, discret homme Raymond Falconerii, clavaire d'Avignon, à la requête et instance de Raynaud de Vulcii, procureur du seigneur prévôt d'Avignon et des autres seigneurs des moulins, situés à l'intérieur des remparts ou murailles de la ville d'Avignon, moulant des eaux du béal de la Sorgue, présents, messire Pierre de Guilhem, chevalier, de Morières et Bertrand de Mairossio, syndics de la susdite ville, a prescrit aux ayant biens, le long de ce béal, possédés par eux, sous le domaine et cens de la cour, de faire réparer, dans l'espace d'un mois, chacun le long de sa propriété, le dit béal et aussi que le dit béal conserve sa largeur de quatre cannes, sous peine de cinq livres d'amende pour chacun. Et que chacun fasse construire, au droit de sa possession, un mur en pierre, de la même hauteur que celui élevé le long du dit béal, à l'Orient, le dit clavaire en surveillant la construction, suivant une ordonnance faite à ce sujet par la cour.....

Suivent les noms des propriétaires dont les possessions longent la Sorgue et l'acte du notaire Jean Dulcis, pour l'exécution des prescriptions ci-dessus et constatant les dénonciations faites et la teneur de l'ordonnance mentionnée qui est telle :

Comme la cour d'Avignon avait commencé à donner à nouveau bail le vallat allant de la porte Imbert jusqu'à la porte de Pertuis, réservées, pour les moulins de Pertuis, quatre cannes, le long de la muraille des lices, pour conduire l'eau aux dits moulins de Pertuis, desquels moulins, l'église de Notre-Dame d'Avignon a la libre moitié, comme les parties susdites le reconnaissent, et l'autre moitié appartient à la cour d'Avignon, le seigneur Rostaing Cavallerii, chanoine et prévôt de la dite église et les chanoines de la dite église. (Suivent les noms.) jugeant que cela est au profit et utilité de l'église d'Avignon, ont voulu, promis et convenu à Bertrand Rancurel, clavaire de la cour d'Avignon, présent et recevant, au nom des dits seigneurs d'Avignon et de leur cour, que la dite cour pourra donner à bail le dit vallat, toutes les fois qu'il plaira à la dite cour de le faire, toujours réservées, pour les dits moulins, quatre cannes de largeur, en mesurant et en comptant de la base des murs des lices, pour la conduite de l'eau aux dits moulins, sauf et réservé que tous ceux qui ont ou auront des possessions entre les dites portes, le long du cours de la dite eau, devront faire, dans le terme de quatre années prochaines, chacun devant sa possession, un mur en pierre de la hauteur de la base des lices. Et ils ont promis, de bonne foi, par stipulation et sous l'obligation de leurs biens et de ceux de la dite église, au dit clavaire, au nom des dits seigneurs d'Avignon, de ne contrevenir aux susdits accords de droit ou de fait. Et d'autre part, le dit clavaire, jugeant tout ce que dessus être à l'avantage des seigneurs d'Avignon et de la cour, a voulu et concédé, promis et convenu, au nom des dits seigneurs, au dit prévôt et aux chanoines susdits, recevant, au nom de la dite église, que le dit vallat sera conservé dans sa largeur de quatre cannes, comme il a été dit ci-dessus, pour la conduite de l'eau aux susdits moulins et que tous ceux qui ont ou, à l'avenir, auront quelques possessions bornant le dit vallat, le long du cours de la dite eau, feront et seront tenus de faire, dans les quatre années prochaines, un mur en pierre de la hauteur du mur des lices, devant leur possession, le long du cours de la dite eau Et il a promis aux dits chanoines, recevant au nom de la dite église, de bonne foi, par stipulation et sous l'obligation de tous les biens des dits seigneurs et cour, de ne contrevenir au susdit accord ni en droit ni en fait.

Fait dans le cloître de la dite église de Notre-Dame d'Avignon, devant le parloir. Étant témoins présents, messire Bertrand, prévôt de la dite église, Isnard Andegarius, juriste, Raymond Maluati, G. de Maynau, sous-viguier, Guillaume, peintre, Jacques Forneri, Rostaing Magistri, notaire, et je Ysnard, notaire d'Avignon, etc.

Fait en la salle basse du palais d'Avignon, etc.

XX

Vidimus d'une ordonnance de Richard de Cambatesa, sénéchal de Provence, sur la plainte de Rostaing de Mesoargues, prévôt du chapitre, commandant de détruire tout ce qui a été bâti sur le canal de la Sorgue à peine de dix livres d'amende.

(11 mars 1315.)

L'an de l'Incarnation Notre-Seigneur mille trois cent quinze, le onzième jour de mars, Jacques, par la grâce de Dieu, élu de l'église d'Avignon, présidant.

Sachent tous devant lire le présent instrument, que discret homme Rostaing Davini, procureur et, en nom de procureur, de vénérable seigneur Rostaing de Mesoargues, prévôt de l'église d'Avignon, constitué en présence de nobles hommes Bertrand de Mostiers, seigneur de Vinsobres, viguier, et de Geoffroy Bérenger, docteur ès-droits, juge de la cour royale d'Avignon, produisit et présenta aux susdits seigneurs viguier et juge, certaines lettres patentes, de la part de magnifique et puissant seigneur Richard de Cambatesa, chevalier, sénéchal des comtés de Provence et de Forcalquier, scellées du grand sceau des dits comtés, dont la teneur est telle :

Richard de Cambatesa, chevalier, chambellan royal et sénéchal des comtés de Provence et de Forcalquier, au viguier et juge d'Avignon, salut et sincère amitié.

Vénérable Rostaing de Mesoargues, prévôt de l'église d'Avignon et autres seigneurs des moulins de Pertuis et de Brianson, se plaignent que certains de la dite ville ayant des possessions, le long des béals des dits moulins, construisent des habitations sur les dits béals, installent des ponts et des latrines et placent d'autres empêchements dommageables aux dits moulins et cours des eaux des dits béals, en restreignant les dits béals plus que de droit, à l'évident dommage et au préjudice manifeste des dits seigneurs. Et sur ce ayant été supplié, nous ordonnons et nous vous mandons expressément, sous peine de cent livres, que, ayant appelé, en votre présence, ceux qui sont à appeler, immédiatement, de plein droit, sans obligation ni forme de jugement, vous fassiez enlever promptement, réellement et effectivement, tout ce qui a été édifié, placé ou construit sur les dits béals, de façon à ce que, ces empêchements étant enlevés, ces béals restent dans leur due largeur et que je n'ai plus à vous écrire pour cette cause.

Donné à Avignon, par noble homme messire Jean Cabassole, chevalier, juge majeur de la cour supérieure des comtés susdits, le 3 décembre, indiction XIII.

Lesquelles lettres présentées et lues, le dit procureur, au nom que dessus, a requis instamment les dits seigneurs viguier et juge, de faire exécuter diligemment et promptement le contenu des lettres du dit seigneur sénéchal.

Et les dits viguier et juge, ouïe la teneur des dites lettres, se sont déclarés prêts, après information, à exécuter et remplir le contenu des dites lettres du dit seigneur sénéchal, comme il est de raison.

Et le dit procureur, au nom que dessus, demanda lui être délivré acte public de tout ce que dessus.

Fait en l'église Saint-Pierre de la ville d'Avignon, présents discrets hommes Guillaume Gironcle, doyen, Raimond de Boulbon, aumônier, et Bertrand Rostagni, prieur claustral, et chanoines d'Avignon, Louis de Pierregrosse et Étienne de Verger, témoins à ce spécialement appelés et requis, etc.

XXI

Convention passée entre le prévôt du chapitre métropolitain, les syndics et les juges de la cour temporelle, au sujet du lit du béal de la Sorgue et au sujet de certaines constructions faites sur ce béal entre le portail Brianson et le portail de Pertuis.

(18 mars 1316.)

Sachent tous que l'an du Seigneur mil trois cent et seize, le dix-huitième jour de mars, étant seigneur de la ville d'Avignon, illustrissime seigneur Robert, par la grâce de Dieu, roi de Jérusalem et de Sicile, et comte de Provence et de Forcalquier.

Des discussions, des divisions, des controverses et des procès existant, se déroulant et devant se dérouler entre vénérable et religieux homme Rostaing de Mesoargues, prévôt de l'église d'Avignon, et le chapitre de la dite église, d'une part, et Bernard Bruni, Jean de Masan, le jeune Jean Pascalis et Révérend Bayle, fustiers, et certains autres, d'autre part, à cause de certaines constructions qui ont été faites et élevées dans et au-dessus du béal de la Sorgue, entre le portail Brianson et le portail de Pertuis, vers le dit portail de Pertuis, et aussi au sujet de la largeur et des empêchements existant ou pouvant exister, de chaque côté du dit béal, en dedans et en dehors, sur les dites discussions et divisions, et tout ce qui en dépend et peut s'en suivre, messire Pierre de Verger, prêtre, procureur et comme procureur du chapitre et de l'église d'Avignon, d'une part, en vertu du pouvoir à lui donné et concédé par le dit seigneur prévôt et au nom du dit chapitre et de l'église d'Avignon, pour traiter les susdites choses comme il apparaît par la teneur d'un acte et procuration, fait et signé par moi, Guillaume Ruffi, notaire, d'une part, et les susdits Bernard Bruni, Jean de Masan et Jean Pascalis, d'autre part, et spécialement Jean Pascalis, tant en son nom qu'à la place et au nom du dit Bernard, et comme son procureur, se sont engagés, aux noms que dessus, ensemble et unanimement, envers noble et discret homme Guillaume, de Châteauneuf, chevalier, professeur en droit, et envers vénérable et religieux homme Raymond de Boulbon, chanoine et aumônier de la dite église d'Avignon, comme arbitres, arbitrateurs et amicaux compositeurs et fauteurs de paix et concorde.

Suivent les engagements pris par chaque partie, pour respecter et exécuter la sentence à intervenir.

De même, les sieurs arbitres, à l'instance des parties après une longue conférence et l'avis et le conseil des gens experts et spécialement de discret homme Giraud, de Caromb, juriste, ayant examiné, avec soin et diligence, les lettres royales et les actes produits par chaque partie, étudié, avec attention, la question, ont rendu une ordonnance et un mandement dans les termes suivants :

Premièrement, ils ont décidé et décrété, comme arbitres et donné en mandement que le vallat soit béal de la Sorgue, coulant du portail Imbert vers les moulins de Pertuis et de Brianson, à travers les propriétés joignant le dit béal, doit être maintenu et réduit, et perpétuellement conservé d'une largeur de quatre cannes, et que tous les empêchements pouvant nuire à cette largeur, doivent être enlevés.

De même, ils ont voulu et ordonné que le prévôt et autres seigneurs des dits moulins, soient tenus de curer le dit béal, à leurs dépens, à moins que quelqu'un, par sa faute apportât des empêchements dans le dit béal, auquel cas il sera tenu de les enlever, à ses propres dépens, ajoutant et donnant mandement, que chacun, en face sa propriété sera tenu de recevoir l'eau et les vases qui seront extraites du dit béal, à moins qu'il n'y ait une habitation contiguë, auquel cas, elles seront déversées sur les Lices.

De même, ils ont voulu et ordonné que nul, à l'avenir, ne puisse faire, soit au-dessus, soit dans le dit béal, aucune construction, aucun pont de pierre ou de bois ou aucune voûte, et si aucun ouvrage de ce genre a été entrepris, qu'il soit enlevé, en vertu des lettres royales dont la teneur est telle.

Suivent les lettres de Robert, roi de Jérusalem et de Sicile et vicaire général des comtés de Provence et de Forcalquier aux juges, clavaires, sous viguier et notaire de la cour royale.

De même, ils ont ordonné que nul ne puisse faire aucun ouvrage privé sur ledit béal, dans la limite de quatre cannes, ou y apporter aucun empêchement, et, cependant, que chacun puisse faire, devant sa propriété, une réserve et y conduire l'eau du dit béal et la recevoir pour arroser, avec des vases, toutes fois qu'il sera nécessaire.

De même, ils ont voulu et ordonné que chacun fasse, devant sa propriété, des claies en bois, de manière que le dit béal ait toujours sa largeur de quatre cannes.

De même, ils ont voulu et ordonné que les ouvriers en bois, puissent tenir, aux mois de juillet, août et septembre seulement, des cercles et des osiers dans le dit béal, devant leur propriété, dans l'espace d'une canne ou d'une canne et demie, de façon que, dans l'autre partie du béal, il ne reste aucun autre empêchement.

De même, ils ont conservé le pouvoir, de la volonté des parties, de promulguer, d'interpréter et d'édicter d'autres règlements, depuis le dit compromis jusqu'à deux ans, dans la forme et dans les conditions qui leur sont attribuées par le dit compromis.

De même, ils ont ordonné et ils ont voulu, sous la peine et le serment contenu au dit compromis, que chaque partie devra homologuer et confirmer les dits règlements, et qu'ils pourront être éxécutés par chaque cour, et que, de toutes contestations autres, il sera paix perpétuelle et fin.

Lesquels tous et chacun règlements susdits, les dites parties ont homologués et confirmés, aux noms que dessus, et aussi le dit seigneur prévôt et Pierre Retranni et Jean Spérandieu, seigneurs des moulins pour la partie de Brianson, là présents.

Ces règnements furent édictés dans la maison du dit sieur de Guilhem et lues par lui.

Suivent les noms des témoins et l'attestation du notaire.

XXII

Donation à nouveau bail par le prévôt du chapitre métropolitain à Pierre Alméras, de 8 éminées de terre à Vieneuve, avec permission d'arroser des eaux du canal de la Sorgue.

(19 juin 1317)

Au nom du Seigneur. Amen. Sachent tous présents et à venir, par ce présent public, instrument que, l'an de l'Incarnation du Seigneur mil trois cent dix-sept, le dix-neuvième jour du mois de juin, du pontificat du Très Saint Père en Dieu et notre seigneur, Jean, par la divine Providence, pape vingt-deuxième, vénérable homme, seigneur Rostaing de Mésoargues, prévôt de l'église d'Avignon, a donné et concédé, à nouveau bail, soit à emphitéose perpétuelle, à Pierre Alméras, habitant de la ville d'Avignon, présent, demandant et acceptant, pour lui et ses successeurs, à perpétuité, aux pactes et conditions sous écrits, assavoir que le dit Pierre puisse et doive recevoir de l'eau du béal de la Sorgue, au moindre dommage des moulins de la dite prévôté, pour l'arrosage de huit éminées ou environ, un pré ou blanchisserie établie sur le territoire de la ville d'Avignon, au clos dit de Villleneuve, confrontant : à l'Orient, avec la vigne de Pierre Ortolani, à l'Occident, avec la vigne de Vincent, fustier, du Nord, avec le béal de la Durançole, et du Midi, avec le béal de la Sorgue.

Cette concession a été faite et concédée au dit Pierre Almeras, présent, demandant et recevant au moindre préjudice des dits moulins et toujours réservé notre droit et celui de notre prévôté et réservé un cens de douze deniers tournois par éminée, qui seront payés, chaque année, au dit prévôt et à ses successeurs, à la fête de la mi-août. Et si le dit Pierre Alméras acquerrait plus que les huit éminées, et s'il voulait les arroser de l'eau du dit béal, qu'il puisse le faire, aux pactes et conditions susdites. Cependant, ledit prévôt a spécifié, tant pour lui que pour ses successeurs, que si cette concession était nuisible aux moulins, le dit prévôt et ses successeurs pourraient la révoquer immédiatement. Confessant avoir eu et reçu, pour entrée, six poules et renonçant, content, à l'exception de la dite entrée non payée, non eue, et non reçue et à toute exception de dol ou de contention et à tous autres moyens de droit, au moyen desquels il pourrait venir au contraire.

Et le dit Pierre, en recevant la dite eau, dans les conditions ci-dessus, a promis au dit prévôt, demandant et recevant solennellement, pour lui et ses successeurs, de payer, chaque année, au dit terme, le cens susdit de douze sous tournois, c'est-à-dire 2 deniers par éminée, et il l'a juré.

Ce fut fait à Avignon, en la maison de la vieille prévôté, témoins présents, Pierre de Vigier, prêtre, frère Jourdain Berbiguier, Donat de l'Église.

Après quoi, l'an et le pontificat susdits, le troisième jour de janvier, sachent tous que vénérable et religieux homme Rostaing de Mésoargues, prévôt de l'église d'Avignon, pour le bien et utilité de la dite prévôté, a donné, dans les meilleures conditions qu'il a pu et dû, et concédé, à nouveau bail ou emphitéose perpétuelle, à Bertrand Grassi, fustier d'Avignon, présent, demandant et acceptant, pour lui et se successeurs et à perpétuité, un atelier de construction si dans la ville d'Avignon, près du portail..... ayant.... cannes et confrontant, d'une part, le pont du dit portail, d l'autre, les Lices, de l'autre, l'eau de la Sorgue. Il a donn et concédé au dit Bertrand, présent, demandant et acceptant solennellement, pour lui et pour ses successeurs, nouveau bail ou emphitéose perpétuelle, le dit atelier confronté comme dessus, avec tous ses droits et appartenances, pour être à perpétuité possédé, avec permission à lu et aux siens, d'y faire toutes améliorations nécessaires, d donner, vendre, changer, échanger, obliger ou transférer sous n'importe quel titre, à toutes personnes qu'il jugera convenable, à l'exception des tous clercs, membres d'ordres militaires ou religieux, et sauf toujours et réservé l droit et donation de sa dite prévôté, et sauf également un cens annuel de dix deniers par canne, qu'il paiera, chaque année, à la fête de saint Michel, au dit prévôt.

Confessant avoir eu et reçu, pour ce nouveau bail, une poule ; renonçant à l'exception du dit nouveau bail non payé, non eu, non transmis et non reçu...

Ce fut fait dans la maison de la vieille prévôté. Témoins présents, Guillaume de Ronoys, chanoine de Saint-Cirque, diocèse de Gap, Giraud Martel et maître Bertrand Laboratoris, ci-devant notaire public, d'autorité impériale et de la cour épiscopale d'Avignon, qui a reçu le dit acte l'a recueilli et enregistré en ses minutes.

XXIII

Sentence arbitrale des officiers du comte de Provence, révoquant une autre sentence rendue entre le chapitre et des particuliers d'Avignon, au sujet des constructions sur la Sorgue.

(3 septembre 1317.)

Au nom du Seigneur, Amen. L'an du Seigneur mil trois cent dix-sept, assavoir le troisième jour de septembre, indiction quinzième, étant seigneur de la ville d'Avignon, Robert, par la grâce de Dieu, roi de Jérusalem et de Sicile et comte de Provence et de Forcalquier et de Piémont. Sachent tous par la teneur du présent acte, que certaine sentence arbitrale avait été rendue en la cause entre messire Rostaing de Mésoargues, prévôt de l'église d'Avignon, et le chapitre de la dite église d'une part, et Jean de Masan, Raymond Bayle, Bernard Bruni et Jean Pascalis, fustiers, et quelques autres, d'autre part, par discrets hommes Guillaume de Châteauneuf, chevalier et professeur ès droits et Raymond de Boulbon, chanoine de la dite église, au sujet de certaines constructions et habitations élevées sur le béal de la Sorgue, par lequel l'eau de la dite Sorgue coule vers le moulin de Pertuis, dont le dit prévôt demandait la destruction et la démolition, selon la sentence rendue par les dits arbitres et arbitrateurs. Lesquelles constructions et habitations élevées sur le dit béal, sont tenues sous le domaine direct de la cour royale d'Avignon et sont possédées, moyennant certains cens annuels, payables par les dits fustiers, et tous autres y élevant des constructions. Lequel compromis et lesquels mandements fut passé et furent publiés, la cour royale l'ignorant, non saisie et non appelée, surtout, comme par lettres royales, il avait été écrit aux officiers royaux d'Avignon, à l'instance dudit seigneur prévôt, d'avoir à faire détruire et démolir immédiatement les susdites constructions, ainsi qu'il était venu à la connaissance de Guillaume Aymes, clavaire d'Avignon et vice-procureur royal. Sentant et jugeant que, de ce fait, le droit de la cour pouvait être lésé et que ces lettres avaient été obtenues, sans nécessité, pour les droits de la cour royale, il obtint les lettres suivantes de magnifique et puissant seigneur Richard de Cambatesa, sénéchal des comtés de Provence et de Forcalquier :

Aux viguier et juges de la ville d'Avignon et à chacun d'eux, salut et sincère amitié.

A notre audience, il a été produit nouvellement une relation digne de foi qu'une sentence arbitrale rendue par Guillaume de Châteauneuf, docteur ès-droits, et Raymond de Boulbon, chanoine de Notre-Dame des Doms, contre Jean de Masan, Raymond Bayle, Jean Pascalis et Bernard des Bœufs, fustiers et plusieurs autres habitants d'Avignon pour le seigneur prévôt d'Avignon.

Vous êtes requis, à l'instance du dit prévôt, de faire détruire les habitations des susdits habitants d'Avignon, élevées sur le béal de la Sorgue. Les procureurs royaux s'y opposant exposèrent, devant nous, que les dites habitations étaient sous le domaine et seigneurie de la cour royale d'Avignon, et que si la susdite sentence était exécutée, ce serait au grand préjudice de la dite cour, et que la sentence susdite avait été rendue sans avoir appelés ceux qui auraient pu défendre le droit de la cour, ce qui aurait dû être fait. Voulant donc veiller à l'intérêt de la dite cour, nous vous mandons expressément que vous vous désistiez de l'exécution réelle de la dite sentence arbitrale jusqu'à ce que nous ayons reçu, de vous, des informations sur les susdites choses, de la cour royale et de ses procureurs ou de quelqu'un d'entre eux.

Donné à Aix, par noble homme Caserii, professeur de droit civil, procureur, avocat et lieutenant et juge mage des susdits comtés, le 20 décembre, quinzième indiction.

Et le dit clavaire et vice-procureur royal a dit et protesté devant noble et puissant seigneur Raymond, chevalier et viguier d'Avignon, que la dite sentence arbitrale, rendue par les dits arbitres et tant qu'elle touchait la cour et que le droit de la dite cour était lésé, était nulle.....

Au nom du Seigneur, amen. Constitué Guillaume Ayme, clavaire de la cour royale d'Avignon et vice-procureur royal, en présence de noble et discrète personne Gilles Raymond, juge d'Avignon, a dit et proposé, aux noms que dessus, par devant lui, tant comme juge ordinaire de la susdite ville que juge délégué par noble seigneur Raymond de Villeneuve, viguier de la susdite ville, en la meilleure forme qu'il a pu et dû, a dit que comme autrefois, de la part du seigneur prévôt d'Avignon, il était demandé que certaines maisons ci-desssous désignées, qui sont possédées en emphitéose et sous le domaine direct de la cour d'Avignon, placées sur le béal de la Sorgue, fussent démolies et détruites, Jean de Mazan, Bernard Bruni, Raymond Bayle et Jean Pasqualis, propriétaires des dites maisons, contractèrent un compromis par devant discrètes personnes Guillaume de Châteauneuf et Raymond de Boulbon, chanoine de l'église de Notre-Dame des Doms, en tant qu'arbitres et aimables compositeurs, sans le consentement et la volonté du clavaire d'Avignon ou d'un autre agissant, pour les susdites, au nom de la dite cour.

De même, le dit Guillaume affirma aux noms que dessus, que les dits arbitres, non appelé, non convoqué, non cité, non interrogé, le clavaire de la cour royale d'Avignon ou le procureur royal, au nom de la dite cour, à laquelle appartient le domaine direct des susdites maisons, prononcèrent et déclarèrent les dites maisons devoir être enlevées et détruites par les susdits, Jean, Bernard, Raymond et Jean susnommés, ce qu'ils ne pouvaient faire au préjudice de la dite cour; d'où les choses susdites étant ainsi et la dite sentence ou arbitrage, si elle sortait à effet, serait au grand préjudice et grand dommage de la cour susdite, le dit Guillaume, au nom que dessus, implorant le jugement du susdit juge, demanda, requit et supplia que la dite sentence arbitrale fut déclarée nulle par le dit juge susdit, comme rendue non par son juge, la forme de droit non observée et autres raisons à exposer en temps et lieu, et qu'elle ne put être exécutée contre les propriétaires susdits ou contre la susdite cour.

Suit l'énumération des propriétés, objet de la contestation et le prononcé de la sentence du juge annulant la sentence arbitrale prononcée.

La susdite sentence lue et prononcée et promulguée par le dit juge, présents discrets hommes Pierre du Tours, juriste, Jean Peyssonier, Pierre Vessiau et Raulin Hubaci, notaires, et autres témoins aux susdites appelés et spécialement convoqués.

Et je Jean Girardi, notaire public de l'autorité apostolique et royale, etc.

XXIV

Rémission par le prévôt du chapitre au prieur de Saint-Lazare, d'une redevance annuelle, d'une livre de cire pour 50 cannes de bois pour la construction du moulin de Garrigue sur la Sorgue.

(18 mars 1324.)

Au nom de Notre-Seigneur. L'an de l'Incarnation du susdit Seigneur mil trois cent vingt-quatre et le 18e jour de mars. Sachent tous présents et à venir devant lire le présent instrument que, en présence de moi, notaire, et des témoins souscrits, dans la maison claustrale de l'église collégiale de Saint-Agricol d'Avignon, où les chanoines de la dite église ont coutume de s'assembler, furent personnellement constitués vénérable et religieux homme Girard de Lautrec, docteur ès-droits, prévôt de l'église cathédrale d'Avignon, pour lui et au nom de la prévôté et de ses successeurs en la même prévôté, d'une part, et discret homme Jean Audibert, prêtre et bénéficier en la dite église de Saint-Agricol et procureur et en nom de procureur, de vénérables hommes, le doyen et les chanoines et le chapitre de l'église collégiale de Saint-Agricol, de laquelle procuration et manifeste, il conste par moi, notaire, souscrit et aussi discret homme Arnaud de Beaupuy, prieur l'église et hôpital de Saint-Lazare et de la leproserie d'Avignon, d'autre part, et chacun des dits procureur et prieur solidairement et en entier, et ainsi qu'il touche ou peut toucher à chacun d'eux, en quelque façon à ce qui suit.

Le dit prévôt a affirmé, désirer et vouloir faire construire un moulin sur la rive de la Sorgue, qui est dérivée de Vedènes vers Avignon, laquelle rive il prétendait appartenir, de plein droit, et à lui et à la dite prévôté, en une certaine litière de bois ou garrigue commune et appartenant, par indivis, au dit prévôt et prieur, au nom que dessus, lequel bois ou garrigue sont situé ou située le long du chemin public allant d'Avignon à Entraigues, la dite rive ou béal entre deux, et aux deux parties, au nord et à l'occident, le long du dit béal, et autres confronts. Le dit seigneur prévôt a ajouté que la dite église de Saint-Lazare et le dit prieur et ses successeurs sont tenus envers lui et, par lui, à la dite prévôté, de payer, chaque année, une pension annuelle, à la quatrième férie des Rogations, deux livres de cire bonne et recevable, ainsi que les dites parties ont confessé être véritable.

Or, est-il que convoqué et assemblé, le dit chapitre de l'église collégiale de Saint-Agricol d'Avignon, au lieu susdit, comme de coutume, assavoir vénérables hommes Guillaume de Rabastenis, doyen, Raymond Martini, sacriste, Jean de Gordes, maître de l'œuvre, Raymond de Fours,

Raymond de Vacqueyras, Philippe du Revert et Jean Gaufridi, chanoines de la susdite église, appelés et assemblés pour les susdites choses, faisant et tenant chapitre, comme ils disaient et comme de coutume, pour la plus saine et majeure partie du dit chapitre, les autres chanoines étant absents, le dit seigneur prévôt, pour lui et sa dite prévôté et ses successeurs d'une part, et le dit Jean Audibert, comme procureur du dit chapitre et de sa volonté et de toutes les personnes susnommées, là présent et prêtant conseil et consentement, en tant que touche le dit chapitre, et le dit sieur Arnaud de Beaupuy, prieur ou recteur des dites églises et hôpital de Saint-Lazare, d'autre part, d'un commun consentement et du consentement de tous et chacun, et, en tant que chacun les touche et leurs églises et leurs successeurs en icelles, ont convenu amicalement personne ne discrepant du dit échange

Le dit prévôt, pour l'évidente utilité et nécessité de sa prévôté et spécialement pour l'édification du dit moulin, tout dol ou fraude omis pour lui et au nom de sa dite prévôté et de ses successeurs quelconques, a changé ou échangé, et sous forme de permutation et d'échange, a donné, concédé, laissé ou confirmé, remis à perpétuité et désemparé, par le témoignage du susdit instrument, au susdit Jean Audibert, aux noms que dessus, et Arnaut de Beaupuy, prieur susdit et moi, notaire, en tant que personne publique, présents, solennellement stipulants et recevants, en place et nom du dit chapitre et église de Saint-Agricol et de l'église ou hôpital de Saint-Lazare et à tous et chacun leurs successeurs, et à tous et chacun que le présent touche ou peut, ou pourra toucher à l'avenir, une livre des dites deux livres que ledit prieur de Saint-Lazare ou l'église susdite sont tenus de payer au dit seigneur prévôt ou à sa dite prévôté, de pension annuelle, l'autre des dites deux livres restant due à lui ou à sa dite prevôté, pour la dite pension annuelle, restant pour cinquante cannes en longueur et huit palmes en largeur du dit bois ou garrigue et avec tout droit, action, raison ou cause quelconque au dit prévôt, compétant pour sa dite prévôté ou église d'Avignon, à cause de la dite livre de cire ainsi échangée, l'autre, restant payable au mode accoutumé.

Suivent les conventions relatives à la mensuration des dites cinquante cannes.

Et d'autre part, les susdits Jean Audiberti, procureur, et au nom de procureur du dit chapitre et de toutes les personnes y assistant et formant le dit chapitre, et donnant au dit Jean, tout consentement et assentiment pour les choses susdites et ci-dessous écrites, et Arnaud, prieur susdit, au nom et place de la dite église et hôpital de Saint-Lazare et pour l'évidente utilité des mêmes églises, ainsi qu'ils disaient, et en ce qui touche ou peut, à l'avenir, toucher, en commun ou séparément, chacun d'eux et les dites églises ont échangé, et, à titre de permutation et d'échange, ont donné, transmis, et remis, concédé et se sont en entier dépouillés, aux noms que dessus, le dit seigneur prévôt étant là présent, échangeant pour lui et au nom de sa dite prévôté et de ses successeurs et là même moi, notaire, souscrit, comme personne publique, stipulant solennellement et recevant, et pour le dit moulin à faire et à construire au lieu susdit et au nom et place de tous et de chacun ceux que cela intéresse, a intéressé ou intéressera dans l'avenir, les susdites cinquante cannes et quinze en largeur ci-dessus confrontées et mesurées, du dit bois, soit garrigue commune et par indivis les dits chapitre et église et hôpital Saint Lazare, pour la dite livre de cire ci-dessus spécifiée, l'autre livre de cire restant à payer, comme pension annuelle, au dit terme, au dit seigneur prévôt, à sa dite prévôté et à ses successeurs, par le dit prieur de Saint-Lazare et par ses successeurs.

Suivant les garanties réciproques données par les parties pour l'exécution de l'acte.

Ce fut fait à Avignon, dans le cloître de Saint-Agricol, dans la maison du chapitre où les dits chanoines ont coutume de tenir le dit chapitre. Présents discrètes personnes Pierre, Charles, Bernard Bonelli, Étienne, d'Avignon Pons Scaulbi, bénéficier en la dite église Saint-Agricol, Pierre Rostagni, prêtre bénéficier dans la dite église d'Avignon et un grand nombre d'autres, témoins, appelés, convoqués et requis pour les présentes.

Et je Raymond Crémanti, notaire, etc.

XXV

Investiture par le prévôt du chapitre à Jacques Masani, Guillaume Bayle, Pons de Porte Aurôse et Ricavi, de Gordes, de la cinquième partie du moulin de Réalpanier, moyennant une redevance annuelle de XXXV sous couronnés.

(27 mars 1325.)

Sachent tous présents et à venir, que l'an du Seigneur mil trois cent vingt-cinq et le vingt-septième jour de mars, du pontificat de très Saint Père et souverain seigneur Jean XXII, l'an neuvième.

Comme Jacques Massani, Guillaume Bayle, Pons de Porte Aurouse et Ricavi de Gordes, citoyens d'Avignon, ont acheté de Raymond de Cavaillon, leur concitoyen, la cinquième partie du moulin à paroir, sis sur la rivière de Sorgue, au lieu dit Réalpanier, avec certains prés et hermas que le dit Raymond possédait par indivis, avec les dits vendeurs, confrontés : à l'Orient, avec le patis commun de la ville d'Avignon, au Midi, avec le chemin appelé de La Monida, et à l'Occident, avec le béal de la Sorgue, ainsi qu'il est dit être contenu en un acte de cette acquisition reçu de la main d'André Cavelleri, notaire d'Avignon, les susdits Jacques, Pons et Guillaume pour eux, et le dit Ricavi, en présence de moi, notaire, et des témoins souscrits requirent vénérable et religieuse personne Giraud de Lautrec, prévôt de l'église d'Avignon, de vouloir louer et confirmer la vente de la dite cinquième partie des dits moulins, prés et hermas par eux achetée. Lequel seigneur Giraud, prévôt susdit auquel appartient le droit et domaine des dits moulins, prés et hermas susdits, se tenant pour payé et content du paiement du lods et trezain de la dite cinquième partie, jugeant la dite réquisition conforme à la raison, a loué et confirmé aux dits Jacques, Guillaume et Pons, pour eux et pour le dit Ricavi et leurs héritiers stipulants et recevants, la dite cinquième partie des dits moulins, prés et hermas, avec tous leurs droits et appartenances, pour les posséder en propre, au nom de la dite prévôté, pour les améliorer et non détériorer, et qu'il soit permis aux dits Jacques, Guillaume Pons et Ricavi et à leurs successeurs, la dite cinquième partie des dits moulins, prés et hermas, avec les améliorations qu'ils auront pu y faire, donner, vendre, changer, gager et, par quelqu'aliénation que ce soit, transférer à n'importe quelle personne, sauf aux clercs, ordres militaires ou à toute personne religieuse, précédant toutefois l'avis et consentement du dit seigneur prévôt et de ses successeurs en la dite prévôté et sauf et réservé le cens annuel, assavoir sur tout le moulin, prés et hermas susdits, trente-cinq sous couronnés que les dits Jacques, Guillaume, Pons et Ricavi et leurs successeurs à perpétuité, paieront et serviront au dit seigneur prévôt et à ses successeurs, chaque année, à la fête de la Nativité.

Et les susdits Jacques, Guillaume Pons, pour eux et pour le dit Ricavi et leurs successeurs, acceptant la dite cinquième partie des dits moulins, prés et hermas, ont promis au dit seigneur prévôt, au nom que dessus, par stipulation et sous l'obligation des dits moulins, prés et hermas susdits, payer et servir, à lui et à ses successeurs en la dite prévôté, chaque année, au dit terme, le cens susdit et la dite cinquième partie des possessions susdites améliorer et non détériorer.

Ce fut fait à Avignon, dans le cloître de la dite église, présentes religieuses et discrètes personnes Raymond de Boulbon, prieur de Graveson, Bertrand de Bayols, chanoines d'Avignon, et Raymond, de Cavaillon, susdits témoins à ce spécialement appelés et requis. Et je Pierre Hugonis, notaire, etc.

XXVI

Dénonciation de nouvelle œuvre contre Bertrand Gafrier, qui bâtissait sur la Sorgue, près du moulin de Brianson.

(12 novembre 1326.)

Sachent tous que, l'an du Seigneur mil trois cent vingt-six et le douzième jour de novembre, étant seigneur de la ville d'Avignon, illustrissime seigneur Robert, par la grâce de Dieu, roi de Jérusalem et de Sicile, et comte de Provence et de Forcalquier, constitués maître Pierre Hugonis, notaire, procureur et comme procureur, ainsi qu'il dit, de vénérable seigneur le prévôt d'Avignon, et Jean Spérandieu, en son propre nom, en présence de maître Pierre Gafrier ou d'Uzès, ont signifié au dit maître, que, comme il faisait construire, sur les barris de la ville d'Avignon, sur le béal de la Sorgue, au moulin de Brianson, au préjudice du dit moulin et d'eux-mêmes, il eut à cesser sa construction au dit lieu, et de plus, en tant qu'ils l'ont pu, ils le lui ont défendu, et, en signe de défense, ils lui ont dénoncé la nouvelle œuvre, en jetant, chacun d'eux, trois pierres, disant en les jetant chacune : « Nous vous dénonçons la nouvelle œuvre. » De quoi le dit maître Pierre, comme procureur du dit seigneur prévôt, et le dit Jean Spérandieu, demandèrent être fait par moi, notaire susdit, un public instrument.

Ce fut fait à Avignon au dit œuvre, témoins présents, Pierre Martini, Guillaume Vaquerie, Pélegrin Peaussier, meunier, et Pierre Blanqueri. Et moi, Pierre Mena, notaire, qui etc.....

XXVII

Accord entre le prévôt du chapitre métropolitain et plusieurs particuliers, au sujet du curage annuel de la Sorgue aux environs du moulin de Pertuis et des constructions sur le béal.

(16 octobre 1326.)

Au nom du Seigneur. L'an de la Nativité mil trois cent vingt-six, indiction neuvième, le seizième jour d'octobre, du pontificat de Notre très Saint Père et souverain seigneur Jean, par la Providence divine, pape XXII, l'an onzième. Comme une discussion s'é ait élevée entre vénérable et religieuse personne Giraud de Lautrec, prévôt de l'église d'Avignon et Jean de Masan, Jourdan de Porte Eyguière, François Gilles, Guillaume Retroani et Alsacie Imberte, d'Avignon, auxquels il est connu appartenir, pour certaines parts, le moulin de Pertuis, d'une part, et les personnes souscrites et quelques autres, ayant au pontet sis devant l'hôpital Saint-Lazare d'Avignon, près le couvent des Frères Prêcheurs, des maisons, hôtels et autres possessions, le long du béal de la Sorgue coulant vers le dit moulin, d'autre part, les susdits seigneurs Giraud, prévôt, pour l'utilité et la nécessité de sa prévôté, et Jean de

Masan, pour lui et pour les dits Jourdan, François, Guillaume et Alasacie, susdits, pour eux et leurs successeurs présents et à venir, assavoir le susdit seigneur prévôt du conseil et consentement de vénérables personnes.

Suivent les noms des membres du chapitre et des propriétaires riverains de la Sorgue.

Voulant les dites parties mettre un terme à tout procès et aux soucis et frais de la dite contestation, en vue d'un accord et d'une transaction passée en la meilleure forme qu'ils pourront et qu'il sera possible de trouver en droit, ont convenu entre elles, unanimement dans les termes suivants :

Chacune des susdites personnes, au nom que dessus, ou leurs héritiers et tous ceux auxquels touche la chose précitée, fassent et soient tenus de faire efficacement, dans le mois d'août prochainement venant où à une autre époque de la prochaine année, à laquelle se font les curages communs du béal susdit, assavoir, chacun au droit de sa propriété, un bon mur de pierres et de ciment, d'une épaisseur de trois palmes et d'une hauteur de dix palmes, de façon à ce que, pour le cours de la dite eau, d'une longueur de vingt et une palme, il soit tenu de placer au dit temps, sur le sol, soit fond du béal, en le couvrant complètement de bonnes et suffisantes pierres appelées barts dans l'étendue de ses possessions.

De même, il a été de pacte, avec stipulation solennelle, entre les dites parties que chacune des personnes et leurs héritiers et successeurs devront et seront tenus, à leurs propres frais et dépens, autant que le cours du dit beal s'étendra le long de leurs propriétés, de le curer complètement et pleinement aux époques où se font, chaque année, les curages communs, d'enlever complètement les vases et limons du dit béal, en ne les jetant point sur les propriétés voisines.

Il a été de même fait et convenu entre les susdites parties, que si, pour cause de retard du curage du dit béal, auquel chacune des susdites parties et ses héritiers et successeurs, est, comme il a été dit ci-dessus, astreinte, les coseigneurs du dit moulin ou leurs successeurs et héritiers souffraient quelque dommage, chacune des mêmes personnes serait tenue à la restitution du dit dommage et au paiement intégral des dépenses faites.

Il a été de même fait et convenu, entre les susdites parties, que les susdites personnes ou chacune d'elles ou ses héritiers ou successeurs ou ceux auxquels ces propriétés seront dévolues, ne pourront et ne devront planter ou fixer, dans le dit béal, des pieux ou aure chose pouvant arrêter, en quelque manière, le cours de l'eau ou causer son arrêt, si ce n'est ce qui sera ci-dessous déclaré, sous peine de dix sous petits tournois applicables au dit seigneur prévôt et à ses successeurs, par chacune des personnes susdites et de ses héritiers, toutes et quantes fois, elles ou eux ou quelqu'une d'elles, ou ses héritiers et successeurs tenteraient d'enfreindre ledit article.

Il a été, de même, de pacte, entre les parties susdites, solennellement garanti que chacune des personnes susdites et ses successeurs et héritiers, à perpétuité pourra et qu'il lui sera permis de mettre et placer, dans le dit béal, chacun en droit de sa propriété, seulement des osiers et des cercles à rouir dans la dite eau, de telle manière pourtant que le cours de l'eau reste libre et qu'il n'y soit apporté aucun empêchement.

Et les susdits seigneur prévôt et Jean de Masan, aux noms que dessus, les dites personnes aux noms que dessus, stipulant et recevant, ont concédé et ont donné pleine puissance, licence et autorité complète, quand à ce qui peut les toucher en quoi que ce soit et les dits Jourdain, François-Guillaume et Alasacie, et sans autre exception de droit ou de fait, que chacune des dites personnes ou ses héritiers et successeurs pourront, quand ils le voudront, et qu'il leur soit permis de construire des maisons, habitations et autres immeubles, sur le dit béal au droit de leurs propriétés susdites, pourvu cependant qu'à cause de ces constructions ou de quelqu'unes d'elles, le cours de l'eau ne soit point entravé et empêché en quoi que ce soit, et qu'il arrive librement au susdit moulin.

De plus, le susdit seigneur prévôt et chacune des autres personnes stipulant, promirent aux susdits noms, s'employer à ce que Jourdain, François, Guillaume et Alasacie, susdits pour eux et leurs héritiers et successeurs, les susdites choses et chacune d'elles ratifient, confirment et approuvent expressément et observent inviolablement.

Laquelle exposition, transaction et tout ce que dessus, les dites parties, aux noms que dessus, assavoir les dits seigneur prévôt et Jean de Masan, de bonne foi, et les personnes susnommées, et chacune d'elle, en jurant sur les saints Évangiles de Dieu, par elles de leurs mains corporellement touchées, une partie à l'autre, promirent d'approuver, de tenir et d'observer inviolablement aux noms que dessus et par stipulation, et n'y contrevenir, par elle ou par une autre ou par d'autres, pour quelque cause ou raison de droit ou de fait, en aucun temps, d'aucune manière, sous peine des dommages et dépens du procès. Renonçant etc.

De toutes lesquelles choses, les dits prévôt et Jean de Masan et chacune des personnes susdites, aux noms que dessus, demandèrent leur être par moi, notaire souscrit, délivré instruments publics, pouvant être produits et reproduits ou non, une ou plusieurs fois, en jugement du conseil de tout homme expert, la substance du fait non changée.

Ce fut fait à Avignon, dans le cloître de la dite église, l'an, l'indiction, le jour et pontificat susdits, présentes discrètes personnes, Bertrand Rostagni, chapelain de la dite église, Bernard de Vignes, notaire d'Avignon, et Bertrand Nicholai, boucher, d'Avignon, témoins à ce requis et spécialement appelés. Et moi, Pierre Hugonis, notaire etc.

XXVIII

Donation à nouveau bail, par le prévôt du chapitre métropolitain à Raymond Monge, du moulin des Garrigues.

(27 février 1327.)

Au nom du Seigneur. Amen. L'an de la Nativité mil trois cent vingt sept, indiction dixième, le vingt-septième jour de février, du pontificat de très Saint Père notre seigneur, Jean, par la divine Providence, pape XXII, l'an onzième.

Sachent tous que vénérables et religieuses personnes Giraud de Lautrec, prévôt, Pierre Ricavi, etc..., chanoines de l'église d'Avignon, pour les choses souscrites, spécialement convoqués et constituant le chapitre de la dite église. le susdit seigneur prévôt Giraud, pour lui et ses successeurs, pour l'utilité de sa dite prévôté, et au nom et du conseil et consentement des susdits chanoines susnommés, qui, ainsi qu'ils l'ont affirmé unanimement, ont eu, à ce sujet, plusieurs fois, divers entretiens et ont pris une pleine délibération, en considérant le bien et utilité de la dite prévôté, a donné à nouveau bail ou emphitéose perpétuelle, remis et concédé à Raymond Monge, citoyen d'Avignon, présent, stipulant et recevant, pour lui, ses héritiers et ses successeurs, présents et à venir, un moulin qu'il possède au terroir d'Avignon, situé sur le béal de la Sorgue, confrontant de deux parts, avec le bois appelé de Saint Lazare, d'autre part, avec le chemin public, allant d'Avignon à Carpentras, lequel moulin le dit seigneur prévôt avait fait édifier et construire.

Le dit seigneur prévôt a concédé au susdit Raymond Monge, stipulant et recevant, comme ci-dessus, ledit moulin avec tous ses attirails murés, fixés et clavelés, et au dessous de terres apparents et non apparents et tous ses autres droits, pertinences et appartenances, devant être pourtant possédé toujours au nom de la dite prévôté, pour le méliorer et non détériorer. Il sera permis au dit Raymond et à ses héritiers et successeurs à perpétuité de donner, vendre, échanger, obliger et aliéner, sous n'importe quelle forme, le dit moulin avec les améliorations qu'il aura pu y faire et de le transférer à n'importe quelle personne, les clercs, les membres des ordres militaires et des ordres religieux exceptés, précédant toutefois le consentement et assentiment du dit seigneur prévôt et de ses successeurs en la dite prévôté, et toujours, sauf le droit et domaine direct de la dite prévôté et un service censuel, assavoir quinze manganières d'annône, que le dit Raymond et les siens et ses successeurs, à perpétuité paieront et verseront, comme cens annuel, au dit seigneur prévôt et à ses successeurs en la dite prévôté, reçus par le dit seigneur prévôt, comme il l'a dit et confessé, du dit Raymond, pour entrée et au nom d'entrée, trente-cinq florins d'or de Florence, desquels ledit seigneur prévôt s'est tenu et eu pour payé et content.

En outre, il a été de pacte entre les dites parties, que le susdit Raymond sera tenu de faire et payer les curages, tant spéciaux que généraux, et toutes autres dépenses à supporter, auxquelles le dit seigneur prévôt ne sera tenu, à l'occasion du dit moulin.

Ce fut fait à Avignon, dans le cloître de la susdite église, présentes discrètes personnes, Pons de Vienne, Bertrand Rostagni, chapelains de la dite église, et Rostaing Ortici, diacre de la même église, témoins à ce appelés et spécialement requis.

XXIX

Autorisation donnée par le prévôt du chapitre métropolitain à plusieurs particuliers de bâtir sur la Sorgue.

(21 février 1331.)

L'an du Seigneur mil trois cent trente et un, indiction quatorzième, le vingt et unième jour du mois de février, du pontificat du Très Saint Père en Jésus-Christ, et notre souverain seigneur Jean, par la divine Providence, pape XXII, l'an quinzième.

Sachent tous et chacun présents et à venir, que existant vénérable et religieuse personne, Pierre Ricavi, prévôt de l'église majeure d'Avignon, dans le cloître de la dite majeure église, et, en sa chambre, moi, notaire, et les témoins souscrits présents, se présenta, par devant le dit seigneur prévôt, discrète personne Raymond de Masan, d'Avignon, disant et proposant, que lui et ses successeurs, ont eu, près et en face du pont de Saint-Agricol d'Avignon, certaine maison confrontée et immédiatement joignante le béal de la Sorgue, par lequel l'eau du moulin de Pertuis est dérivée, laquelle, à présent, tiennent et possèdent les héritiers de Guillaume Traffort, d'Avignon, et qui avait été concédée par vénérable homme Giraud de Lautrec, jadis prévôt de la dite église majeure d'Avignon à Jean de Masan et autres ayant droits sur le dit béal, pour certaines parties et sur le dit moulin à Rostaing de Ville, Jacquemin Lemoyne, Raymond de Masan et plusieurs autres, ayant des possessions sur la rive de la Sorgue, du susdit moulin de Pertuis, assavoir du pontet susdit, dans la partie inférieure, vers le dit moulin, et qu'il leur avait été attribué, pouvoir de bâtir des maisons, hôtels et autres édifices sur le dit béal, chacune au droit de sa propriété. Et de la dite permission, il fit la preuve par certain public instrument de la main de Pierre Guygonis, notaire de l'autorité pontificale, clerc du diocèse de Castres, ainsi qu'on y lisait, sur la première face :

Fait l'an du Seigneur mil trois cent vingt-six et le seizième jour du mois d'octobre, avec certains pactes, conventions et conditions contenues audit instrument, assavoir que chacun de ceux auquel il a été permis de bâtir, sur le dit béal, soit premièrement, tenu de faire ou faire construire un bon mur en pierre et en ciment, d'une hauteur de dix palmes et d'une largeur de trois palmes, et de l'autre, tenir le dit béal couvert de bonnes pierres, appelées bartz, de curer le dit béal au temps accoutumé, de rejeter hors du dit toutes les vases existantes, à leurs propres frais et dépens, et de ne placer, dans le dit béal, aucun embarras, soit en bois, soit en pierre ou autre chose quelconque, si ce n'est des osiers et des cercles, à certaines époques ; en réservant toutefois, que pour cette cause, le cours de l'eau ne soit en rien arrêté. Le dit Guillaume Traffort, ayant été prévenu qu'il aurait à indemniser le dit seigneur prévôt, ou les autres ayant supporté des dommages, de faire ou faire construire le dit mur au droit de sa propriété, d'observer les autres conditions, en obervant le serment prêté, par lui, par devant vénérable seigneur, Augustin de Pouzolles, official, ainsi qu'il appert de ses lettres patentes dont la teneur s'ensuit :

Augustin de Pouzoles, official d'Avignon, aux chapelains et aux curés des églises de Saint-Étienne, Saint-Agricol et autres d'Avignon, salut en Notre-Seigneur.

Nous vous mandons que, de votre part, vous préveniez canoniquement, une fois, deux fois et trois fois, péremptoirement Rostaing de Parcriis, Raymond Bousière Jacquemin Lemoyne, Bertrand de Masan, Bertrande, Brunète, Raymond Bayle et les héritiers de Raymond de Masan et Carmade, épouse de Guillaume de Malaterra,

Bertrand de Masan, Pons et Arnaud de Manso, Guillaume Traffort, que, avant le prochain jour de samedi, ils observent le serment par eux prêté, en réparant et en remplaçant les bartz, sur la Sorgue, au droit de leur propriété, ainsi qu'ils doivent le faire, faute de quoi ; au dit jour, à la troisième heure, ils comparaissent devant nous pour faire connaître la cause, s'ils en ont, pour laquelle ils ne sont point tenus à faire ce qui est de raison ; autrement enjcignez de paraître devant nous, publiquement, jusqu'à ce qu'ils aient été excusés par nous, tous ceux qui, ainsi légitimement prévenus, n'auront point obéi à notre injonction.

Donné à Avignon, le neuvième jour du mois d'août, l'an du Seigneur mil trois cent vingt-huit

C'est pourquoi le dit Raymond de Masan, a requis être, par le dit seigneur prévôt, à lui donné et concédé licence et autorité de construire des maisons et habitations dans la partie de la dite habitation des hoirs du dit Guillaume, sise sur le dit béal et qui fut jadis sienne, se déclarant prêt à faire ou faire construire le susdit mur en pierre, d'une hauteur de dix palmes et d'une épaisseur de trois palmes, au droit et au devant de la dite habitation, de couvrir et de tenir couvert le dit béal de bonnes et suffisantes pierres, de le curer aux époques prescrites, chaque année, d'enlever, au droit de sa propriété, hors du dit béal, toutes les vases, à ses propres frais et dépens, et de tenir compte au dit seigneur prévôt ou aux siens, de tout dommages. S'ils en ont souffert, par le retard apporté au dit curage, tant que s'étend sa propriété, ou autrement, en quelque manière que ce soit, par dol ou par négligence ou par faute, volonté ou réquisition de lui ou de ses mandants, de n'apporter aucun embarras, soit en pierre, soit en bois ou en autre genre, si ce n'est seulement des osiers et cercles pour les tremper et les ramollir, à l'époque aux autres fixée et sans que par les dits osiers ou cercles, le cours de l'eau soit, en quoi que ce soit, entravé, et il promit encore autrement d'améliorer le plus possible la dite concession, à l'avantage de la dite église majeure.

Et le susdit seigneur prévôt, ouïe et considérée la demande du dit Raymond, et le contenu du susdit instrument à lui exhibé et montré par le dit Raymond, et entr'autre une clause insérée dans le dit instrument et dont la teneur suit, etc

Et les dits susdits, seigneur prévôt et Jean de Masan, aux noms que dessus, aux dites personnes, aux dits noms stipulantes, ont donné et concédé expressement, en tant que touche les susdits Jourdain, François, Guillaume et Alasacie, sans aucune exception de droit ou de fait, aux dites personnes et à chacune d'elle et à leurs héritiers et successeurs, à perpétuité, pleine puissance, licence et autorité, de faire librement et, quand ils le pourront ou voudront édifier ou construire, des maisons et habitations et autres constructions qu'ils jugeront convenables, sur le béal de la dite eau, au droit de leurs propriétés, réservé cependant que par les dites constructions ou quelqu'une d'entr'elles, le cours de la dite eau ne soit point empêché et arrive librement au susdit moulin.

De la teneur de la dite clause, il a apparu évident que la dite licence a été accordée par le dit seigneur Guy de Lautrec, son prédécesseur en la dite prévôté, et du consentement du chapitre de la dite église, et Jean de Masan et autres, ayant droit sur le dit béal à tous les ayant propriétés du dit pont et moulin susdit, chacun au droit de sa propriété, de bâtir des maisons, habitations et autres constructions sur le dit béal, sauf les conditions susdites et la dite proclamation et licence, et surtout qu'en la dite propriété, un mur sera construit et couvert, duquel le dit seigneur prévôt ne souffrira aucun dommage pour les dits curages à faire, chaque année, sinon n'est qu'il soit pourvu sur les choses susdites à un remède opportun.

C'est pourquoi le dit prévôt, admettant la demande du dit Raymond, voulant pourvoir à l'intérêt de la dite prévôté, avec Dieu et la justice, et sans préjudice d'aucune autre personne, moi, notaire et témoins souscrits, présents, excipant de la dite ordonnance faite sur la dite concession, par le dit feu seigneur Guy de Lautrec et autres, aux susdites personnes ayant possessions sur les bords du dit béal, en tant qu'il a pu de droit, raison et équité et sans dommage pour le droit d'autrui, a donné, transmis et concédé au dit Raymond présent, demandant et solennellement stipulant et recevant pour lui et les siens, pleine puissance, licence et entière autorité, d'édifier et de construire des habitations et dépendances qu'ils voudront, sur ledit béal de la Sorgue, sauf cependant que de pacte exprès, le dit Raymond et les siens, seront tenus la dite paroi à bâtir, couvrir et curer, et faire toutes les choses susdites à leurs propres frais et dépens, si les héritiers du dit Guillaume Trasfort avaient, en quoi que ce soit, négligé de remplir les obligations portées au dit instrument.

Et le dit Raymond, pour lui et le siens à perpétuité, a reçu la dite licence à lui concédée par le dit seigneur prévôt, de construire les maisons, habitations et autres édifices sur le dit béal, réservé le droit d'autrui. Et le dit Raymond a promis, pour lui et les siens, de bonne foi, par pacte exprès, en chose et en personne solennelle stipulation, intervenant et confirmant, qu'il construira le dit mur de hauteur de trois palmes, en droit de la dite maison, dans le dit béal, qu'il le couvrira et curera en lieu et temps prescrit, qu'il rejettera toutes les vases hors du dit béal, à ses propres frais et dépens, et qu'il n'apportera ou ne permettra d'apporter aucun embarras au libre cours de l'eau du dit béal, afin qu'elle puisse librement arriver au dit moulin.

Et le dit Raymond a promis pour lui et les siens, encore au dit prévôt et aux siens, tous dommages, embarras, intérêts, charges ou dépenses qu'il aurait souffertes pour retard de curage ou autrement, par sa faute, lui rendre, restituer et rembourser pacifiquement et tranquillement, sur simple demande de lui ou des siens, sans serment, témoins ou instrument ou preuve quelconque, auxquelles le dit Raymond a renoncé pour lui et les siens.

Fait à Avignon, dans le cloître de la dite église majeure, témoins présents à ce appelés et requis, Rambaud, de Laudun, chanoine de Vence, maître Jean Sarty, d'Avignon, noble Jean de la Roque, damoiseau et Bertrand Vallati, notaire de l'autorité apostolique, ayant été, selon la volonté des parties présent et à tout ce que dessus.

XXX

Sentence arbitrale entre les syndics d'Avignon et le prévôt du chapitre métropolitain, au sujet du curage de la Sorgue et portant que le béal sera curé par les riverains avignonais ou étrangers.

(26 août 1332.)

Sachent tous que, l'an du Seigneur mil trois cent trente-deux, le vingt-sixième du mois d'août, étant seigneur de la ville d'Avignon, illustrissime seigneur Robert, par la grâce de Dieu, roi de Jérusalem et de Sicile et comte de Provence et de Forcalquier.

Des discussions, disputes, récriminations et controverses et procès existants, et étant agités et pouvant être agités, à l'avenir, entre noble homme Guillaume de Boulbon, chevalier, et Guillaume Robert, d'Avignon, syndics, et au nom de syndics de la communauté d'Avignon, d'une part, et religieux seigneur Pierre Ricavi, prévôt d'Avignon, ou Bertrand Vallati, procureur du dit seigneur prévôt, d'autre part, défendant pour et cause que les dits syndics, au nom de la dite communauté d'Avignon, disaient et affirmaient que les voies publiques étaient détruites, l'eau du béal de la Sorgue, coulant vers les moulins du dit seigneur prévôt, assavoir vers les moulins de Pertuis et de Brianson, ayant envahi et détruit les dites voies, de telle façon qu'il n'existait plus de passage sûr.

Ensuite, l'an que dessus, assavoir le vingt-neuvième jour d'août, le susdit seigneur de la ville d'Avignon existant, Nous, Hugues Roger, Louis de Pierregrosse, Paul de Sade et Jeau Guiffredi, arbitres et amiables compositeurs présents, les dits seigneurs Guillaume de Boulbon et Guillaume Roberti, syndics pour la communauté d'Avignon, et maître Pierre Vallati, procureur du dit seigneur Pierre Ricavi, prévôt d'Avignon, et Jean de Masan et Jean Spérandieu, d'Avignon, en leurs propres noms et des autres susdits ayant part aux dits moulins de Pertuis et de Brianson, désirant mettre une fin convenable aux contestations, après mûr examen, tant par l'inspection des lieux que nous avons eu sous les yeux, que par l'attestation des témoins devant nous produits, et par la relation et le conseil de maître Guillaume Egliani, fils de feu Michel Egliani, et Guillaume Egliani, fils de feu Jean Egliani et Thomas Giraud, géomètres, que nous nous sommes adjoints, du commun accord des parties, lesquels, avec leurs niveaux, mesurèrent et examinèrent attentivement les dits lieux et les dits empêchements, et avec lesquels plusieurs fois et de diverses manières, nous avons discuté et ouï les diverses raisons de chaque partie et avons eu, après mûre et sérieuse délibération, plusieurs entretiens et conseils, nous prononçons la sentence suivante :

En premier lieu, nous apparaissant que l'eau de la Sorgue dérivée et qu'on a coutume de dériver pour certains moulins de cette ville d'Avignon, tant du dit prévôt d'Avignon que de quelques autres coseigneurs des dits moulins, n'a pu couler dans son lit accoutumé, tant à cause de nombreux empêchements qui ont été placés dan le dit lit et y sont journellement placés, bien que san droit, par diverses personnes, tant citoyens que courti sans, et que ledit lit est réduit par diverses personnes privées, tant citoyens que courtisans, bien qu'injustement e contre la coutume, qu'il n'est ni curé, ni dans sa profondeur ni dans sa largeur anciennes, que les autres béals dans lesquels les prises particulières sont reçues et dérivées, n sont ni curées, ni réparées selon le mode accoutumé, qu les particuliers curant leurs fossés voisins des chemin publics, au lieu de jeter la terre devant être extraite de dits fossés et jetée sur les voies et chemins, la jetten dans leurs propriétés, à cause de quoi, ils inondent et apportent empêchement et dommage au chenal desdits moulins, aux chemins publics et même aux champs voisins et que même quelques particuliers, pour leur commodité bien qu'illicitement, ont placé dans le dit béal des dits moulins, des pierres ou bartz, surtout près du moulin d Pertuis, à cause de quoi l'eau du dit béal n'a point sa descente due et accoutumée ;

Considérant que les chemins publics, dans certaine parties, proche le dit lit ou béal de l'eau de la Sorgue, son ravagés, tant à cause du passage des véhicules, des chevaux et gens, que pour autres causes, contre l'ancien e accoutumé usage, que les battants ou colps desdits moulins de Pertuis et de Brianson, ont été haussés plus que l'ancien état et la mesure accoutumée, et qu'à cause d tous ces empêchements, la dite eau de la Sorgue déborde, en portant préjudice aux dits chemins publics, de même qu'aux rives et aux pièces particulières.

. De l'avis des dits maîtres, sous serment à nous corporellement prêté, nous jugeons que les susdits empêchements placés dans le dit béal, et les empiètements susdits dans le dit béal, à cause desquels le dit béal est rétréci, doivent être enlevés par les susdites personnes privées, tant citoyens que courtisans, en tant que chacun les touche, à leurs frais et dépens, et qu'il doit en être de même des pierres ou bartz, de manière que le lit soit toujours libre, et que, proclamée l'intervention de la cour, les dites personnes, en tant que chacune les touche, y soient forcées. Et que par les dits seigneurs des dits moulins, le dit béal usurpé par les dites personnes qui en restreignirent la profondeur et la largeur, devra être curé par les dits seigneurs des dits moulins, au temps accoutumé, en profondeur et en largeur anciennes, assavoir, d'une rive à l'autre, de façon à ce que l'eau du dit béal ait son libre cours d'une rive à l'autre, vers les dits moulins, et que les dits chemins publics, aux lieux où, contre l'antique état, ils sont ruinés et impraticables, soient réparés par les particuliers auxquels ces réparations incombent, et que, de même, les vallats et les bords des fontaines des possessions voisines soient réparés et curés par les particuliers auxquels ils incombent, à leurs frais et dépens.

Et quoique, d'après les dépositions de témoins notoires, nous ayons constaté que les dits battants ou colps des dits moulins de Pertuis et de Brianson, aient été, malgré l'ancien état, surélevés de trois palmes de canne ou environ, cependant comme pour la réparation des dits chemins et l'enlèvement des dits empêchements du dit béal, et par le curage du dit, en largeur et en profondeur, et aussi par le recurage des dits vallats par lesquels on a accoutumé de recevoir les fontaines et les eaux fluviales, nous croyons, selon l'avis des dits maîtres, qu'il suffit que les dits battants ou colps du dit moulin de Brianson, soient abaissés ou dimininués d'une palme de canne, et ceux du dit moulin de Pertuis, d'une demi palme de canne. C'est pourquoi, adoptant un moyen terme, nous jugeons et prescrivons, et nous prescrivons par cette notre dite sentence, que les battants ou colps du dit moulin de Brianson, soient abaissés et diminués d'une palme de canne, et ceux du dit moulin de Pertuis, d'une demi palme de canne, sauf et réservé que si, à la fin de cette année, il nous paraît que les mesures des dits battants doivent être plus ou moins diminuées, et d'après ce que nous verrons être utile au cours de la dite eau, nous pourrons les augmenter ou diminuer à notre arbitre, réservant à notre arbitre l'exécution de toutes les choses susdites, et le temps ou terme dans lequel les dites prescriptions devront être exécutées et remplies. De tout ce que dessus, etc.

Fait à Avignon, dans la salle basse du palais ou se tient publiquement, la cour royale d'Avignon, témoins présents, Pierre Régis, juriste, citoyen et habitant d'Avignon, maître Girard de Saucey, Guillaume Glorie, Pierre Constantin, etc. Et moi, Girard Borein, notaire pubic, etc.

XXXI

Bail par le prévôt du chapitre métropolitain à Laurent Jardri du moulin de Réalpanier.

(9 mars 1359.)

Au nom de Notre-Seigneur Jésus-Christ. L'an de son Incarnation mil trois cent trente-neuf et le neuvième jour de mars etc.

Le bail nouveau ou emphiteose perpétuelle est passé par Pierre Ricavi, prévôt du chapitre, à Laurent Jardri, boucher d'Avignon, pour un moulin à blé d'une roue avec deux espaciers et un jardin sis sur le territoire d'Avignon, lieu dit à Réalpanier.

La donation à nouveau bail est faite aux pactes et conditions, que, comme de coutume, le concessionnaire jouira de ses espaciers. De même, selon que les moulins de la prévôté moudront, il devra moudre et payer les frais des curages accoutumés, sauf et réservé le droit de la prévôté d'Avignon et un cens annuel de quinze manganières d'annone.

Ce fut fait à Avignon, dans la chambre du dit seigneur prévôt, témoins présents, maître Guillaume Gorgocelli, Guillaume Bédoin, prieur du Chatel, Jean Sabbaterii.

XXXII

Concession par le prévôt du chapitre métropolitain à Pons Peirolerii et autres, du droit d'arroser des eaux de la Sorgue un jardin de deux éminées.

(18 septembre 1346.)

L'an de la Nativité de Notre-Seigneur mil trois cent quarante-six et le dix-huitième septembre.

Sachent tous que comme Pons Peyrolerii et Rostaing Suavi et Pierre Suavi, fils de Rostaing Suavi d'Avignon, bouchers, avaient, tenaient et possédaient, près d'Avignon, au dessus du moulin de Garrigue, une terre de deux cents éminées et plus, confrontant : du levant, la terre des hoirs de Jacques de Pugio, et du couchant, la terre des héritiers de Vieil, et qu'ils voulaient y créer un jardin pour l'arrosage duquel il leur était nécessaire de recevoir l'eau du béal de la Sorgue, ils avaient été gagés par les gens du prévôt, disant l'eau en dépendre, désirant les dits Pons et Pierre, le dit Pons de l'autorité du dit Pierre, son père, présent et consentant, s'entendre avec le dit seigneur prévôt, ils passèrent accord pour recevoir l'eau nécessaire à l'arrosage de deux éminées, pour créer le dit jardin, aux pactes, conventions et conditions ci-dessous, avec discret homme Cacuyrelli, prêtre du diocèse d'Uzès, procureur, et comme procureur de vénérable et religieux homme Pierre Ricavi, prévôt d'Avignon, et moi, notaire souscrit, comme personne publique et chacun de nous ensemble, présents, stipulants et acceptants, au nom et place du dit seigneur prévôt et de sa prévôté.

Et en premier lieu, il a été fait et expressément convenu entre les dites parties, que les dits Pons et Rostaing sont tenus de donner et transmettre, payer et solder au dit seigneur prévôt, chaque année, à la fête de la mi-août, pour les deux éminées, de la dite terre, en face du béal, pour la création du dit jardin, un florin d'or de Florence, de bon poids et valeur.

De même, il a été convenu que les dits bouchers pourront faire, en face des dites deux éminées de terre, sur le dit béal, un pont en bois par lequel ils puissent se rendre audit jardin.

De même il a été convenu que les dits bouchers ne devront prendre l'eau que le samedi de chaque semaine, à l'heure des vêpres, jusqu'au dimanche soir. Que si un autre jour de la semaine, ils prenaient l'eau, pour chaque fois, les dits bouchers devront payer cinq sous au dit seigneur prévôt.

De même, il a été convenu, que le pont qu'ils construiront sur le dit béal, sera tellement établi, qu'il n'apportera aucun empêchement au béal et à l'eau du dit béal, et qu'il pourra être relevé à l'occasion. Que s'ils ne voulaient créer, ni maintenir le dit jardin ou construire le dit pont, ils ne seront point tenus au paiement du dit florin. Et ils l'ont ainsi promis et juré sous l'obligation de leurs biens.

Fait à Avignon, à la prévôté, témoins Vincent Belandi, bénéficier dans l'église d'Avignon, et Saucin Martini, du diocèse de Pampelune. Et moi, Jacques Michaelis, notaire, etc.

XXXIII

Arrentement par le prévôt du chapitre métropolitain, pour deux ans, du moulin de l'Espigue.

(28 juillet 1349.)

Au nom du Seigneur, amen. L'an de la Nativité du même mil trois cent quarante-neuf, indiction seconde et le vingt-huitième jour de juillet, du pontificat du Très Saint Père en Dieu et notre seigneur, Clément, par la divine Providence, pape sixième, l'an huitième.

Le prévôt du chapitre, Pierre Ricavi, vend l'usufruit et tous les revenus en blé et en montures du moulin de l'Espigue, sis près d'Avignon, hors les murs de la dite ville, qu'il perçoit, chaque année, à la mi-août, à Grégoire de Ristori et Guillaume Guiberti. La vente est faite moyennant neuf manganières d'annone, par semaine, pendant les deux années.

Suivent d'autres conditions pour le paiement des dix-neuf manganières d'annone.

Fait, écrit et publié à Avignon, dans le cloître de Notre-Dame des Doms et dans la chambre du dit prévôt, témoins présents, Pierre Martini, prêtre bénéficier en la dite église d'Avignon ; Bertrand de Colonieu, prêtre bénéficier en la dite église d'Avignon, témoins à ce requis.

XXXIV

Concession par le prévôt du chapitre métropolitain a plusieurs particuliers, de prendre l'eau de la Sorgue pour arroser leurs terres.

(27 juin. — 16 juillet 1352.)

Au nom du Seigneur. Amen. Sachent tous et chacun, présents et à venir, que l'an de la Nativité du même, mil trois cent cinquante-deux, le vingt-septième jour du mois de juin, du pontificat de Très Saint Père et notre souverain seigneur Clément, par la divine Providence, pape sixième, l'an dixième, en présence de moi, notaire public, et des témoins souscrits, personnellement constitué Pierre Ebraud, de Lodève, parcheminier, habitant d'Avignon, reconnut à moi, notaire souscrit, stipulant et acceptant, comme personne publique, au nom et place de de Pierre Ricavi, prévôt d'Avignon et de sa prévôté, et sous le domaine direct de la dite prévôté, en emphitéose perpétuelle, deux cannes en bordure sur la Sorgue, confrontant avec maison d'un courrier de Notre Saint Père le Pape, laquelle maison le dit Pierre tient et avec les murailles de la ville d'Avignon..... Et de plus, qu'il sera tenu de curer, à ses dépens, les dites deux cannes, à l'époque du curage général.

De même, l'an que dessus, le vingt-huitième jour de juin, Raymond Chambarelli, parcheminier, demeurant à la bouquerie, a reçu en location, et, sous ce titre, a reconnu à vénérable et religieuse personne Paul de Sade, abbé de Lure, procureur, et comme procureur de vénérable et religieux homme Pierre Ricavi, prévôt de l'église d'Avignon, présent et acceptant, tenir du susdit prévôt et sous son domaine direct et celui de sa prévôté susdite, deux cannes en bordure sur la Sorgue, autant qu'il exercera son industrie. Elles confrontent avec Bertrand Garnerii et avec le pont allant à la rue des Lanternes.

De même, l'an et le pontificat susdits, le sixième jour du mois de juillet, ledit seigneur Paul de Sade, abbé de Lure, a donné et concédé, comme procureur, comme dessus, licence à Hugues Teulière, femme de feu Constant Teulière et à Rostaing, son fils, de prendre, pendant neuf ans, de l'eau de la Sorgue par une petite gorgue, pour arroser un jardin de douze éminées, pour laquelle eau reçue il servira et devra servir, chaque année, au dit seigneur prévôt, dix florins, à la fête de Sainte Marie demi-août, et s'il arrose douze cannes de la dite eau, il paiera en plus au prorata.

De même, il a été convenu qu'ils puissent.... de mercredi et de samedi, de la troisième heure jusqu'aux vêpres inclusivement sans plus.....

De même, l'an et le pontificat susdits, le huitième jour du mois de juillet, le dit seigneur Paul de Sade, abbé de Lure, comme procureur, comme dessus, a loué, donné et concédé licence à Jacques, jardinier d'Avignon, de prendre de l'eau de la Sorgue par une petite gorgue pour arroser deux éminées de son jardin, sises au terroir de l'Espigue, confrontant d'une part, avec le jardin de Jacques de Mando alias de Caro, d'autre part, avec la vigne de François Candelier, le vallat entre deux, et d'autre, avec la Sorgue.

Il a loué la dite eau devant être ainsi prise, d'aujourd'hui en neuf ans continus, au prix d'un florin d'or et demi, payable, chaque année, au dit seigneur prévôt, à la fête de Notre-Dame de mi-août.

De même, il a été convenu que le dit Jacques n'arrosera pas plus que les deux éminées susdites, et que, s'il arrosait plus, il paiera au prorata pour le surplus. De même, il ne donnera l'eau susdite à aucun autre. De même il ne prendra l'eau susdite que les lundi, mercredi et samedi, du matin jusqu'à trois heures.

De même, l'an, le jour et le pontificat susdits, le dit Paul de Sade, abbé de Lure, comme procureur ci-dessus, a loué, comme dessus, a donné et concédé licence à Jean Ambrosii, jardinier, de prendre l'eau de la Sorgue pour arroser cinq éminées d'un jardin sis au tenement de l'Espigue, dont une éminée confronte avec le jardin de Jacques, d'Avignon, la prise au milieu et avec la Sorgue, et avec la terre de maître Audouin, seigneur de Beaufort, les autres quatre parties confrontant avec le jardin de Huguette Teulière et avec le chemin public, et avec la vigne des héritiers de Pierre Lone, assavoir, pour neuf années prochaines, au prix de cinq florins d'or chaque année, payables au dit prévôt, deux à la fête de Notre-Dame de demi-août et les deux autres à Carême prenant. Et il a été convenu que le dit Jean puisse prendre la dite eau les mardi, jeudi et vendredi, de midi à vêpres seulement.

De même, qu'il n'arrosera pas plus que les dites cinq éminées et que s'il arrose davantage, il paiera au prorata de ce qu'il aura arrosé

De même, il sera tenu de fermer la gorgue lorsqu'il aura arrosé et il ne donnera l'eau susdite à aucun autre. Le dit Jean a promis, sur les Saints Évangiles, par lui touchés, sous l'obligation de tous ses biens, avec toute renonciation de droit ou de fait.

Desquelles concessions les susdites parties ont demandé leur être délivré public instrument.

Fait dans le cloître de l'église d'Avignon, présents religieux homme Mathieu Arnaldi etc.

De même, l'an et le jour susdit, ledit seigneur Paul de Sade, abbé de Lure, procureur, et comme procureur susdit, a loué comme dessus, à Jacques Ambrosii, frère du dit Jean Ambrosii, présent stipulant etc., et lui a donné et concédé licence de prendre l'eau de la dite Sorgue, pour arroser deux éminées et demie de jardin, au prix de deux florins d'or et demi, payables, chaque année pendant neuf ans prochains, à la fête de Notre-Dame de mi-août au dit seigneur prévôt. Elles confrontent, d'une part, avec le jardin du dit Jean Ambrosii, son frère, et d'autre, avec le chemin public de Sainte-Catherine. Et il a été convenu que le dit Jacques pourra prendre la dite eau les mardi, jeudi et vendredi, depuis vêpres jusqu'à la nuit seulement, et qu'il n'arrosera pas plus des dites deux éminées et demie. Que s'il arrose davantage, il paiera de plus au prorata de ce qu'il aura arrosé Il sera tenu de fermer sa gorgue après l'arrosage et il ne cèdera l'eau à nul autre. Et a promis et juré sur les Saints Évangiles, par lui touchés, le dit Jacques, sous l'obligation de tous ces biens, avec toute renonciation de droit ou de fait.

Fait comme dessus, témoins présents, etc.

De même, l'an du Seigneur mil trois cent cinquante-trois et le seizième jour de juillet, du pontificat du Très Saint Père en Jésus-Christ et souverain seigneur Clément, par la divine Providence, pape sixième, l'an onzième, discret homme maître Bernard Corucalhati, procureur, et comme procureur du dit seigneur prévôt, a donné et concédé licence, comme dessus à Jacques Bailhi et Jacqueline Escobète, sa grand'mère, présents, demeurant en la paroisse Saint-Pierre, dans la bouquerie, de prendre l'eau par une petite gorgue seulement, pendant que le moulin de l'Espigue ne mout pas, pour remplir un vallat à eux appartenant, entre le dit béal et la terre qu'ils tiennent du doyenné et de la sacristie, sise au terroir de la Mealhate, laquelle terre confronte aux deux chemins, par lesquels on va d'Avignon vers le moulin d'Hugues de Sade et vers le lieu de Caumont.

A condition qu'ils devront faire la dite gorgue et l'enlever à leurs frais, toutes et quantes fois qu'ils en seront requis par le dit seigneur prévôt ou son procureur, réparer l'endroit ou la dite gorgue, avait été établie et payer les frais du présent instrument.

Et le dit Jacques et Jacqueline l'ont promis et juré sur les Saints Évangiles, par eux touchés, sous l'obligation de tous leurs biens, avec toute renonciation de droit ou de fait.

De laquelle concession ils ont demandé leur être délivré public instrument.

Fait dans le cloître de Notre-Dame de Doms, présents religieux hommes Antoine Raynardi et Jacques Joti, chanoines d'Avignon, témoins spécialement appelés et requis. Et moi, Guillaume de Miramont, notaire, etc.

XXXV

Sentence rendue par Pierre Ruffi, commissaire délégué d'Étienne Aldobrandi, archevêque de Toulouse et camérier du pape Innocent VII, condamnant les possesseurs de maisons ou de biens sur le canal de la Sorgue, à donner passage pour le curage et à curer le long de leurs possessions.

(1er mars 1357.)

Au nom de Dieu. Amen. Sachent tous et chacun présent et à venir, voyant ou controlant la teneur du présent instrument, qu'une cause civile ayant été longtemps discutée à Avignon, en la cour de la trésorerie du palais apostolique, par devant vénérable personne, Pierre Ruff, licencié ès-lois, commissaire désigné pour les choses suivantes, par révérend Père en Dieu et seigneur Étienne, par la grâce de Dieu, archevêque de Toulouse, camérier de notre seigneur le pape, ainsi qu'il conste par certaines lettres patentes émanées du dit seigneur camérier, et scellées de son sceau, en cire rouge, comme il apparaissait, desquelles la teneur est telle :

Étienne, par la permission divine, archevêque de Toulouse, camérier de notre souverain seigneur le Pape, à vénérable homme Pierre Ruffi, licencié ès lois, salut.

Les béals de la Sorgue, coulant du portail Imbert d'Avignon aux moulins de Pertuis et de Brianson, ayant un évident besoin de vidange, de curage, de réparations et de nettoyage, les seigneurs des dits moulins, affirment que les dits moulins ont été occupés, diminués et empêchés, par les voisins et les possesseurs de popriété les environnant, et que chacun de ces voisins, au droit de sa propriété, est tenu à la vidange, réparation et nettoyage des dits béals; quelques-uns des dits voisins s'y opposent et une discussion s'étant élevée entre eux, menaçant de s'élever encore, il importe à la chose publique que les dits béals soient curés et réparés, et que les dites discussiont soient jugées sommairement et sans appareil et figure de jugement.

C'est pourquoi, pleinement confiant en votre foi, science et probité, nous vous commettons, par la teneur des présentes, pour entendre toutes et chacune les discussions, raisons et controverses et touchant aux choses susdites, etc. Donnant à tous nos sujets par les présentes, ordre, etc.

En témoignage de tout ce que dessus, nous avons fait sceller les présentes du sceau de notre camérariat, l'an de la Nativité de Notre-Seigneur mil trois cent cinquante-sept, indiction dixième, le onzième jour du mois de janvier, du pontificat de Très Saint Père en Dieu, notre souverain seigneur Innocent, par la divine grâce de Dieu, pape sixième, l'an cinquième.

Entre vénérable et religieux homme Pierre Ricavi, prévôt de Notre-Dame de Doms d'Avignon ou son procureur agissant d'une part, et Jean des Clarets, Pierre Robati, Pons Fulconis, Guillaume Alberti, Nicolas Mathi, maître Servan, Sicardi et Rostaing Girardi, d'autre part, défendeurs, sur ce que la partie du dit prévôt disait et affirmait les susdits avoir fait certaines constructions à cause desquelles le béal de la Sorgue, découlant du portail

Imbert d'Avignon aux moulins de Pertuis et de Brianson ne pouvait être curé, et qu'on ne pouvait recevoir le curage du dit béal sur les bords de leurs possessions, pour quoi les susdits devaient être tenus, curer, à leurs frais et dépens, le dit béal, chacun au droit de sa propriété, ainsi qu'il avait été convenu entre le dit seigneur prévot et les susdits ou leurs devanciers, la dite convention mentionnée en un instrument public là même produit, par devant le dit sieur commissaire, de la part du dit seigneur prévôt; les susdits Jean de Clarets, Pierre Robati, Pons Fulconis, Guillaume Alberti, Nicolas Mathei, Germain Sicardi et Rostaing Girardi, disant et affirmant, au contraire, n'être nullement tenus et obligés à ce curage.

Les parties, après discussion, sont convoquées par le commissaire, le premier mars trois cent cinquante-sept, pour entendre prononcer la sentence suivante:

Nous, commissaire susdit, siégeant en tribunal ne penchant pas plus à droite qu'à gauche, mais jugeant librement, le nom du Christ invoquant et disant: Au nom du Père, du Fils et du Saint-Esprit. Amen.

Vu et considéré la présente cause, la chose par nous étudiée, considérée, délibérée et exposée, comme d'un instrument à nous produit par le prévôt de Notre-Dame de Doms ou son procureur, il conste que ceux qui ont des habitations où des possessions le long du béal de la Sorgue, découlant du portail Imbert d'Avignon aux moulins de Pertuis et de Brianson, doivent donner un lieu convenable pour recevoir le curage dudit béal ou doivent le faire curer à leurs propres frais, et comme, par la vue des lieux et de l'état du dit béal, il conste et il est clair que Jean des Clarets, Pierre Raubati, etc., ne peuvent livrer un lieu convenable pour le curage du dit béal, leurs constructions les empêchant et qu'ils n'ont point voulu le curer, bien qu'ils en aient été bien souvent requis,

A ces causes et autres justes nous mouvant et devant nous mouvoir, nous prononçons et décidons que les dits et chacun d'eux, en tant que la partie d'habitation ou de propriété qu'ils ont sur le dit béal, les touche, doivent curer le dit béal, à leurs propres frais et dépens, ou fournir un lieu convenable pour recevoir le dit curage, prescrivant aux susdits et à chacun d'eux que, en la part qui le concerne, dans l'espace de huitaine, il cure le dit béal ou fournisse un lieu propre à recevoir le dit curage, sous peine d'excommunication, que dès maintenant et pour lors, nous prononçons contre les infracteurs à cette dite sentence.

De touteslesquelles choses le susdit commissaire ordonna être, au dit seigneur prévôt, délivré instrument public par moi dit notaire.

La dite sentence prononcée, lue et publiée à Avignon, au palais apostolique, dans la chambre de la trésorerie, l'an du Seigneur mil trois cent cinquante-sept, indiction dixième, le premier jour du mois de mars, du pontificat de notre seigneur Innocent, pape sixième, l'an cinquième. Présents, discrets hommes Nicolas Guisan de Lucques, changeur, Pierre de Maseto, clerc, du diocèse de Rodez et Léon de Mitête, sergent d'armes de notre seigneur le Pape. Et je Jean Juliani, notaire, etc.

XXXVI

Criée, du mandement du juge de la cour temporelle d'Avignon, prescrivant aux possesseurs de biens sur la Sorgue, depuis la porte Imbert jusqu'aux moulins de Pertuis et de Brianson, de la curer à leurs dépens.

(26 août 1370.)

Au nom du Seigneur. Amen. Sachent tous et chacun, présents et à venir, que l'an de la Nativité du dit Seigneur mil trois cent septante, indiction huitième, et le lundi vingt-sixième jour d'août,

Le prévôt du chapitre de Notre-Dame de Doms d'Avignon, Odo Monetarii se présente par devant Bernard de la Vigne, lieutenant de Raymond Clementis, chevalier, docteur ès droits, juge ordinaire de la cour temporelle, et il lui expose que, depuis longtemps, il est de coutume qu'à l'instance du dit seigneur prévôt ou de son procureur, il soit fait une criée par la ville d'Avignon au sujet de l'eau et du béal de la Sorgue, c'est-à-dire que toute personne, ayant des possessions contiguës au dit béal de la Sorgue, du portail Imbert aux moulins de Pertuis et de Brianson, doit curer, au droit de sa propiété, en un certain temps et sous certaine peine à déterminer et à imposer par la dite cour.

Le prévôt réclame du lieutenant, du juge, de faire procéder à la dite criée, la Sorgue ayant besoin d'être curée. La demande est lue et accordée par le dit lieutenant qui prescrit au crieur public, Albertin Raynaud, de crier par la ville d'Avignon, aux lieux et lieu indiqués, que chaque personne, de quelque condition ou état qu'elle soit, ayant possession contiguë depuis le portail Imbert jusqu'aux moulins de Pertuis et de Brianson, ait à curer le béal de la Sorgue au droit de sa propriété, à ses propres frais et dépens, ou fournisse et doive fournir un lieu bon et suffisant, d'ici à dix jours prochains et immédiats, et ce, sous peine de dix sous, monnaie courante à Avignon, applicables à ladit cour....

Le lieutenant de la cour prescrit au notaire d'insérer la dite criée dans ses minutes. Le 27 août suivant, le crieur public exécute l'ordre du dit lieutenant et le procureur du prévôt du chapitre, demande qu'il en soit délivré une expédition

Ce fut fait en la cour susdite, le dit sieur lieutenant siégeant en son tribunal, l'an et jour que dessus ; présents, discrets hommes maître Étienne Pope et Guillaume Évêque, notaires publics et plusieurs autres, témoins aux susdites spécialement appelés et requis.

XXXVII

Arrentement par Eudes Monetarii, prévôt du chapitre métropolitain, du moulin de la Garrigue.

(25 février 1373.)

Au nom du Seigneur. Amen. Sachent tous et chacun présents et à venir, devant voir lire, connaître le présent instrument, que l'an de la Nativité du Seigneur mil trois cent septante-trois, indiction sixième et le vingt-cinquième jour de février, etc.

Le prévôt du chapitre métropolitain, Eudes Monetarii a donné, transmis et concédé à discret homme Giraud Benedicti, marchand et habitant d'Avignon, et à Henri Colardo, du diocèse de Verdun, présent à Avignon, arrentant et recevant, pour eux et les leurs, un moulin de sa prévôté sis sur la Sorgue, lieu dit de la Garrigue, au terroir d'Avignon, avec tous ses droits et appartenances, pour quatre ans et un cens de dix grosses saumées de blé.

Suivent les conditions de paiement des dites dix saumées et celles auxquelles les dits rentiers devront rendre le moulin, à l'expiration de leur bail.

De même, il a été fait, convenu et expressément entendu, entre les parties susdites, que les rentiers seront tenus de faire ou faire éxécuter, pendant les dites quatre années, tout et chacun les curages généraux ou particuliers nécessaires au dit moulin, à leurs frais, et de contribuer aux dépenses qui seront faites, pour les réparations du béal de la Sorgue, comme il est coutume de faire pour le dit moulin, et d'amener au dit moulin, l'eau nécessaire, à leurs propres frais et dépens.

De même, il a été dit, fait convenu et accordé et, par pacte exprès, entendu entre les dites parties, que, s'il adverait, qu'il n'advienne, que le dit moulin vaque et cesse de fonctionner, en quelque temps, durant les quatre années, à cause d'une guerre ou de compagnies d'hommes d'armes, le dit seigneur prévôt sera tenu de remettre et remettra le dit moulin, à la fin des quatre années, autant de temps qu'il aura vaqué et aura cessé de fonctionner pour telle cause.

Suivent d'autres conditions relatives à l'arrêt du moulin ou à sa plus-value.

Ce fut fait sur les grandes terrasses du cloître de la dite église d'Avignon, l'an, l'indiction et le pontificat ci-dessus, présents vénérables et discrètes personnes. Bertrand Monetarii, prieur de Besse, Pierre Dalmatii, clerc, du diocèse du Puy, témoins susdits à ce spécialement appelés et requis. Et moi, Jean Surelli, de Saint-Julien de Sault, notaire, etc.

XXXVIII

Promesse par Jean Mathieu, meunier du moulin de Gromelle à Eudes Monetarii, prévôt du chapitre métropolitain, de contribuer aux frais du curage de la Sorgue.

(8 février 1375.)

Au nom du Seigneur. Amen. Sachent tous que, l'an du Seigneur mil trois cent septante-cinq, le huitième jour du mois de février, indiction treizième, du pontificat, etc.

Le meunier, Jean Mathieu, meunier du moulin de Gromelle, sis au territoire de Saint-Saturnin, diocèse d'Avignon, sur la rivière ou béal de la Sorgue, coulant vers Avignon, reconnaît devoir payer à Eudes Monetarii, prévôt de l'église d'Avignon, pour faire le curage de la dite Sorgue, comme de coutume, pour la partie qui concerne le dit moulin.

Ce fut fait dans le cloître de l'église d'Avignon, présents nobles et religieuses personnes, Jean Burgondionis, chevalier et..... du Thor, damoiseau et Guillaume Bruni, chanoine de Saint-Ruf lez-Valence, et prieur du prieuré de Saint-Martin de Vienne, témoins à ce spécialement appelés et requis.

Et moi, Jean Surelli, etc.

XXXIX

Restitution par Eudes Monetarii à Pierre Moreti et à Pons Fornerii, meuniers du moulin de La Tour, au Pont de Sorgue, de l'anilhe du dit moulin, à condition qu'ils reconnaîtront les droits du chapitre.

(10 août 1379.)

Au nom du Seigneur. Amen. L'an de la Nativité mil trois cent septante neuf, indiction seconde, le dixième jour du mois d'août, etc...

Le prévôt de l'église d'Avignon, Eudes Monetarii, ayant fait saisir l'anilhe du moulin de La Tour, sis près du Pont de Sorgues, à cause du curage et d'autres dépenses à faire dans le béal de la Sorgue, coulant du lieu de la Taillade, par le dit béal, jusqu'au moulin de Vedène, et par lequel l'eau arrive au dit moulin et aux autres moulins du Pont de Sorgue, Pierre Moreti, argentier, habitant d'Avignon, coseigneur du dit moulin de La Tour, et Pons Fornery, meunier du dit moulin, obtiennent, du dit seigneur prévôt, la restitution de la dite anilhe, à condition que tous les revenus en blé et autres du dit moulin, seront placés sous la main du dit prévôt, et que, s'ils n'exécutent pas la dite condition, la dite anilhe sera rendue au dit prévôt.

Ce fut fait à Avignon, dans la maison de la prévôté, présents, prudentes et discrètes personnes maître Jean de Ponte, procureur en la cour romaine, Guillaume Melleti et Geoffroy de Payan, de Blauvac, diocèse de Carpentras, témoins à ce spécialement appelés et requis. Et moi, Pons de Ponte, notaire, etc.

XL

Lettres éxécutoriales données par le doyen du chapitre de Saint-Pierre, commissaire apostolique, pour contraindre les particuliers refusant de contribuer au curage de la Sorgue, avec l'état des moulins et le taux des redevances.

(19 août 1391.)

Le doyen de Saint-Pierre, Bertrand de Gaviarengis, nommé commissaire, par François de Conzié, archevêque de Toulouse, camérier du pape, mande aux recteurs, prieurs, vicaires, chapelains, curés, notaires, des diocèses d'Avignon, de Carpentras et de Cavaillon, la teneur de sa commission, conçue dans les termes suivants :

Très Révérend Père, Le béal de la Sorgue coulant par les lieux de Saint-Saturnin, Vedène, le Pont de Sorgues et la ville d'Avignon et leurs territoires, ayant besoin, pour le présent, de nombreuses réparations, repurgements et ouvrages, il a été frappé une taille de quarante florins d'or courant, pour chacune des trois communautés, assavoir : Saint-Saturnin et Vedène, pour une partie, le Pont de Sorgues, pour l'autre, Avignon, pour la troisième. Il est quelques seigneurs des moulins et blanchisseries qui, bien qu'ils soient obligés de contribuer à ces travaux, s'y refusèrent et n'ont aucun souci des dits curages. C'est pourquoi daigne votre Paternité commettre et mander au doyen de l'église de Saint-Pierre d'Avignon, de citer tous et chacun, ceux qui sont tenus de contribuer aux susdites choses, de par votre autorité, et qu'il les fasse contraindre, par sentence éxécutoire et autre sentence ecclésiastique, et confiscation et saisie de leurs biens et autres moyens de droit, à payer la dite taille, nonobstant que, parmi eux, il en soit du Comtat Venaissin et d'autres soient familiers de Notre Saint Père le Pape ou des seigneurs cardinaux.

En la même requête et commission était écrit de la propre main du dit seigneur camérier :

Il soit fait, par le doyen de Saint-Pierre, selon la requête. Le camérier.

Le commissaire ainsi désigné, sur l'instance d'un certain nombre de seigneurs des dits moulins, enjoint à tous et chacun les seigneurs et possesseurs de moulins, foulons ou blanchisseries sur la Sorgue, que, dans les quatre jours qui suivront l'avertissement à eux donné, ils paient, et, sans autre délai, entre les mains de François Vincent, de Monteux, diocèse de Carpentras, à ce député, les sommes d'argent à eux imposées et qu'ils doivent verser, à cause de la dite taille et pour les causes ordonnées, et pour l'éxécution des ouvrages nécessaires à la dite Sorgue, et cela sous peine d'excommunication.

Donné à Avignon, sous notre propre sceau pendant, le dix-neuvième jour d'août, l'an de la Nativité du Seigneur mil trois cent quatre-vingt-onze.

Les noms des dits seigneurs et pariagers des moulins et les sommes d'argent et les divisions de la dite taille, dont il est fait mention, sont les suivantes :

Suivent les noms des moulins et des coseigneurs propriétaires de blanchisserie et les sommes à verser pour chacun. Les moulins mentionnés sont ceux de La Garrigue, de Réalpanier, de l'Espigue, de Brianson, de Pertuis, du Pont de Sorgue, de Gentilly, de Châteauneuf, de La Tour, de Vedène.

Parmi les noms des seigneurs, coseigneurs ou propriétaires se trouvent : Le prévôt du chapitre métropolitain, Baudet et Jean de Sade, Hugues de Sade, Pierre Burgondionis, la femme et la fille de Bernard Rascas, Hugues Rasaud, Pons de Masan, Jacques Grassi, Pons Feraudi, Jacques Trasfort, etc.

XLI

Concession par Pons de Sade, prévôt du chapitre métropolitain et par son mandataire, à Ciprien Salvi, d'une prise d'eau sur la Sorgue, lieu dit à Vieneuve, pour arroser sa terre.

(15 février 1446)

Au nom du Seigneur. Amen. L'an de la Nativité du même mil quatre cent quarante-six, indiction neuvième, et le quinzième jour de février, du pontificat etc.

Sachent tous et chacun présents et à venir, que, en présence de moi, notaire, et des témoins souscrits, à ce spécialement appelés et requis, existant et personnellement établi noble homme Ciprien Salvi, marchand, citoyen et habitant d'Avignon, de Florence... a confessé publiquement et reconnu, pour lui, ses héritiers et ses successeurs, à l'avenir, à révérend Père et seigneur Pons de Sade, prévôt de l'église d'Avignon, docteur ès droits, bien qu'absent, noble homme Georges Sarrati, le vieux, citoyen et habitant d'Avignon, étant son procureur, et moi, notaire public souscrit, agissant comme personne publique, présents, et pour le dit seigneur prévôt et sa dite prévôté et ses successeurs en icelle, stipulant solennellement et acceptant, être due, chaque année et à perpétuité, par lui, une pension annuelle et perpétuelle ou revenu annuel, à la fête de Notre-Dame de mi-août, assavoir : quatre sous tournois, d'anciens petits tournois de Tours, pour une prise ou réception d'eau du béal de la Sorgue, laquelle prise d'eau, le dit Georges Sarrati, comme procureur, a concédé au dit Ciprien, sous la susdite pension annuelle de quatre sous tournois, pour son usage particulier, pour arroser un sien pré, de dix éminées ou environ, sis au terroir d'Avignon, lieu dit Au clos de Vieneuve, confrontant, comme il est dit, à l'Orient, avec la traverse de Vieneuve et la terre des hoirs de Bresijon, au Nord, avec la chaussée de la rive de la susdite Sorgue ou susdit béal, à l'Occident, avec la vigne des hoirs de Nasuidoni, épicier, et, au Midi, avec le pré de feu Pierre Ruffi et ses autres confronts.

L'acte mentionne que le dit pré est sous le domaine direct, pour quatre éminées, du doyen du chapitre et, pour six éminées, du doyen du chapitre de la collégiale de Saint-Pierre d'Avignon.

Le dit procureur a concédé la dite prise ou réception de l'eau du dit béal, pour l'usage particulier ci-dessus, chaque jour de samedi, après vêpres, jusqu'au dimanche suivant, après vêpres seulement, sans toutefois, aucun préjudice ou dommage ou dérangement des moulins de la dite prévôté et de la rive de la dite Sorgue.

Et il a été de pacte exprès, entre les dits procureurs et Ciprien, entouré et confirmé de solennelle et ferme stipulation, que le dit Ciprien est tenu et doit faire la brèche de son pré, par laquelle il recevra la dite eau du susdit béal de la Sorgue, en pierre, et disposer le dit passage de l'eau de façon à ce que l'eau du dit béal ne puisse se perdre, de la partie de son dit pré ; et, de même, le dit Ciprien ne pourra recevoir la dite eau, si ce n'est seulement pour l'arrosage de son dit pré, et pour sa nécessité, aux jours susdits, et sans empêchement, sur la rive de la Sorgue, et pour les moulins, comme il a été spécifié ci-dessus.

Suivent les formules pour le paiement du cens et les garanties réciproques des parties.

Ce fut fait à Avignon, dans la boutique de maître Jean de Cruce, citoyen d'Avignon, notaire public, en face l'église collégiale de Saint-Pierre, présentes discrètes personnes maîre Guy Goy, clerc de Gap, notaire public, et Giraudin Gaviherii, habitants d'Avignon, témoins à ce spécialement appelés et requis Et moi, Jean Guichard, notaire, etc.

XLII

Concession par Pons de Sade, évêque de Vaison et prévôt du chapitre métropolitain, à Nery Aymoreti, d'un espacier sur la Sorgue, lieu dit à Vieneuve, pour arroser une terre.

(22 octobre 1468.)

Au nom du Seigneur. Amen. Sachent tous et chacun etc., que, l'an de la Nativité du même, mil quatre cent soixante-huit, indiction première, et le vingt-deuxième jour du mois d'octobre etc., en présence de moi, notaire public, et des témoins à ce spécialement appelés et requis, personnellement constitué honorable homme Nery de Aymoreti, changeur, citoyen et habitant d'Avignon, de bonne foi, gratis et spontanément, sans dol, fraude, extorsion, crainte ou erreur, pour lui et ses héritiers et ses successeurs quelconques, à perpétuité, a promis à révérendissime père seigneur Pons, évêque de Vaison, et prévôt de l'église d'Avignon, présent et stipulant et acceptant pour lui et tous ses successeurs, à l'avenir, en la dite prévôté, de payer, chaque année, et à perpétuité, comme pension annuelle, à la fête de Notre-Dame d'août, six sous de petits tournois, pour l'usage de l'eau de la Sorgue coulant par le béal, pour arroser un sien pré, sis au terroir d'Avignon, lieu dit au clos de Vieneuve, confrontant, d'une part..... et avec ses autres confronts, s'il en est de plus vrais, et ce, sous les conditions suivantes :

Premièrement, il a été convenu que le dit Nery tient et possède l'espacier, par lequel il a l'usage de la dite eau, pour l'arrosage du dit pré, à titre précaire, dudit seigneur prévôt, tellement que le dit seigneur prévôt puisse révoquer la concession du dit espacier, toutes et quantes fois les conventions arrêtées, ne seraient point respectées par le dit Nery, ou si les dits espaciers, avec l'usage de la dite eau, étaient nuisibles ou dommageables au dit seigneur prévôt ou au moulin du dit seigneur prévôt.

De même, il a été convenu que le dit Nery pourra recevoir l'eau, par les dits espaciers, pour arroser son dit pré. Assavoir : chaque jour de samedi, après vêpres, jusqu'au dimanche suivant après vêpres seulement, sans toutefois aucun préjudice ou dérangement pour les moulins de la dite prévôté et de la rive de la dite Sorgue.

De même, que le dit Nery sera tenu d'établir les dits espaciers de bonnes pierres et de bon bois, de la largeur d'une palme et demie au plus, par laquelle coulera l'eau pour l'arrosage de son dit pré, et il fera établir les dits espaciers, de telle manière que la dite eau du dit béal reste dans la partie du dit pré, et ne puisse s'écouler ailleurs, et que, de même, il ne pourra prendre la dite eau que pour l'usage et nécessité de son dit pré, aux jours ci-dessus indiqués, et sans empêchement pour la dite Sorgue ou pour les moulins susdits.

De même, il a été convenu que si le dit Nery recevait l'eau de la dite Sorgue pour l'arrosage de son dit pré, à d'autres jours et à d'autres heures que celles ci-dessus indiquées, en ce cas, pour chaque fois, il devrait payer, au dit seigneur prévôt, quatre gros, sans discussion quelconque, et, s'il refusait le paiement des dits quatre gros, en ce cas, la précaire serait révocable et le dit seigneur prévôt pourrait faire démolir les dits espaciers, de sa propre autorité et sans nulle intervention de justice.

De même, il a été convenu que si le dit Nery ne pouvait user de la dite eau, comme dessus, aux jours ci-dessus désignés, en ce cas, il serait exempt du paiement des susdits quatre gros qu'il a, comme dessus, promis de payer.

Suivent les formules de garanties réciproques.

Ce fut fait à Avignon, dans la chambre supérieure de la maison d'habitation du dit seigneur prévôt, présents Pierre Boneti, prêtre d'Avignon, et Jean de Verne, du diocèse de Poitiers, témoins à ce spécialement appelés et requis. Et moi, Jacques Girard, notaire, etc.

XLIII

Reconnaissance par noble Annette, femme de Claude de Galiens, à Pons de Sade, évêque de Vaison et prévôt du chapitre métropolitain, d'un moulin dit du Prévôt, lieu dit à la Garrigue.

(20 septembre 1469.)

Au nom du Seigneur. Amen. Sachent tous et chacun, présents et à venir, devant voir, lire et entendre la teneur du présent instrument, que, l'an de la Nativité du Seigneur mil quatre cent soixante-neuf, indiction seconde, et et le vingtième jour du mois de septembre, du pontificat etc. En présence de moi, notaire, et des témoins à ce spécialement appelés et requis, personnellement constituée noble dame Annette, femme de noble Claude de Galiens, habitante d'Avignon, avec licence et autorité du dit Claude de Galiens, son époux, présent, et aux susdites donnant et concédant son consentement, de bonne foi, gratis et spontanément, sans dol, fraude, exception, crainte ou erreur, pour elle et ses héritiers et ses successeurs quelconques, à l'avenir, a confessé et publiquement reconnu à Révérend Père Pons de Sade, par la miséricorde divine, évêque de Vaison et prévôt de l'église d'Avignon présent, stipulant solennellement et acceptant, pour lui et les siens successeurs, en la dite prévôté, tenir et posséder, et vouloir posséder, sous le domaine direct et majeure seigneurie du dit seigneur prévôt, en emphitéose perpétuelle, sous le cens et canon annuel et perpétuel souscrit, un moulin appelé « du seigneur prévôt », sis sur le territoire d'Avignon, à la Garrigue, sur le béal de la Sorgue, coulant de Vedène vers Avignon, confrontant : à l'Orient, le dit béal de la Sorgue, à l'Occident, le chemin de Carpentras, avec les prés et terres appartenant au dit moulin, et tous ses autres droits et appartenances. Pour lequel moulin, elle sert et veut, doit, est tenue et promet de servir la dite dame Annette, reconnaissante, pour elle et ses susdits successeurs, au dit seigneur prévôt, chaque année, et à perpétuité, à la fête de Saint-Michel, Archange, huit grosses salmées d'annone, mesure d'Avignon. Lequel moulin, ci-dessus confronté, la susdite noble dame Annette, reconnaissante, pour elle et les siens, a promis et convenu au dit prévôt présent, améliorer et non détériorer, ne le vendre, donner, léguer, échanger, engager, ni aliéner en quelque mode d'aliénation, ou transférer à chevaliers, clercs, religieux ou ecclésiastiques ni à autres personnes, soit les lieux et maisons des dits, de droit prohibées.

Suivent les formules de garantie.

Ce fut fait à Avignon, sur la place du palais apostolique, présents, honorables hommes de Bruno et Michel Candi, habitants d'Avignon, témoins à ce spécialement appelés et requis.

Et d'honorable homme François Bouis, habitant d'Avignon, notaire, etc...

XLIV

Vente par Étienne de Simiane, seigneur de Châteauneuf, aux consuls d'Avignon, de l'eau du fuyant du moulin du dit lieu.

(23 juin 1477.)

Au nom du Seigneur. Amen. Sachent tous et chacun devant voir, lire ou entendre la teneur du présent instrument que, l'an de la Nativité du même Seigneur, mil quatre cent septante-sept, indiction dixième, le vingt-troisième jour de juin, du pontificat etc.

Par devant Ange de Geraldini, par la grâce de Dieu et du Saint-Siège apostolique, évêque de Sesse, lieutenant de révérendissime seigneur Julien, par la miséricorde divine, cardinal prêtre du titre de Saint Pierre ès Liens de la sainte Église romaine, vicaire général et gouverneur, au spirituel et au temporel, en la cité d'Avignon, Comtat Venaissin et terres adjacentes, pour Notre Saint Père le Pape, et noble Louis de Perussis, lieutenant de noble et puissant seigneur Jean de Damians, coseigneur des lieux de Priasme et de Montault, viguier de la ville d'Avignon, au palais apostolique et dans les galeries du dit etc.

Personnellement constitué magnifique et puissant seigneur Étienne de Simiane, seigneur du lieu et baronnie de Châteauneuf, diocèse de Cavaillon, de bonne foi, gratis, sans dol, fraude, exception, crainte ou erreur, pour lui et ses héritiers et successeurs quelconques à l'avenir, a vendu, et, sous titre de pure et irrévocable vente, a cédé et remis à perpétuité, à nobles hommes Pierre de Sade, Antoine Simon, de Damian, Pierre Ambergue, consuls, et Accurse Guilhoti, licencié ès lois, assesseur de la présente ville d'Avignon, et à Antoine Hueti, Pierre Rollands, docteurs ès droits, Rodolphe de Perussis et Barthélemy du Laurens, conseillers et citoyens et habitants d'Avignon, et députés par les dits consuls et conseil d'Avignon, pour les actes souscrits, là présents, acheteurs et stipulants et acceptants, au nom et place de toute la ville d'Avignon, assavoir toute la fuite de la Sorgue ou aqueduc du béal du moulin du seigneur de Châteauneuf, sis au terroir du dit lieu de Châteauneuf, pour la conduire, à perpétuité, à travers la terre et juridiction du dit seigneur, sur le territoire d'Avignon et dans la dite ville, par les lieux à désigner par les dits seigneurs consuls ou députés, pour le prix convenu entre les dites parties, de soixante-quinze florins, monnaie courante à Avignon, lesquels le dit noble Étienne de Simiane, pour lui et les siens susdits, a confessé avoir eus et réellement reçus des mêmes susdits consuls présents et stipulants, comme dessus, ainsi et tellement que le dit noble Étienne de Simiane, pour lui et les siens susdits, s'est tenu et réputé pour bien content et satisfait et en a quitté les susdits seigneurs consuls, assesseur et députés, et toute la ville susdite, les stipulations susdites intervenant etc.

Le dit seigneur de Châteauneuf a vendu et cédé, et a remis, à perpétuité, pour lui et les siens, aux dits seigneurs consuls et députés susdits, présents, achetants et stipulants, comme dessus, la dite fuite d'eau ou aqueduc du susdit béal du moulin aux pactes et conditions suivantes :

Premièrement, il a été de pacte convenu entre les parties et confirmé par solennelle et valable stipulation, que ladite ville d'Avignon puissse et doive et soit tenue, à perperpétuité, de recevoir la dite fuite d'eau de la Sorgue ou aqueduc du béal du susdit moulin, dans la partie et dans le lieu qu'il paraîtra convenable à la dite ville ou aux dits députés existant actuellement ou plus tard, sans préjudice toutefois du dit moulin et sans empêchement du cours de l'eau de son béal.

De même, il a été de pacte convenu entre les parties et confirmé par solennelle et valable stipulation, que si la dite ville n'avait point assez d'eau, par la dite fuite ou aqueduc, en ce cas, il lui soit permis et licite de prendre, à la prise de l'eau du béal du dit moulin, et au lieu ou la prend et a coutume de la prendre le dit seigneur de Châteauneuf, autant d'eau que la dite cité ou ses députés jugeront lui être suffisante, d'agrandir et d'augmenter, à sa volonté, pour avoir son cours par le béal du dit moulin, au territoire et à la présente ville d'Avignon, en suivant les accords et conventions passées par le dit seigneur de Châteauneuf avec les habitants du Thor, sans préjudice, toutefois, du moulin et du territoire de Châteauneuf.

De même, il a été de pacte entre les dites parties, convenu, accordé et confirmé par solennelle et valable stipulation, que, au cas où le dit moulin, à l'avenir, cesserait de moudre, la dite ville d'Avignon ou ses députés puissent et aient licence de prendre l'eau en abondance et autant qu'ils voudront, sans préjudice du dit moulin et du dit territoire de Châteauneuf, au dessus du dit moulin, à la prise de l'eau de la Sorgue du dit seigneur de Châteauneuf, au dessus du dit moulin, au lieu susdit, où il a coutume de la prendre et de la faire passer et couler par le béal en l'agrandissant et en l'augmentant, selon qu'il paraîtra bon à la dite ville ou à ses députés, et, ensuite, de la conduire par le béal creusé par la dite ville d'Avignon, pour conduire l'eau de la Sorgue, comme il est dit ci-dessus, à la présente ville.

De même, il a été convenu et décidé par pacte entre les dites parties, confirmé par solennelle et valable stipulation, que, au cas que la dite eau traversât ou eût son cours dans les terres de quelques particuliers, la dite ville sera tenue et devra, comme l'ont promis les dits seigneurs consuls et députés susdits, aux noms que dessus, s'entendre et passer accord, au sujet de ce cours avec les mêmes particuliers.

De même, il a été convenu et décidé, par pacte confirmé par solennelle et valable stipulation, qu'au cas où, en la dite eau et hors du dit béal, durant le territoire et la juridiction du dit seigneur de Châteauneuf, quelques délits seraient, à l'avenir, commis, la connaissance et la punition des dits délits, tant que s'étend la juridiction du dit seigneur de Châteauneuf et de son territoire, appartiendront au dit seigneur.

De même, il a été de pacte convenu, comme dessus, que la dite eau de la Sorgue traversant le territoire du dit seigneur de Châteauneuf, soit considérée comme appartenant, à perpétuité, à la dite ville d'Avignon.

De même, il a été de pacte convenu entre les dites parties et confirmé par solennelle et valide stipulation, que le dit seigneur de Châteauneuf ou les siens, par eux ou par personnes interposées, sous n'importe quel prétexte, ne pourront donner aucun empêchement au cours de la dite eau, ni la retenir sous aucun prétexte.

De même, il a été de pacte convenu entre les dites parties et confirmé par solennelle et valide stipulation, que le dit seigneur de Châteauneuf et ses hommes du dit lieu, puissent et aient faculté, aux lieux ou seront les abreuvoirs du dit béal de la Sorgue, durant le territoire, la juridiction et les limites des pâturages du dit seigneur de Châteauneuf, d'abreuver leurs animaux, en réparant les rives dudit béal dans les parties, dans lesquelles le dit seigneur de Châteauneuf ou ses hommes, auront causé, en ce cas, quelque dommage.

De même, il a été convenu par pacte, confirmé par solennelle et valide stipulation, que ladite ville et aucun de ses habitants ne pourront faire ou élever aucun moulin à blé, depuis la dite prise d'eau jusqu'au béal de la Durançole, situés entre les bastides de nobles Dominique de Panisse et Georges de Fontanilles.

De même, il a été convenu comme dessus, conclu et arrêté entre les dites parties, et confirmé par solennelle et valide stipulation, que nul ose ou présume pêcher ou faire pêcher, dans le dit béal de la Sorgue, durant le territoire et la juridiction du dit seigneur de Châteauneuf, sans sa permission ou celle des siens.

De même, il a été convenu et, comme dessus, arrêté et conclu entre les dites parties, que la dite ville d'Avignon sera tenue et devra, ainsi que l'ont promis et en sont convenus, les susdits consuls et députés, au nom d'icelle, le dit seigneur de Châteauneuf, présent et stipulant pour lui et les siens susdits, bien et duement faire et entretenir le dit béal, depuis la tuite du moulin et au delà, de telle façon qu'il n'apporte aucun dommage au territoire de Châteauneuf ou a moulin du dit seigneur.

De même, il a été convenu et arrêté par pacte, entre les dites parties et confirmé par solennelle et valide stipulation, que le dit seigneur de Châteauneuf sera tenu et devra, comme il l'a promis, pour lui et les siens susdits, la dite eau à recevoir, selon la forme et aux conditions susdites, aux dits consuls et députés, présents et stipulants, comme dessus, en suivant la forme des conventions et accords passés par le dit seigneur de Châteauneuf avec le seigneur et les hommes du Thor, faire avoir, tenir, maintenir et défendre contre toutes et chacunes personnes, tant ecclésiastiques que séculiers, et entendant soulever contestations ou procès à la dite communauté, les procès et causes ainsi soulevées et à soutenir, prendre comme siennes, les conduire et poursuivre à ses propres frais et dépens et des siens, etc.

Lesquelles vente, cession, rémission, pactes, etc.

Ce fut fait à Avignon, où que dessus, assavoir dans le palais apostolique et dans les galeries du dit, présents, égrèges, nobles et honorables hommes Chrisophore Bottini, docteur ès droits, Guillaume de Rochelle, licencié ès lois, Elzéar de Plana, alias Forneri, habitant du dit lieu de Châteauneuf, maître Pierre Lambert et Antoine Aguilhatii, notaires publics, citoyens et habitants d'Avignon, à ce spécialement appelés et requis.

XLV

Extraits d'un mémoire du chapitre métropolitain, sur la possession de la Sorgue et sur la Sorgue passant au moulin de Châteauneuf.

(1477.)

Premièrement, le chapitre dit et prétend que, depuis plus de deux cents ans, et même plus, même par un si long temps que la mémoire des hommes ne connaît point le contraire, il a existé et il convient d'être, et il est, de présent, une cathédrale autrefois célèbre, maintenant église métropolitaine, sous le vocable de Notre-Dame de Doms, ayant pour chef, un archevêque, un prévôt et autres officiers et économes, vivant selon les principes de saint Augustin et selon sa règle, faisant et constituant un chapitre etc...

De même, il dit que la dite église, aux temps passés, a été fondée et dotée de très nombreux et divers droits, cens, maisons, moulins, cours d'eau, tant par les donations des souverains pontifes, que par les largesses des princes et autres fidèles du Christ et aussi par d'autres justes et légitimes acquisitions, pour subvenir et assurer la vie des dits seigneurs prévôts, personnages, officiers, chanoines, religieux et autres serviteurs de l'église d'Avignon. Et cela a été et est la vérité.

De même, il dit que, depuis et pendant les dits temps, et pendant un tel et si grand temps que la mémoire des hommes ne connaît point le contraire, et il a été accoutumé d'être, et il est, dans le Comtat Venaissin et dans l'intérieur du dit Comtat, certaine rivière d'eau douce appelée la Sorgue. Et cela a été et est la vérité.

De même, il dit que la dite rivière de Sorgue a son o: gine de certaine fontaine appelée vulgairement de Va cluse, diocèse de Cavaillon, et a, ensuite, son passage p l'Ile de Venisse et le lieu du Thor, du dit diocèse de C vaillon et certains autres châteaux et territoires du c Comtat Venaissin, en se divisant en divers lits. Et cela été dit et est la vérité.

De même, il dit que, parmi les autres lits ou béals q fait la dite rivière de Sorgue, il est un lit ou béal q s'étend d'un certain lieu appelé autrefois « Fourche ‹ l'Abbé », et maintenant appelé « La prise du Prévôt Depuis le territoire du Thor, dudit diocèse de Cavaillo jusqu'à la dite ville d'Avignon et au Rhône, par les terr toires de Châteauneuf, de Jonquerettes, de Saint-Saturni et de Vedène, diocèse d'Avignon, jusqu'aux moulins foulons, autrefois appelés par quelques-uns, battants c moulins de Vedène, et par quelques autres, de La To et maintenant des Galliens, où l'eau se divise et, étant div sée par moitié, une partie se dirige vers le lieu du Po de Sorgues, diocèse d'Avignon, et successivement jusqu'a Rhône, ainsi qu'il a été dit ci-dessus. Et cela a été et e la vérité.

De même, il dit que, entre les autres moulins, construi et édifiés sur le dit béal et sur son cours, depuis les di temps et au delà, et pendant les mêmes temps, il a et il été coutume d'être, et il est de présent, édifiés et con truits sur le territoire et dans la ville d'Avignon, certain moulins. Assavoir : le moulin appelé de La Garrigue, moulin de Réalpanier, le moulin à parer les draps, moulin de Brianson. Et cela a été et est la vérité.

De même, il dit que, depuis et pendant ces temps, le susdits moulins ont appartenu et ont concerné, appa tiennent et concernent les susdits seigneurs prévôt, cha noines et chapitre, assavoir : le moulin de la Garrigue en domaine direct, le moulin de Réalpanier, en domain direct et en domaine utile, pour cinq parties, le moulin parer les draps, en domaine direct, le moulin Neuf et le moulin de l'Espigue, en domaine direct et en domaine utile, pour la moitié indivise. Et cela a été et est la vérité.

De même, il dit que depuis et pendant ces dits temps, la division du dit béal et de la dite eau étant maintenue vers le Pont de Sorgues, pour l'usage des moulins et battants construits sur le dit béal, au terroir de Vedène, le reste coule et a coulé continuellement vers les moulins des dits seigneurs prévôt et chanoines, comme il a été dit, sur le territoire et dans la ville d'Avignon et pour l'usage, besoin et utilité des susdits moulin.

De même, il dit que, depuis et pendant ces temps, le prévôt et les chanoines de la dite église d'Avignon, pour lors existant, furent et eurent coutume d'être, et sont, au nom de la dite église, tant par justes et légitimes titres que par l'usage et la coutume, vrais seigneurs et possesseurs du lit ou béal susdit et de l'eau coulant par le dit béal, depuis la prise dite « La prise du Prévôt », jusqu'à la ville d'Avignon et jusqu'au Rhône. Et ce béal, avec son sol et l'eau y coulant et les rives la contenant, joignant le dit béal, ont été et ont coutume d'être, même pour les repurgements et curages ou nettoiements nécessaires du dit béal, pour conduire l'eau, du domaine et propriété de la prévôté et de l'église susdite. Et cela a été et est la vérité.

De même, il dit que de la dite majeure rivière de la Sorgue, en reçoit par l'autre béal de la dite eau de la Sorgue, en face et près le dit lieu du Thor et qu'elle coule du terroir du même lieu, par le tènement et territoire du susdit lieu de Châteauneuf de Monseigneur Giraud l'Ami et vers les moulins du même lieu, et continue à couler par le territoire du lieu de Jonquerettes et, enfin, par le territoire du lieu de Saint-Saturnin ou, réuni, il tombe et entre par un autre béal des susdits seigneurs prévôt et chanoines, dans l'ancien lit de la dite rivière de Sorgue. Et cela a été et est la vérité.

De même, il dit que, depuis et pendant les dits temps,

l'eau du susdit béal, depuis sa prise et ensuite depuis le dits moulins de Châteauneuf coule, a coulé librement entièrement au dit autre béal des dits seigneurs prévôt chanoine, et autre ancien lit de la dite rivière de Sorgu et s'y réunissant, y tombe et doit y tomber, pour la néce sité, usage et juridiction des dits moulins du dit prévôt, de dits chanoines et de la dite église et non autrement.

De même, il dit que, tant par justes et légitimes caus que par l'usage, coutume, observance et antique posse sion eues, gardées et légitimement observées, depuis pendant ces temps, le lit ou aqueduc ci-dessus désign comme il a été dit ci-dessus, pour l'autre lit, a été, a e coutume d'être et est du domaine et propriété de la di église et prévôté des prévôts et chanoines susdits, pou conduire l'eau à leurs moulins et, depuis et pendant c temps, eue, gardée et légitimement possédée, et que le dits chanoines et prévôt ont été, ont eu coutume d'être e sont en possession pacifique et tranquille, en droit et e puissance ou faculté d'avoir et posséder, par eux ou autre en leur nom, place et mandement, sans contradiction o obstacle de personne, la conduite du dit béal, depuis l prise jusqu'à la jonction de l'eau susdite de l'autre béal e de l'avoir, tenir, conduire et réserver dans leur susdit li pour la nécessité, usage et secours de leurs dits moulin

De même, pour mieux démontrer que les lits ci-dessu désignés et l'eau y coulant, ont été, ont eu coutume d'êtr et sont des choses, biens, droits et appartenances de la dit prévôté et de la dite église, il dit que, depuis et pendan ces temps, les prévôts et chanoines de la dite église furent au nom de la dite prévôté et de la dite église, seigneur directs et utiles et en possession des dites choses. Et cel a été et est la vérité.

De même, il dit que l'an mil deux cent trente-sept, au nones de février, Bertrand Rostagny, prévôt de la dit église d'Avignon, pour l'utilité de la dite église, du consen tement du chapitre de la dite église, à ce spécialemen convoqué, après mûre délibération, donna, à nouvel achat et emphitéose perpétuelle, pour lui et ses successeurs, à Bertrand Espérandieu et à Jean, frères, pour un quart à Raymond Begour et Pons Pregatori, pour un autre quart, habitants d'Avignon, présents et acceptants, pour eux et leurs successeurs, les moulins et battants de Villeneuve ou Vieneuve, de l'Espigue, de Roquille et la moitié indivise du moulin de Pertuis, sis tant hors que dedans la ville d'Avignon, et l'eau de la Sorgue et le lit et cours de la dite eau tendant vers Avignon, du lieu dit « Fourche de l'Abbé » jusqu'au Rhône, avec l'eau coulant, par le dit tènement et moulin de Châteauneuf de Monseigneur Giraud l'Ami, avec déclaration et désignation des lieux par lesquels passe et doit passer la dite et couler vers son ancien lit originaire, assavoir : par le jardin d'Étienne de Carnone, en face du jardin de Guillaume Moneri et coule librement par l'ancien lit, passant par Langlade et par le tènement de Jonquerettes et de Saint-Saturnin, et tombe ensuite dans la branche de Vedène, du Pont de Sorgue et d'Avignon, en le tenant sous le domaine direct de la prévôté et de l'église susdites, et moyennant un cens annuel. Et que les susdits emphitéotes ont continuellement tenu et possédé, par eux ou par d'autres, ou par leurs héritiers les susdits moulins et la dite eau de la Sorgue et les dits lits, des dits prévôt et chanoines ou de la prévôté et de la dite église susdite.

De même, il dit que tant les emphitéotes ci-dessus nommés que leurs héritiers et autres ayant cause d'eux, ont laissé et cédé successivement les susdits moulins et aussi l'eau susdite de la Sorgue, et les lits susdits à la dite prévôté et église ou au prévôt et aux chanoines, au nom de la prévôté et de l'église, par quoi le domaine direct et utile leur en fut confirmé. Et cela a été et est la vérité.

De même, il dit que, après ces cesssions et ces rémissions, comme il est dit ci-dessus, par les emphitéotes susdits et la consolidation du domaine direct et utile, le dit prévôt et les chanoines existants, furent, eurent coutume d'être et sont vrais seigneurs et possesseurs, non seulement de l'aqueduc supérieur et en premier lieu désigné, mais même de l'aqueduc, comme il est dit, traversant le tènement et les moulins de Châteauneuf, pour conduire l'eau à leurs moulins et de cet aqueduc ou par icelui réunir l'eau dans leur ancien béal, pour le besoin, usage et secours de leurs dits moulins. Et depuis et pendant ces temps, le prévôt et les chanoines furent et sont en possession pacifique et tranquille du droit, autorité et faculté d'avoir et de retenir, par eux ou par autre, ou autrement, en leur nom, place et mandement, sans contradiction ou obstacle de personne, l'aqueduc du dit béal, comme il est dit, traversant le tènement et les moulins susdits du lieu de Châteauneuf, depuis la prise et les lieux ci-dessus désignés jusqu'à la jonction de l'eau susdite, de l'autre béal des dits seigneurs, prévôt et chanoines, et de conduire l'eau de la dite rivière de Sorgue dans le dit béal, de la réunir dans le dit autre béal pour les besoins et secours des dits moulins.

De même, venant au fait principal, et duquel il s'agit, il dit que les choses ci-dessus étant vraies et aussi existantes, l'an dernier écoulé, mil quatre cent septante-sept, et au mois de juin, les susdits consuls et conseil de la dite ville d'Avignon tentèrent et essayèrent, et essayent de troubler et d'empêcher les susdits seigneurs prévôt, chanoine et chapitre dans sa possession et ses droits, sur l'aqueduc du dit béal, passant comme il est dit, par les moulins du dit lieu de Châteauneuf, et cela sans cause légitime et valable, sans que les dits puissent user librement et pacifiquement et jouir de leurs droits au dit territoire de Châteauneuf, au dessous du moulin du dit lieu. De plus, dans la brèche ou fuite de l'eau, ils ont coupé ou fait couper les rives du dit béal, et ils ont eu pour ratifiées et agréables les coupures ainsi effectuées, et une écluse ou resclouse ayant été établie par eux ou par leurs députés, ayant dévié et déviant ainsi l'eau coulant par le dit béal, pour l'usage et aide des deux moulins des dits prévôt et chanoines, de son cours accoutumé, pour la conduire dans le susdit nouveau lit. Et cela a été et est la vérité.

De même, il dit que, puisque l'eau du dit béal, depuis et pendant les dits temps, a été toujours réservée et destinée, et est réservée et destinée à l'usage des moulins des dits seigneurs prévôt et chanoines, et autres moulins construits sur le dit béal, comme il a été ci-dessus pleinement démontré, elle ne devait, ni ne doit et ne peut en rien être déviée au préjudice des moulins de la susdite église d'Avignon et des autres intéressés.

XLVI

Transaction entre le chapitre métropolitain et les consuls d'Avignon au sujet du canal du moulin de Châteauneuf.

(21 mars 1489.)

Au nom du Seigneur. Amen. Sachent tous et chacun présents et à venir, que pour la commune utilité et plus grande fertilité du territoire de la ville d'Avignon et pour le nettoiement des immondices de la dite ville, magnifiques et respectables seigneurs, les consuls et conseil de la dite ville, songèrent et trouvèrent bon qu'une partie de l'eau de la rivière de Sorgue, intarissable et limpide, de la première prise au territoire du Thor et du moulin de Châteauneuf de Monseigneur Giraud l'Ami, diocèse de Cavaillon, tombant et coulant aux moulins de vénérables seigneurs les prévôt, chanoines et chapitre de la sainte église métropolitaine d'Avignon et en autres lieux, fut dérivée au terroir et en la ville d'Avignon pour l'irrigation des terres, prés et autres possessions, et pour le nettoiement des immondices de la dite ville. Et comme les dits consuls alors existants avaient désiré faire dériver et prendre la dite eau pour les susdits objets et autres avantages, vers le territoire de la dite ville, ils firent, dans ce but, creuser un nouveau canal, d'une certaine largeur et profondeur, et, cela fait, ils y mirent une partie de l'eau de la dite Sorgue, et firent dériver l'eau susdite par le canal et les passages susdits.

Le prévôt du chapitre expose que ce canal nouveau est creusé contre les droits du chapitre qui est en possession de toute l'eau de la Sorgue. Il expose le préjudice causé au chapitre, l'eau venant de la Prise du Prévôt n'étant point suffisante pour les besoins de ses moulins et pour la division des eaux au moulin de Galliens, aussi il déclare que c'est sans droit que les consuls d'Avignon ont dérivé la dite eau. Ceux-ci répondent qu'il l'ont achetée d'Étienne de Simiane, seigneur de Châteauneuf, et qu'en conséquence, elle appartient à la ville. Le prévôt répond que le seigneur de Châteauneuf, ne reçoit la dite eau que pour les besoins de son moulin, et qu'il ne pouvait la vendre.

La question est posée devant Antoine Marie, évêque et gouverneur d'Avignon. Ensuite, ayant été longuement examinée et discutée, le 21 mars 1489, par devant Constantin, évêque de Spolete, lieutenant du légat, gouverneur général d'Avignon, les représentants du chapitre et ceux de la ville se réunirent, et pour concilier les intérêts du chapitre et ceux de la ville, il passèrent la transaction suivante :

Premièrement, les dites parties ont convenu et accordé que les dits consuls et conseillers actuels de la dite ville d'Avignon, donneront, livreront, et verseront réellement et aux dits seigneurs prévôt et chapitre, la somme de quatre cents florins, monnaie ayant cours à Avignon, chaque florin compté pour vingt-quatre sous de la dite monnaie, grâce auxquels quatre cents florins le dit seigneur prévôt et chapitre pourront maintenir ou faire maintenir, chaque année, leur autre prise d'eau appelée « La Prise du Prévôt », avec son canal, jusqu'à la jonction des dites eaux, pour avoir l'eau suffisante en la dite prise, lorsqu'il sera nécessaire, ainsi que, suivant la dite convention, les dits consuls et conseillers reconnurent à verser, et en payant en diverses pièces d'or et en monnaie blanche, au dit prévôt et chanoines de la dite église d'Avignon, présents, la dite somme de quatre cents florins. Laquelle somme de quatre cents florins, les dits prévôt et chanoines, aux noms que dessus, pour eux et leurs successeurs en l'église d'Avignon, ont confessé avoir eus et réellement reçus.

De même, la dite somme de quatre cents florins, ayant été payée et réellement reçue par les susdits prévôt et chanoines du chapitre et de la dite église, pour la conservation de la prise dite « du Prévôt », et la commodité et perpétuité du dit nouveau canal, puisque, si dans l'avenir, par défaut de réparations de la dite prise du Prévôt, cette dite prise manquait d'eau, il faudrait, pour les seigneurs prévôt et chapitre, recourir, comme il est dit ci-dessus, à la dite eau venant du dit moulin de Châteauneuf, il a été de pacte exprès, comme dessus, que les dits seigneurs prévôt, chanoines et chapitre, seront tenus et devront, et qu'ils seront astreints, eux et leurs successeurs, à perpétuité, toutes et quantes fois il y aura nécessité, de réparer et maintenir la susdite prise du Prévôt avec son canal, selon que le cours de l'eau le réclame ainsi et tellement que, par défaut de curage, de réparation et de maintien de la dite prise du Prévôt, il ne soit point porté dommage au cours du nouveau canal et à la ville d'Avignon, par la déversion ou dérivation de l'eau de la dite rivière en d'autres directions.

De même, il a été de pacte convenu et accordé entre les dites parties, intervenant solennelle et valable stipulation et confirmé par serments, que si, en quelque cas, il arrivait que l'eau susdite de la susdite prise des seigneurs prévôt et chapitre, vînt à manquer ou à être diminuée à leur préjudice, à cause de leur négligence, les dits consuls et modernes conseillers, pour eux et leurs successeurs susdits, ont voulu et consenti, et, par le présent instrument, veulent et consentent à ce que les dits seigneurs prévôt et chapitre puissent librement recevoir l'eau susdite de la Sorgue, venant du dit moulin de Châteauneuf, comme il a été dit, de leur propre autorité, pour eux et leurs successeurs, et de l'utiliser pour l'usage de leurs dits moulins, comme ils le font et ont eu coutume de le faire sans empêchement, contradiction et résistance quelconque.

De même, il a été de pacte convenu et accordé comme dessus, entre les parties susdites, intervenant solennelle et valable stipulation et confirmé par serments, que toutes les fois qu'il arrivera que l'eau susdite venant du susdit moulin du lieu de Châteauneuf par le dit nouveau canal, au territoire et en la ville d'Avignon, par défaut de curage, de réparation ou de maintien du dit nouveau canal ou tout autrement que le dit nouveau canal soit, devienne inutile pour recevoir et dériver l'eau susdite, dans ces cas, le seigneur prévôt, ensemble le chapitre, pourront et seront en droit, comme il a été dit ci-dessus, de recevoir et prendre librement la dite eau, de façon à ce qu'elle coule par le dit ancien canal et avait coutume d'y couler anciennement et que la ville elle-même, en ce cas, puisse la déverser librement et sans contradiction dans le susdit ancien canal.

De même, il a été de pacte, comme dessus, convenu et accordé entre les parties susdites, intervenant solennelle et valable stipulation, et confirmé par serments que, advenant l'un des cas ci-dessus, assavoir, que la prise susdite du Prévôt vînt à manquer ou fut diminuée avec préjudice, ou que, ainsi qu'il a eté dit, le nouveau canal de la dite ville fut rendu inutile pour recevoir et prendre la dite eau, de façon que le dit seigneur prévôt et chapitre soient obligés de la reprendre, en tel cas, les dits seigneurs prévôt et chapitre seront tenus et devront rendre et restituer la susdite somme de quatre cents florins aux susdits seigneurs, consuls et conseillers existants, à leur seule et unique réquisition, ainsi qu'ils ont convenu et promis de le faire auxquels cas.

De même, il a été de pacte comme dessus etc..., que la dite somme de quatre cents florins par les dits seigneurs prévôt et chapitre aux dits consuls et conseillers, au nom de la dite ville, étant ainsi restituée, si jamais, en autre temps, les dits consuls et conseillers ou autres particuliers de la dite communauté d'Avignon, voulaient, de nouveau, prendre la dite eau, et désiraient la faire dériver par le dit nouveau canal ou un autre, ils seraient tenus et devraient payer aux dits seigneurs prévôt, chanoines et chapitre, la même somme de quatre cents florins de même monnaie et valeur, et qu'autrement, ils ne pourraient avoir ou reprendre la dite eau;

De même pour recevoir la susdite eau par les dits seigneurs consuls et conseil au territoire de Châteauneuf, et après la fuite d'eau du dit moulin et la recevoir dans leur nouveau canal, ceux-ci feront les travaux nécessaires, dans la partie du canal des dits seigneurs prévôt et chapitre, et une écluse, et il a été de pacte, entre les susdites parties etc., que les dits consuls et conseillers feront installer, dans la dite, un espacier de pierres, bon et suffisant pour recevoir intégralement l'eau susdite, coulant du dit moulin du dit lieu de Châteauneuf, comme il est dit ci-dessus, pour le bien, utilité et conservation de droit de chaque partie.

De même, il a été de pacte convenu et accordé etc., que si, dans l'avenir, n'importe comment, le dit nouveau canal de la dite ville a besoin de curage, repurgement ou autre telle réparation, qu'il soit nécessaire d'en enlever l'eau, les dits seigneurs, consuls et conseillers, ne pourront le faire ni par eux, ni par aucun d'autre, si ce n'est par le susdit ancien canal des dits seigneurs prévôt et chapitre, ainsi qu'on a eu coutume de le dériver aux susdits moulins et lieux accoutumés, et de même la dite ville, en ce cas, pourra dériver librement l'eau dans le même canal, et qu'alors, avant que l'eau du dit nouveau canal soit dérivée dans le dit ancien canal de l'église, les dits seigneurs consuls et leurs commissaires ou députés, pour enlever la dite eau du dit nouveau canal, seront tenus et devront en faire la déclaration aux dits seigneurs prévôt et chapitre, ou à leurs meuniers.

De même, il a été de pacte convenu et accordé etc..., que sur le dit canal et tout son parcours dans le territoire de la ville d'Avignon, ils ne feront ni construiront ou ne laisseront construire par personne, de nouveaux moulins à blé, ainsi qu'il a été dit et conclu ailleurs, sauf le droit de l'ancien moulin, appelé La Folie. Cette transaction etc.

Pour laquelle etc..

Ce fut fait à Avignon, dans le palais apostolique, dans les petites galeries, présents, honorables et discrètes personnes Barthélemy Noverini, d'Avignon, maître Hector de Front, notaire, de Turin, et Antoine Bonnemain, du diocèse de Verdun, familiée du dit seigneur gouverneur, témoins, à ce spécialement appelés. Et moi, Pierre Lamberti, notaire etc.

XLVII

Concession par Étienne de Simiane, seigneur de Châteauneuf, à Baptiste de Ponte et autres, pour l'établissement d'un moulin à paroir sur la Sorgue de Châteauneuf.

(5 mars 1491)

Au nom du Seigneur. Amen Sachent tous et chacun devant voir, lire et entendre la teneur du présent instrument, que, l'an de la Nativité de Notre-Seigneur mil quatre cent quatre-vingt onze, indiction onzième, et le cinquième jour du mois de mars, du pontificat etc.

Existant et personnellement constitué noble et égrège seigneur Étienne de Simiane, seigneur de Châteauneuf, de Monseigneur Giraud l'Ami, diocèse de Cavaillon, de bonne foi, gratis et spontanément, sans dol, crainte ou fraude,déception ou erreur, pour lui et ses héritiers et successeurs quelconques, à l'avenir, a donné, cédé, remis, transporté et pour toujours désemparé à nobles et honorables Baptiste de Ponte, de Gênes, citoyen et habitant d'Avignon, et Jacques Malivert, Ymbert de Régis et Jean de Tondu, marchand, de Bourg en Bresse, diocèse de Lyon, quoique absents, à noble François d'Auria, de Gênes, citoyen d'Avignon, procureur du dit Baptiste de Ponte..... à nouvel achat et en emphitéose perpétuelle, un lieu appelé La Coupière, en lequel lieu il y eut anciennement un moulin à paroir pour préparer et fouler les draps de laine.

Lequel dit lieu est situé à la descente d'un béal de la rivière de Sorgue, coulant de la dite rivière de Sorgue vers Saint-Saturnin, dérivé de la dite rivière dans les territoires de Châteauneuf et du Thor, coulant par le territoire de Saint-Saturnin, avec deux éminées de terre ou environ, pour la construction d'un moulin pour le blanchissage des toiles, de quelque nature qu'elles soient, sauf un cens et service annuel et perpétuel, pour la construction et édification du dit moulin et pour les deux éminées de terre, de douze gros monnaie courante au Comtat Venaissin, payable, chaque année, à la fête de Saint Michel, archange.

De même, il a été de pacte etc., que si les dits emphitéotes manquent d'un passage pour le dit moulin, dans les possessions du dit seigneur de Châteauneuf, dites vulgairement Langlade, des terres de la Sacristie de l'église d'Avignon, par un fossé ou vallat, là existant, les dits emphitéotes pourront prendre de la terre du susdit seigneur de Châteauneuf, pour l'usage de l'eau coulant par le dit béal vulgairement appelé : Le coup perdu.

De même, il a été de pacte etc., que le susdit seigneur

de Châteauneuf sera tenu, envers les dits emphitéotes, de toute et quelconque éviction totale ou particulière, au sujet de la possession des dites terres et aussi de la dérivation de la dite eau, sans préjudice toutefois des voisins, de façon à ce que l'eau du dit béal retourne à la branche mère, et cela seulement pour le dit moulin des toiles et aussi pour les pradiers et prés nécessaires au blanchissage des dites toiles, et il sera tenu de les garantir contre tous, et chacun voulant les troubler, molester ou empêcher, de façon à ce qu'ils puissent avoir et tenir les terres et possessions sus confrontées et la dérivation de la dite eau .. Pour lesquelles etc. Desquelles etc.

Ce fut fait au dit lieu et dans le château de Châteauneuf, présents discrètes et honorables personnes Marc Crevilhoni, d'Avignon, Jacques Meyssonier, habitant de Caumont, diocèse de Cavaillon, et Michel Peyret, marchand, de la dite ville d'Avignon, témoins, à ce spécialement appelés et requis.

XLVIII

Arrentement par le procureur et le prévôt du chapitre, du Moulin neuf, de l'Espigue, de Réalpanier et de Brianson.

(16 novembre 1502.)

Au nom du Seigneur. Amen. Sachent tous présents et à venir etc.

Personnellement constitué Claude Patris, chanoine en l'église métropolitaine d'Avignon, procureur et administrateur du chapitre de la dite église, avec l'assistance de Manand d'Auria, par la grâce de Dieu et du Saint-Siège apostolique, évêque de Turin, prévôt de la dite église d'Avignon, présent, gratis, de certaine science et spontanée volonté, sans dol, fraude, crainte ou erreur et aux meilleures formes et moyens qu'il a pu, a arrenté, et à titre d'arrentement, a donné et concédé à Jean Baudet, meunier, habitant d'Avignon, pour lui, ses héritiers et successeurs quelconques, stipulant solennellement et recevant, les fruits, revenus et émoluments des moulins du dit chapitre, assavoir : du Moulin neuf, de l'Espigue, de Réalpanier et de Brianscn, pour trois ans, pour le prix, pour chaque année, de quatre-vingt-deux saumées de blé, mesure d'Avignon etc.

Ce fut fait à Avignon, dans la maison de la prévôté de la dite église d'Avignon, présents noble Urtica d'Ortigue, d'Avignon, et Claude Charpini, du diocèse de Clermont, habitant d'Avignon, témoins, à ce spécialement appelés et requis.

XLIX

Ordonnance de Galeotti du Roure, vice-legat, à l'instance du chapitre métropolitain, prescrivant à ceux ayant fait des arrêts dans la Sorgue, de les enlever.

(13 décembre 1503.)

Au nom du Seigneur. Sachent tous et chacun devant voir, lire et entendre le présent instrument, que, l'an de la Nativité de Notre-Seigneur mil cinq cent trois, indiction sixième, et le quinzième jour de décembre etc.

En présence de Galeotti du Roure, lieutenant du cardinal de Saint-Pierre-ès-Liens, légat d'Avignon, Pierre Beloti, chanoine et administrateur du chapitre de l'église d'Avignon, expose que, au préjudice des droits et intérêts du dit chapitre, quelques meuniers, sous prétexte de repurgement de la Sorgue, en avaient arrêté le cours. Le lieutenant du légat prescrit qu'ils enlèvent tous empêchements, sous peine d'excommunication et de vingt cinq marcs d'argent.

Ce fut fait à Avignon, sur la place devant le palais apostolique, présents noble Chrisophore Camoti, viguier de la ville d'Avignon, et François Euseline, d'Avignon, témoins à ce spécialement appelés et requis.

L

Concession par le chapitre métropolitain, à Laurent du Roure et à sa femme, pour la construction de trois espaciers au clos de la Sacristie, pour l'arrosage de leurs prés.

(17 avril 1506.)

Au nom du Seigneur. Sachent tous présents et à venir etc., que, l'an de la Nativité de Notre-Seigneur mil cinq cent six, indiction neuvième, et le dix-septième jour du mois d'avril, du pontificat etc...

Existant et personnellement constitué vénérable et égrège personne Pierre Bolleti, chanoine, procureur et administrateur ou économe général de la sainte église métropolitaine d'Avignon etc.

A donné, concédé et transmis à vénérable et égrège personne Laurent du Roure, docteur en médecine, et à dame Anne, conjoints et aux leurs, le dit Laurent, seul présent, et la dite Anne, absente.

Assavoir : licence, pouvoir et faculté de faire et construire, sur le béal de la Sorgue, des moulins de la dite église et du chapitre d'Avignon, trois espaciers en un pré leur appartenant, sis au territoire d'Avignon, au clos de la Sacristie, tenu, comme ils l'ont dit, sous le domaine direct et seigneurie des chanoines et du chapitre de l'église d'Avignon, confronte : à l'Orient, avec le pré de Balif, poissonnier, à l'Occident, avec la vigne de....., au Nord, avec le chemin public allant d'Avignon à Saint-Saturnin, diocèse d'Avignon, au Midi, avec le dit béal ou Sorgue du dit chapitre ou église d'Avignon, et avec ses autres justes et légitimes confronts, s'il en est de plus vrais. Par lesquels trois espaciers, coule et devra couler l'eau susdite des moulins de la dite église et appartenant au dit chapitre, à l'avenir, maintenant et pour toujours, pour lui et les siens susdits seulement, tous les samedis, pendant l'été, et non en autre temps, depuis vêpres de chaque samedi jusqu'au midi du dimanche suivant, pour l'irrigation du susdit pré des susdits conjoints ci-dessus confrontés, sauf et toujours réservé au dit chapitre et église d'Avignon et à leurs successeurs quelconques, le domaine direct et majeure seigneurie, et le cens et service annuel et perpétuel, sur la dite eau de la Sorgue et sur chaque espacier, de dix gros, monnaie courante à Avignon, qui font en tout trente gros, chaque gros comptant pour vingt-quatre deniers de la dite monnaie, à payer, par les dits conjoints ou les leurs, aux dits seigneurs chanoines de l'église ou chapitre ou leur légitime procureur, chaque année, à chaque fête de Notre-Dame de mi-août. Le procureur du chapitre reçoit, pour l'autorisation de la construction des trois espaciers, quatre poulets.

Les concessionnaires devront faire et construire les trois espaciers sur la rive de la Sorgue, en pierre ou en bois, en la meilleure forme possible, chaque espacier, d'une palme de largeur et de hauteur et non plus.

Ils seront tenus et devront avoir des serrures et des clefs, sur chaque espacier, pour les tenir fermés, sauf aux époques indiquées.

Chaque dimanche, à midi, les dits concessionnaires devront fermer à clefs les dits espaciers, sous peine de vingt-cinq sous tournois d'amende applicables au chapitre et à l'église.

Ils devront disposer les fossés pour l'irrigation de leur pré, de telle façon que l'eau de la Sorgue ne dépasse point les bornes du dit pré et n'arrose point les prés voisins; au cas où le contraire serait constaté, la concession deviendrait nulle et elle serait considérée comme non avenue.

Les dits trois espaciers à construire ne devront point l'être dans le fond de la dite Sorgue, mais sur le fond et d'une palme et demie ayant égard au lieu ou canal par lequel l'eau commencera à couler.

Les espaciers devront être fermés à clef, autrement la concession serait nulle.

Un instrument de la concession devra être remis aux parties.

Ce fut fait à Avignon, à l'entrée de la maison du dit seigneur Laurent du Roure, sise devant le Puits-des-Bœufs, présents honorables Martin Martini, Pierre Orjolet, ribeiriers, Claude Crevilhon et maître Gabriel Bertoteti, fustiers, habitants d'Avignon, témoins à ce spécialement appelés et requis.

LI

Concession par le chapitre métropolitain à Nicolas Gaspard, du droit de construire un espacier, pour l'arrosage de son pré, au terroir d'Avignon, lieu dit à la Sacristie Vieille.

(2 mars 1511.)

Au nom du Seigneur. Amen. Sachent tous présents et à venir etc., que l'an de la Nativité de Notre-Seigneur mil cinq cent onze, indiction quatorzième, et le deuxième jour de mars, du pontificat etc.

Existant personnellement constitués, égrèges et nobles hommes Jean Rollandi, chanoine, et Honoré de la Coste, chanoine et administrateur du chapitre de la sainte église métropolitaine d'Avignon etc..., ont donné, transmis, concédé, et pour toujours désemparé, à discret homme Nicolas Gaspard, marchand, citoyen et habitant d'Avignon, présent, stipulant solennellement et recevant, pour lui et ses successeurs quelconques, licence, autorité et faculté de faire et construire ou de faire construire, sur le canal et béal de l'eau de la Sorgue des moulins de l'église et du chapitre d'Avignon, un espacier, d'une largeur et longueur d'une main ouverte seulement, pour l'irrigation d'un pré du dit Gaspard, sis au territoire d'Avignon, lieu dit : « La Sacristie Vieille », confronté, à l'Orient, avec le jardin de Dalmas Augier, à l'Occident, avec le pré de noble François de Baroncelli, au Midi, avec les vignes du dit Baroncelli et du seigneur de Vedènes, et, au Nord, avec le canal de la dite Sorgue et avec ses autres plus vrais confronts.

La concession est faite moyennant un cens annuel de seize sous, payables, chaque année, à la fête de Notre-Dame de mi-août.

Le concessionnaire devra faire construire l'espacier concédé à ses frais, en tête de son pré et le tenir fermé à clef.

Il pourra, lui ou ses successeurs, dériver et recevoir l'eau du dit béal de la Sorgue, pour l'arrosage du dit pré, chaque jour de samedi, à l'heure de vêpres, jusqu'à l'heure de midi du dimanche suivant, et non autrement. Et s'il en était autrement, et qu'il fasse autrement dériver l'eau de la dite Sorgue, il encourerait, de ce fait, une amende de quarante sous tournois, applicables moitié au fisc pontifical et l'autre moitié au chapitre.

Le concessionnaire ou ses successeurs ne pourront arroser le dit pré que par le dit espacier, et au cas ou ils en abuseraient, en dehors des jours fixés pour l'arrosage, et qu'ils en augmenteraient les proportions, les chanoines et le chapitre pourraient fermer et rompre le dit espacier et le réduire ou faire réduire à son premier état.

Si le concessionnaire veut fermer l'espacier et remettre les choses en état primitif, il pourra le faire, et dans ce cas, il ne sera plus astreint au paiement du cens.

Ce fut fait à Avignon, dans le lieu accoutumé, pour les délibérations du chapitre, présents honorables et discrètes personnes Antoine Bernardi et Guillaume Polmerii, notaires publics, citoyens et habitants d'Avignon, témoins à ce spécialement appelés et requis.

LIII

Concession par le chapitre métropolitain à Jean de Joly, évêque de Saint Paul-Trois-Châteaux, de cinq espaciers sur la Sorgue, lieu dit à Cassagnes.

(13 octobre 1558)

Au nom du Seigneur. Amen. Sachent tous présents et futurs, qu'une discussion et un procès ayant été soulevés par devant, de bonne mémoire, Alexandre Campeggi, évêque de Bologne, lors prolégat, lieutenant et gouverneur général d'Avignon, et devant ceux qui furent après lui prolégats, le dit procès est encore pendant et indécis, par devant Jacques Sala, évêque actuel de Viviers, lieutenant et gouverneur général, entre révérends seigneurs, le prévôt, chanoines et chapitre de la sainte église métropolitaine d'Avignon, d'une part, et noble François de Joly, seigneur de Cléran, d'abord, et successivement révérend Père en Jésus-Christ, Jean de Joly, évêque de Saint-Paul-Trois-Châteaux, d'autre part. Les dits seigneurs prévôt et chapitre, disaient et prétendaient que l'eau de la rivière de

Sorgue, qui sort de la fontaine de Vaucluse et s'écoule dans le fleuve du Rhône, et tout son canal, leur avoir appartenu de plein droit, depuis le lieu du territoire de Châteauneuf, de Monseigneur Giraud l'Ami, dit « La Prise du Prévôt » jusqu'au dit Rhône, et pour cette cause, n'avoir été et n'être permis à personne, sans leur expresse permission, d'avoir ou de faire des aqueducs, coupures, espaciers ou rigoles, depuis le dit lieu ou prise jusqu'au dit fleuve du Rhône, par lesquels l'eau de la dite Sorgue soit puisée, enlevée ou dérivée. Et le dit noble François de Joly, propriétaire du tènement rural de Cassagnes, sis au territoire d'Avignon, entre la dite prise et le fleuve du Rhône, contigu et touchant le dit canal de la Sorgue, du côté du Midi, ayant fait, dans le bord du dit canal, en face du dit tènement de Cassagnes, sans l'autorisation des dits seigneurs et chapitre, certaines coupures, espaciers ou rigoles, au moyen desquels l'eau de la Sorgue coule et se déverse dans les prés, jardins et autre parties du dit tènement, si bien qu'à cause de cela, les moulins du dit chapitre construits sur le dit canal, cessent très souvent de moudre, le dit seigneur de Cléran ou le dit seigneur évêque de Saint-Paul-Trois-Châteaux, possesseur du dit tènement, doit, par moyen opportun, être contraint et forcé de clore, boucher et remplir les dites coupures, espaciers et rigoles.

De la part des dits seigneurs de Cléran et évêque, il était prétendu qu'il avait été et était, tant lui que ses auteurs, desquels il a droit et cause, en possession immémoriale et récente, de faire et avoir, sur le canal de la dite Sorgue, en face du tènement de Cassagnes, des coupures, espaciers et rigoles, et, par eux, de conduire la dite eau dans ses prés, jardins et autres, pour leur arrosage, qu'il ne devait être troublé ou molesté en rien en cette possession, surtout comme en autre cause soulevée entre le dit chapitre et ses auteurs ou prédécesseurs, une sentence avait été rendue au possessoire, en faveur de ses dits prédécess urs etc.

Or, est-il que l'an de la Nativité de Notre-Seigneur mil cinq cent huit, indiction première, et le treizième jour d'octobre etc.

Suivent la délibération et les noms des membres du chapitre et les formules d'acquiescement à un accord de Jean de Joly, évêque de Saint-Paul-Trois-Châteaux, lequel accord est fait aux conditions suivantes :

Premièrement, que les dits seigneurs et chapitre donneront et concèderont, comme ils ont donné et concédé, au susdit seigneur Jean de Joly, évêque, comme privée personne, présent, et pour lui et ses héritiers, et ses futurs successeurs quelconques, acceptant, stipulant et recevant, en précaire et à titre de précaire, licence et autorité, pouvoir et faculté de faire et construire, d'avoir et de tenir dans le dit canal ou béal de la Sorgue, en face du dit tènement, soit territoire de Cassagnes, cinq espaciers par lesquels coule et puisse couler l'eau de la dite Sorgue, pour arroser le jardin et le pré que le dit seigneur possède, de présent, au dit tènement de Cassagnes, mais seulement, chaque jour de samedi, depuis les vêpres de chaque samedi jusqu'à midi du dimanche suivant, et non autrement, selon la coutume des autres espaciers établis sur le dit canal et la forme à eux donnée, de façon pourtant qu'il ne soit permis au dit évêque ou à ses successeurs, de dériver et conduire l'eau de la Sorgue, dans ses possessions, que par les dits espaciers, au temps ci-dessus indiqué, pourquoi il sera tenu, lui et les siens, de clore et de boucher les plus grands ou autres espaciers, coupures ou rigoles, s'il en est, de fermer à clef et tenir fermés ceux qui resteront, de façon à ce que la dite eau de la Sorgue ne s'écoule point, par ces dits espaciers ; de même, il ne pourra ni les siens ouvrir et tenir ouverts les dits espaciers, si ce n'est au temps et heures ci-dessus indiquées, ni abuser de la dite eau en quoi que ce soit. Il pourra pourtant arroser, une heure par jour, par l'un des dits espaciers, un jardin de quatre éminées ou environ, qu'il possède au dit tènement.

Chacun des dits cinq espaciers devra avoir une palme en largeur et en hauteur seulement et n'être pas plus grand.

De même, ils ont transigé et il a été de pacte que l'eau de la Sorgue coulant par les dits espaciers, ne pourra s'étendre au delà des limites du territoire ou tènement de Cassagnes et arroser d'autres possessions.

De même, il a été de pacte que le dit seigneur évêque et les siens seront tenus, chaque année, et à perpétuité, à chaque fête de l'Assomption de la bienheureuse Vierge Marie, qui se célèbre à la mi-août, de payer et solder, traduire et adresser au dit chapitre, pour chacun des dits espaciers, un cens de cinq sous tournois, c'est-à-dire une somme de vingt-cinq sous pour les susdits cinq espaciers.

De même, il a été de pacte, entre les dites parties, convenu et accordé, qu'au cas ou le susdit évêque et les siens, abuseraient de la présente licence et contreviendraient aux conventions ci-dessus spécifiées, les dits seigneurs du chapitre et les siens susdits, pourront révoquer la susdite précaire, et qu'en ce cas, la concession sera nulle et inefficace, et cotsidérée comme n'ayant pas été faite.

De même, les dites parties ont transigé et convenu que, moyennant les susdites, il y aura, entre elles, paix et fin de procès, et qu'elles seront tenues de renoncer, comme elles ont renoncé, aux discussions et procès susdits, les dépens des dites causes et procès compensés.

Laquelle transaction etc. Pour lesquelles etc...

Ce fut fait à Avignon, dans la salle capitulaire de la dite église, présents vénérables nobles et discrètes personnes Melchion, Tarennas, chanoine de l'église cathédrale de Saint-Paul-Trois-Châteaux, Bernardin Laurent, bourgeois et maître Jean de Ruffo, notaire, citoyens et habitants d'Avignon, témoins à ce spécialement appelés et requis.

LIV

Sentence du juge d'Avignon, condamnant les Célestins de Gentilly, à Sorgues, Antoine de Beau et autres, à contribuer au curage et au repurgement de la Sorgue.

(20 mai 1565.)

Laurent Arnoult, docteur ès droits, auditeur domestique de révérendissime Père en Jésus-Christ, Alexandre Guidicioni etc.

Une discussion et un procès ayant été soulevés par devant révérendissime Antoine de Trivulce, élu de Toulon, lieutenant et vice-légat du dit révérendissime et illustrissime seigneur Alexandre, par la miséricorde divine, cardinal-diacre du titre de Saint-Laurent in Damaso, vulgairement appelé de Farnèse, vice chancelier de la sainte Église romaine et légat a Latere dans la ville d'Avignon, le Comtat Venaissin et autres parties, entre révérends pères et égrèges personnes, les seigneurs prévôt, chanoines et chapitre de l'église métropolitaine d'Avignon, demandeurs, d'une part, et vénérables et religieuses personnes, les seigneurs, prieur et frères du couvent des Frères de Gentilly, hors et proche du Pont de Sorgues, Antoine de Beau, Louis Pierre, Guillaume et Gérome Lauze, de la susdite ville d'Avignon, au sujet du curage de la Sorgue et du paiement des droits de roues, défendeurs, d'autre part, il est intervenu une sentence dont la teneur est telle :

Le nom du Christ invoqué et ayant les yeux sur Dieu seul, Nous, Pierre Isnard, docteur ès droits, vice-gérent de la cour de la chambre apostolique d'Avignon, juge et commissaire, spécialement député en la cause débattue et agitée devant nous entre révérends pères les seigneurs chanoines et chapitre de l'église métropolitaine de Notre-Dame de Doms, demandeurs d'une part, et dévots et religieux frères du monastère des Célestins de Gentilly du Pont de Sorgues, et nobles Antoine de Beau, Louis Pierre, Jacques, Guillaume et Gérome Lauze, citoyens d'Avignon, poursuivis et défendeurs.

Vu la procédure, les actes et les attestations produits par chaque partie, en un instrument de l'an mil cent un, duquel il conste que le domaine de l'eau de la Sorgue, depuis le lieu de Vedènes jusqu'au Rhône, à titre de donation appartient aux susdits seigneurs chanoines et chapitre de Notre-Dame de Doms, et un autre instrument de l'an mil deux cent quatre, signé par Étienne, notaire, et donné en copie par feu Jean Guirantamii, duquel il conste que le tiers de toutes les dépenses qui se font depuis les moulins de Vedènes jusqu'à la resclause de la Fourche de l'Abbé, tant pour la conduite de l'eau que pour le curage des fossés, que pour la construction ou réparation des resclauses, doit être payée par ceux du Pont de Sorgues, et l'autre tiers, par ceux de Vedènes.

De même, vu les lettres contributives pour le curage de la dite eau, émanées des commissaires députés du révérendissime seigneur camérier de Notre Très Saint Père de l'an de Notre-Seigneur mil trois cent quatre vingt-onze et du dix-neuf août, par lesquelles ceux du Pont de Sorgues et autres, furent contraints de contribuer à toutes les dépenses, curage et repurgement du canal de la Sorgue, chacun pour le tiers.

Considérant diligemment et mûrement que croissant les dépenses pour le repurgement du canal de la Sorgue, la contribution doit également augmenter, cette considération et autres nous inspirant, par cette sentence définitive, que, de l'avis d'hommes experts et surtout du seigneur assesseur souscrit que nous avons enregistrés en cet acte ; siégeant en notre tribunal

Nous disons, décernons, prononçons et déclarons les

dits religieux et leur monastère et aussi les dits de Beau et Lauze, poursuivis en cette cause, être tenus et devoir être condamnés de même que nous les condamnons par cette présente sentence, à payer et à contribuer au prorata, au curage et au repurgement du dit canal de la Sorgue, tant pour cause de leurs moulins que d'après la forme et teneur des instruments sus mentionnés, toutes les fois qu'il en sera besoin et qu'ils en seront requis, en même temps que les arrérages et dépenses faites pour le dit curage et repurgement de la dite Sorgue et les concernant, lesquels arrérages et dépenses ils étaient tenus de payer jusqu'à ce jour, à raison de trente sous pour chaque roue.

Donné à Avignon, sous le propre sceau dont nous usons le trentième jour de mai, l'an de la Nativité de Notre-Seigneur mil cent soixante et un, du pontificat de Très Saint Père en Jésus-Christ notre souverain seigneur Pie, par la divine Providence pape second, l'an second.

LX

Sentence arbitrale au sujet des réparations à la prise du prévôt, du curage de la Sorgue et des moulins de M. de Ponte, sur la Sorgue de Châteauneuf.

(1582.)

Le nom du Christ invoqué et les yeux devant Dieu. Nous, François de Merles et Jean d'Agoult, chanoine et trésorier de l'église d'Avignon, docteurs ès droits, arbitres arbitrateurs et pacifiques et aimables compositeurs des procès, discussions et controverses déjà soulevées et qui pourront l'être encore, à l'avenir, entre le vénérable chapitre de l'église d'Avignon d'une part, et noble Melchior de Simiane, seigneur du lieu de Châteauneuf de Monseigneur Giraud l'Ami, diocèse de Cavaillon, ensemble, noble Balthazar Antoine et Pierre de Ponte, frères, tant conjointement que séparément d'autre part, au sujet de l'emplacement et situation de la prise vulgairement appelée et dite « La prise du Prévôt », aussi, au sujet du repurgement et curage du canal de la dite Sorgue, dérivée de la dite prise, premièrement, aux moulins des dits frères, vulgairement appelés de La Vacailhe et de Blanchiflor, sis au tènement et territoire du dit Châteauneuf etc., sous le domaine direct du dit seigneur de Châteauneuf, et ensuite, à d'autres moulins jusqu'au Rhône ;

Vu toutes les allégations et déductions des parties, nous jugeons et ordonnons qu'à perpétuité, les dits seigneurs et chapitre ayant en entier l'usage du dit canal, puissent librement et avoir toute faculté, à leurs frais toutefois, de repurger et de curer la dite Sorgue, de la prise vulgairement appelée « La prise du Prévôt » jusqu'aux moulins des dits de Ponte frères, de les faire et faire exécuter, s'il est jugé bon et utile jusqu'à la ville d'Avignon, excepté Les Fuites des dits moulins de La Vacailhe et de Blanchiflor que les dits de Ponte, devront, à leurs frais et dépens, curer et repurger, de même que les autres possesseurs de moulins sur la dite Sorgue jusqu'au Rhône le font et ont coutume de le faire.

Les dits de Ponte seront également tenus et chacun d'eux solidairement, pour raison du dit repurgement, toutes les fois qu'il y aura été procédé par le chapitre, au plus une fois l'an, pour les dits moulins de la Vacailhe et de Blanchiflor, donner et réellement payer aux dits seigneurs du chapitre, et toutes les fois que se fera le dit repurgement, la somme de douze florins monnaie courante à Avignon, à payer immédiatement après le dit repurgement, de telle manière que l'un payant, les autres soient libérés, sauf pourtant et réservé qu'il ne sera point permis aux dits seigneurs du chapitre ni à aucun d'eux, à la faveur, nous ou autre partie quelconque, eux le sachant ou consentants, directement ou indirectement, tacitement ou expressement, en aucun temps, de dériver l'eau de la Sorgue, coulant librement, et excepté au temps du repurgement de la dite Prise du Prévôt jusqu'aux moulins des dits de Ponte et aussi que la dite Sorgue, a coutume d'avoir son cours jusqu'au Rhône. Il sera permis aux dits seigneurs, toutes les fois que la dite prise sera ouverte ou endommagée, en tout ou en partie, pour que mieux, plus utilement et plus facilement puisse se faire le dit curage, de se servir et de prendre, dans la terre et juridiction du dit seigneur de Châteauneuf, librement et sans contradiction, au lieu ou lieux accoutumés et voisins de la dite Sorgue, les terres et gazons nécessaires pour la réfection ou réparation de la dite prise et de même pour les batardeaux nécessaires pour cet ouvrage.

N'entendant nullement, à cause des susdites ou cens perpétuel et emphitéotique que le dit seigneur de Châteauneuf a sur les dits moulins, au droit de lodz et investiture ou à celui de retenir par prélation, mais tous ces droits et autres quelconques à lui compétents sauf et réservés

De même, nous ordonnons que, moyennant ce, il y ait paix, amour et concorde entre les dites parties, et que chaque partie paye ses dépenses, de façon que pour raison des dits repurgements, il ne puisse y avoir aucun dommage.

De même, que les dites parties et chacune d'elles feront ratifier, homologuer et approuver la dite sentence, dans l'espace de trois jours, du jour de sa notification, sous la peine contenue au dit compromis.

De même, pour nos sportules, nous retenons pour nous six chapons.

De même, nous avons prononcé, nous arbitres et arbitrateurs, ainsi qu'il est contenu au dit acte.

En foi de quoi nous avons signé de nos propres mains, François de Merles, de main propre, Jean d'Agoult, de main propre.

FIN DU TOME PREMIER

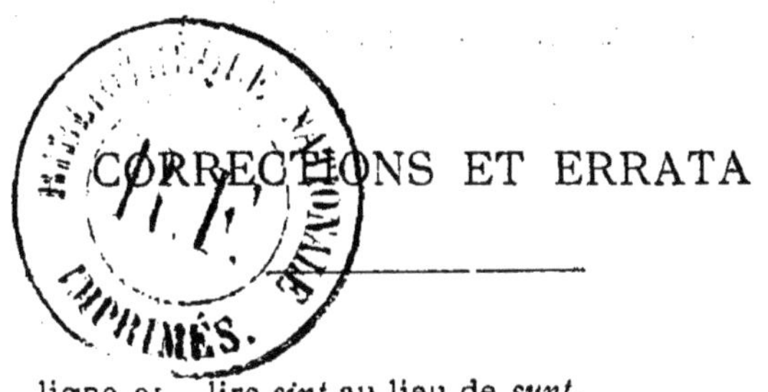

CORRECTIONS ET ERRATA

Page	38,	ligne	21,	lire	*sint* au lieu de *sunt*.
—	38,	—	36,	—	*sufficientia* au lieu de *sufficia*.
—	43,	—	18,	—	*infrascriple* au lieu de *infrasçriptue*.
—	47,	—	7,	—	*quilibet* au lieu de *quolibet*.
—	47,	—	28,	—	*supportant* au lieu de *supportanli*.
—	55,	—	17,	—	*LV* au lieu de *IV*.
—	65,	—	1,	—	*senechal* au lieu de *maréchal*.
—	66,	—	26,	—	*senescalli* au lieu de *marescalli*.
—	66,	—	3s,	—	*supra* au lieu de *sapra*.
—	78,	—	20,	—	*servaturum* au lieu de *servitium*.
—	81,	—	13,	—	*domini nostri regis* au lieu de *domino nostro regi*.
—	91,	—	33,	—	*confrontatas* au lieu de *consortatas*.
—	94,	—	6,	—	*27 mars* au lieu de *17 mars*.
—	102,	—	10,	—	*amarinas* au lieu de *camarinas*.
—	102,	—	35,	—	*expresse* au lieu de *exprense*.
—	104,	—	19,	—	*sue* au lieu de sive.
—	107,	—	23,	—	*Giraudum* au lieu de *Guidonem*.
—	112,	—	5,	—	*Raimundus* au lieu de *Bermundus*.
—	113,	—	7,	—	*tricentesimo trigesimo secundo*.
—	123,	—	6,	—	*XXVIII* au lieu de *XXVII*.
—	131,	—	4,	—	*Germanum* au lieu de *Servianum*.
—	139,	—	1,	—	*Eudes* au lieu de *Odo*.
—	139,	—	22,	—	*Avenione* au lieu de *Avenionensis*.
—	150,	—	30,	—	*molendinorum* au lieu de *monendorum*.
—	161,	—	16,	—	*constituta* au lieu de *constitus*.
—	179,	—	22,	—	*latitudinis* au lieu de *altitudis*.
—	185,	—	15,	—	*cursu aque illius prejudiciuntur* au lieu de *cursus aque illius prejudicium*, et *civitati Avinionensi* au lieu de *civitatis Avenionensis*.
—	189,	—	21,	—	*nobilibus* au lieu de *nobili*.
—	232,	—	8,	—	*remanentibus* au lieu de *remamentibus*.
—	232,	—	22,	—	*Agoulo* au lieu de *Agalo*.

TABLE

DATES	SOMMAIRES	TEXTE	TRADUCTION
1105, 19 Juin.	Donation par Pons Rainoardi, Bermond, son frère, Blanche, sa femme, et Rostaing Geoffroy et Imbert, ses fils, au chapitre métropolitain des maraisde Vedènes jusqu'à Gromelle, et depuis le moulin appelé Cadaraque jusqu'aux moulins appelés Molnatas, à condition de dessécher les dits marais............	10	240
Vers 1105.	Vente par Raimond Contraria, sa femme Astrus et ses fils, au chapitre métropolitain, d'un canal sis dans leurs terres et des terrains nécessaires pour assurer le cours des eaux...........................	12	241
1109, Août.	Donation par Pons Rainoardi et Blanche, sa femme, et Rostaing, Geoffroy et Imbert, ses fils, au chapitre métropolitain, de l'eau de la Sorgue, autant qu'ils voudront en recevoir, avec pouvoir de la conduire jusqu'au Rhône pour faire des moulins, des foulons ou des pêcheries, et aussi des marais appartenant au château de Vedènes pour les dessécher, avec réserve que le chapitre possèdera moitié des terrains desséchés...........................	13	242
1109, Juin.	Convention passée entre Guillaume Mataron, ses frères, et le chapitre métropolitain, sous les auspices du comte Girbert, par laquelle ils abandonnent toutes prétentions sur la Sorgue et sur les moulins.......................	15	244
1129.	Permission par Trimond, de Vedènes, et par ses frères, Raymond et Hugo, et aussi par Geoffroy Rainoard, de faire un valat dans leur terre depuis le moulin de Vedènes jusqu'au moulin de Cadaracte.....	16	245
1204, Juillet.	Sentence arbitrale sur la division des eaux de la Sorgue............	18	246
1237, 5 février.	Donation par le chapitre, à nouveau bail, des moulins de Villeneuve (Villanova), de l'Espigue (de Spica), de Roquilhe (de Roquilha), de Briançon (de Briancione) et de Pertuis (de Pertusio) et du lit de la Sorgue (alveum Sorgiae)................	36	246

DATES	SOMMAIRES	TEXTE	TRADUCTION
1272, 11 Août.	Accord entre le chapitre métropolitain et le clavaire de la cour temporelle d'Avignon portant que la largeur du canal de la Sorgue, depuis la porte Imbert (portale Imberti) jusqu'à la porte de Pertuis (portale de Pertusio) devra être de quatre cannes....................	43	249
1296, 1er Avril.	*Donation à nouveau bail par le* chapitre métropolitain à divers, parmi lesquels Guillaume de Porte Aurose, Raimond de Cavaillon et Guillaume de Sade, de quatre éminées de terre pour construire un moulin et un pont de pierre à Réalpanier..	46	251
1296, 23 avril.	Concession par le prévot du chapitre à Jacques Massani et autres d'une terre de 55 éminées lieu dit à Réalpanier pour y établir des blanchisseries........................	53	254
1300, 3 Mai.	Concession par le chapitre métropolitain à Raimond Daurini de Bagnols, du droit d'arroser un affar de l'eau de la Sorgue, à condition de ne point construire de moulin, de rendre les eaux perdues à la branche mère et de ne point nuire aux moulins du chapitre...........	57	255
1312, 12 Avril.	*Ordonnance du clavaire de la cour* temporelle d'Avignon à la requête du procureur du prévôt du chapitre *métropolitain, pour* le curage de la Sorgue, et accord entre le dit chapitre et la cour temporelle reconnaissant que le béal de la Sorgue est au chapitre, qu'il doit avoir quatre cannes et que les particuliers doivent curer et barder le dit béal.........	59	256
1315, 11 Mars.	Vidimus d'une ordonnance de Richard de Cambatesa, sénéchal de Provence, sur la plainte de Rostaing de Mesoargues, prévôt du chapitre, commandant de détruire tout ce qui avait été bâti sur le canal de la Sorgue, à peine de 10 livres d'amende.	65	259
1316, 18 Mars.	Convention passée entre le prévôt du chapitre métropolitain, les sindics et les juges de la cour temporelle au sujet du lit du béal de la Sorgue, au sujet de certaines constructions faites sur ce béal entre le portail Brianson et le portail de Pertuis........................	68	261

23

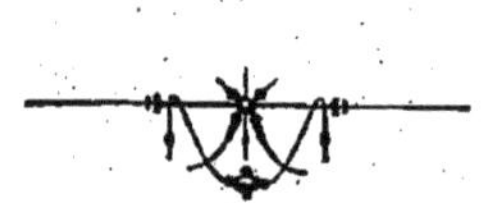

Avignon, imprimerie François Seguin

www.ingramcontent.com/pod-product-compliance
Ingram Content Group UK Ltd.
Pitfield, Milton Keynes, MK11 3LW, UK
UKHW020157250726
13967UKWH00003B/1108